“十三五”国家重点出版物出版规划项目
高等教育网络空间安全规划教材

无线传感器网络技术与应用

第2版

张　蕾　主编

机 械 工 业 出 版 社

本书反映了无线传感器网络领域的新技术和成果，采用理论与实践并进的模式编写。

本书主要内容包括无线传感器网络、网络与通信技术、管理技术、安全技术、软硬件设计与测试、人工智能物联网、典型应用设计、工程实验指导8章。

本书可以作为高等院校的物联网工程、通信工程、计算机应用、人工智能等专业的教材，也可以作为建筑电气、网络管理等领域的工程技术人员和从事智能物联网等工作的技术人员的学习和参考用书。

本书配有授课电子课件，需要的教师可登录 www.cmpedu.com 免费注册，审核通过后下载，或联系编辑索取（微信：15910938545，电话：010-88379739）。

图书在版编目（CIP）数据

无线传感器网络技术与应用／张蕾主编．—2版．—北京：机械工业出版社，2020.10（2024.1重印）

“十三五”国家重点出版物出版规划项目　高等教育网络空间安全规划教材

ISBN 978-7-111-66848-0

Ⅰ.①无…　Ⅱ.①张…　Ⅲ.①无线电通信-传感器-计算机网络-高等学校-教材　Ⅳ.①TP212

中国版本图书馆CIP数据核字（2020）第211179号

机械工业出版社（北京市百万庄大街22号　邮政编码100037）
策划编辑：郝建伟　　责任编辑：郝建伟　陈崇昱　车　忱
责任校对：张艳霞　　责任印制：单爱军
北京虎彩文化传播有限公司印刷

2024年1月第2版・第7次印刷
184mm×260mm・14.5印张・356千字
标准书号：ISBN 978-7-111-66848-0
定价：49.90元

电话服务
客服电话：010-88361066
010-88379833
010-68326294

网络服务
机　工　官　网：www.cmpbook.com
机　工　官　博：weibo.com/cmp1952
金　书　网：www.golden-book.com
机工教育服务网：www.cmpedu.com

高等教育网络空间安全规划教材

编委会成员名单

第2版前言

百年大计，教育为本。习近平总书记在党的二十大报告中强调“教育、科技、人才是全面建设社会主义现代化国家的基础性、战略性支撑”，首次将教育、科技、人才一体安排部署，赋予教育新的战略地位、历史使命和发展格局。

随着无线通信技术、嵌入式计算机技术、传感器技术以及半导体技术的快速发展和日益成熟，无线传感器网络作为具有感知能力、计算能力和无线通信能力的新兴网络，其应用越来越广泛，无线传感网与物联网人才缺口不断扩大。无线传感器网络技术成为网络工程、物联网工程人才必修的专业基础课。

承蒙教学同仁厚爱，本教材出版以来多被教学和专业读者所选用。现因科学技术进步和工程技术的社会需求而再版。

我们在对无线传感器网络不断深化研究和实践的基础上，为了更好适应教学的特点和需要，对上一版的内容与章节做了调整和更新。

第1章，无线传感器网络是新兴的下一代网络，如果说互联网构成了逻辑上的信息世界，改变了人与人之间的沟通方式，那么，无线传感器网络就是将逻辑上的信息世界与客观上的物理世界融合在一起，改变了人类与自然界的交互方式。第1章中增加了无线传感器网络在环境、交通方面的应用及面临的挑战。

第2章，从最基础的物理层直到应用层，针对每一层的特点进行逐层、细致的介绍。将路由协议并入网络层中，增加了传输层协议的介绍以及ZigBee应用案例；同时，删除了上一版第2章中的拓扑控制和覆盖技术。

第3章，无线传感器网络的管理技术是保障网络规模化运行的关键，主要包括时间同步、定位技术、数据管理、目标跟踪、拓扑控制和覆盖技术等。将上一版第2章中的拓扑控制和覆盖技术添加到现在的第3章中，同时在本章的每一小节最后，均指出该节内容在未来的研究方向。

第4章，安全性是无线传感器网络应用的一个重要保障。本次修订对这一章的内容做了重新整理并细化，增加了几种常见的安全威胁。

第5章，将上一版中第6章内容调整为第5章，介绍无线传感器网络的软硬件设计与测试技术。

第6章，根据当前技术发展的新形式，删减了原标准化方面的内容，新增并详细介绍了人工智能物联网（AIoT）的概念、技术和安全问题等，并在本章的最后列举了

AIoT 的应用案例。

第 7、8 章，对上一版中这两章的内容重新整理并细化。

本书第 2 版由从事无线传感器网络教学科研的教师和技术人员合作编写。全书共分为 8 章，由张蕾担任主编。具体分工如下：第 1 章由宋军编写；第 2~6 章由张蕾编写；第 7、8 章由吕召勇编写。全书由张蕾负责统稿。

北京建筑大学郭茂祖教授、张昱副教授，北京邮电大学张平教授、田辉教授、胡铮副教授，美国亚利桑那州立大学 Yanchao Zhang 教授等诸多同行为本书提供了大力支持和帮助，在此表示衷心的感谢。

本书参考了大量书刊资料，并引用了部分内容，在此向这些书刊资料的作者表示诚挚的谢意。

由于编者水平有限，书中难免会有不妥之处，恳请各位读者和同仁批评指正，提出宝贵的建议和意见。

编　者

第1版前言

无线传感器网络是信息科学领域的一个全新发展方向，是物联网的支撑技术之一。传感器技术在遥控、监测、传感和智能化等高科技应用领域中发挥着重要作用。目前从全球总体情况看，美、日、德等少数经济发达国家占据了传感器市场优势地位，发展中国家所占份额还相对较少。由于科学技术发展，全球传感器技术市场一直保持快速增长。随着网络和通信技术的进步，无线数据传输与控制的无线传感器网络（WSN）技术从传统传感技术中脱颖而出，成为传感技术领域的一大亮点，在智能领域中有着十分广阔的应用空间。

为进一步增强传感器及智能化仪表产业的创新力和国际竞争力，推动传感器及智能化仪表产业创新、持续协调发展，2013年，国务院办公厅发布了《国务院关于推进物联网有序健康发展的指导意见》，其中着重提出“加强低成本、低功耗、高精度、高可靠、智能化传感器的研发与产业化，着力突破物联网核心芯片、软件、仪器仪表等基础共性技术，加快传感器网络、智能终端、大数据处理、智能分析、服务集成等关键技术研发创新”。工业和信息化部、科技部、财政部、国家标准化管理委员会组织制定了《加快推进传感器及智能化仪表产业发展行动计划》。此外，工业和信息化部、国家发展和改革委员会等14个部门联合发布10个物联网发展专项行动计划，其中政府扶持措施专项行动计划 、技术研发专项行动计划和标准制定专项行动计划都对传感器的发展提出了明确的发展目标和要求。因此，国内相关高校纷纷将无线传感器网络技术列入物联网工程专业及智能化工程专业的必修课程之一。

本书作为普通高校本科生开设无线传感器网络课程的基础教材，以教材体例编写，每章均有学习要点和小结，还配有巩固复习所学知识的习题。旨在帮助读者对无线传感器网络技术及应用的重点、难点和未来走向有一定的认识和理解。同时，也可以为对无线传感器网络感兴趣的工程类和计算机科学专业读者提供技术参考。希望更多学生和科技爱好者参与到无线传感器网络相关的研究和开发工作中来，从而更广泛地推动我国无线传感器网络和智能化工程的基础建设。

本书由从事无线传感器网络教学科研的教师和技术人员合作编写。本书共分为八章，具体分工如下：第1章由宋军编写；第2章、第3章、第4章、第6章由张蕾编写；第5章由张昱编写；第7章、第8章由吕召勇编写。全书由张蕾负责主编并统稿。

北京建筑大学郝莹教授、赵春晓教授、衣俊艳副教授，北京邮电大学田辉教授、胡铮副教授等，还有诸多同事为本书的出版给予支持和帮助，在此表示衷心的感谢。

本书参考了有关方面大量书刊资料，并引用了部分资料，在此向这些书刊资料的作者表示诚挚的谢意。

由于编者水平有限，书中内容难免会有不妥之处，恳请各位读者和同仁批评指正，提出宝贵的建议和意见。

编　者

目　　录

第1章　无线传感器网络

物联网（Internet of Things，IoT）是新一代信息技术的重要组成部分，作为物联网神经末梢的无线传感器网络（Wireless Sensor Network，WSN），也日益凸显其重要作用。随着现代科学技术的进步，无线通信、传感器、嵌入式计算机及微机电技术的飞速发展和相互融合，具有感知能力、计算能力和通信能力的微型传感器逐渐在各领域得到应用，这些微型传感器所构建的无线传感器网络，可以通过各类高度集成化的微型传感器相互协作，实时监测、感知和采集各种环境或检测对象的信息，并以无线、自组织多跳的方式传送到用户终端，从而实现物理世界、计算机世界及人类社会的互联互通。

传感器网络是由一组传感器节点以自组织的方式构成的有线或无线网络，其目的是协作地感知、采集和处理网络覆盖区域中感知对象的信息，并发布给观察者。针对每一种具体应用来研究无线传感器网络技术，这是传感器网络设计不同于传统网络的显著特征。

无线传感器网络作为物联网的重要组成部分，其应用涉及人类日常生活和社会生产活动的所有领域。无线传感器网络不仅在工业、农业、军事、环境、医疗等传统领域具有巨大的应用价值，还在许多新兴领域体现其优越性，如家居、保健、交通等。可以预见，未来无线传感器网络将无处不在，将更加密切地融入人类生活的方方面面。

1.1　无线传感器网络概述

无线传感器网络是新兴的下一代网络。如果说互联网（Internet）构成了逻辑上的信息世界，改变了人与人之间的沟通方式，那么，无线传感器网络就是将逻辑上的信息世界与客观上的物理世界融合在一起，改变了人类与自然界的交互方式。人们可以通过传感器网络直接感知客观世界，从而极大地扩展现有网络的功能和人类认识世界的能力。美国的《商业周刊》和《MIT 技术评论》在预测未来技术发展的报告中，将无线传感器网络列为 21 世纪最有影响的 21 项技术和改变世界的十大技术之一。

然而，无线传感器网络的应用与设计面临着严峻的挑战，因为其所需知识包括了电子、通信工程和计算机科学领域的几乎所有研究方向。因此，世界各地许多大学都给高年级本科生或研究生开设无线传感器网络的相关课程；同时，无线传感器网络也是很多科研项目和学术论文的关注点。

1.1.1 发展历程

无线传感器网络研究的初期是在军事领域。1978年，美国国防部高级研究计划局（DARPA）举办了分布式传感器网络研讨会，重点关注了传感器网络研究面临的挑战，包括网络技术、信号处理技术以及分布式计算等，对无线传感器网络的基本思路进行了探讨，并开始资助卡内基梅隆大学进行分布式传感器网络的研究，这被看成是无线传感器网络的雏形。1980年，DARPA启动了分布式传感器网络计划，后来又启动了传感器信息技术项目。

20世纪80~90年代，无线传感器网络的研究主要集中在军事领域，成为网络中心战的关键技术；从20世纪90年代中期开始，美国和欧洲等先后开展了大量关于无线传感器网络的研究工作。

1993年，美国加州大学洛杉矶分校与罗克韦尔科学中心（Rockwell Science Center）合作开始了无线集成网络传感器（Wireless Integrated Network Sensors，WINS）项目，其目的是将嵌入在设备、设施和环境中的传感器、控制器以及处理器建成分布式网络，并能够通过互联网进行访问，这种传感器网络已多次在美军的实战环境中进行了试验。1996年发明的低功率无线集成微型传感器（LWIM）是WINS项目的研究成果之一。

2001年，美国陆军提出了“灵巧传感器网络通信”计划，其基本思想是在整个作战空间中放置大量的传感器节点来收集敌方的数据，然后将数据汇集到数据控制中心融合成一张立体的战场图片。当作战组织需要时，可以提供给他们，使其及时了解战场上的动态，并依此调整作战计划。之后美军又提出了“无人值守地面传感器群”项目，其主要目标是使基层部队人员具备在任何地方均能部署传感器的灵活性。部署的方式依赖于需要执行的任务，指挥员可以将多种传感器进行最适宜的组合来满足作战需求。该计划的一部分就是研究最优的组合方式以满足任务需求。

在工商业领域，1995年美国交通部提出了“国家智能交通系统项目规划”，该规划有效地集成了先进的信息技术、数据通信技术、传感器技术、控制技术和计算机处理技术等，并应用于整个地面交通管理，建立一个大范围、全方位、实时高效的综合交通运输管理系统，对车速、车距进行控制，还能提供道路通行状况信息、最佳的行驶路线，发生交通事故时可以自动联系事故抢救中心。

随着无线传感器网络研究的不断深入，其应用领域也越来越广泛。2002年5月，美国能源部与美国Sandia国家实验室合作，共同研究用于地铁、车站等场所的防恐怖袭击对策系统，该系统集检测有毒气体的化学传感器和网络技术于一体，传感器一旦检测到某种有害物质，就会自动向管理中心通报，并自动采取急救措施。2002年10月，美国英特尔（Intel）公司公布了“基于微型传感器网络的新型计算发展规划”，该规划表明英特尔公司将致力于微型传感器网络在预防医学、环境监测、森林防火乃至海底板

块调查、行星探测等领域的研究与应用。美国国家自然科学基金会（NSF）于2003年制定了传感器网络研究计划，投资3400万美元，在加州大学成立了传感器网络研究中心，并联合加州大学伯克利分校和南加州大学等科研机构进行相关基础理论的研究。

对传感器的应用程度能够大体反映出国家的科技和经济实力。目前，从全球总体情况看，美国、日本等少数经济发达国家占据了传感器市场70%以上的份额，发展中国家所占份额相对较少。其中，市场规模最大的3个国家分别是美国、日本、德国，分别占据了传感器市场整体份额的29.0%、19.5%、11.3%。未来，随着发展中国家经济的持续增长，对传感器的研究与应用的需求也将大幅增加。

我国在20世纪的80～90年代将传感器技术列入国家重点攻关项目，开展了以机械、力敏、气敏、湿敏、生物敏为主的五大传感器技术的研究，但是无线传感器网络的研究起步较晚，首次正式启动出现于1999年。当年，中国科学院《知识创新工程试点领域方向研究》的“信息与自动化领域研究报告”将无线传感器网络列入该领域的五大重点项目之一。20世纪90年代后期到21世纪初，出现了基于现场总线技术的智能传感器网络，该网络采用现场总线连接传感控制器，构建局域网络，其局部测控网络通过网关和路由器可以实现与互联网的无线连接，引起了国家建设和管理领域的重视。

无线传感器网络是涉及传感器技术、网络通信技术、无线传输技术、嵌入式技术、分布式计算技术、微电子制造技术、软件编程技术等多学科交叉的研究领域，具有鲜明的跨学科研究特点。我国的中科院上海微系统与信息技术研究所、沈阳自动化研究所、软件研究所、计算技术研究所、电子学研究所、自动化研究所和合肥智能机械研究所等科研机构，哈尔滨工业大学、清华大学、北京邮电大学、西北工业大学、天津大学和国防科技大学等院校在国内较早开展了传感器网络的研究，并取得了一定的研究成果。

无线传感器网络是物联网的重要组成部分，正是有了更广泛、更全面的互联互通，物联网的感知才更透彻、更具洞察力；有了更透彻的感知，自然就有了更综合、更深入的智能。最早提出的传感器网络的经典应用当中就有将温度传感器用于森林防火的。如何从传感器连续不断的、枯燥乏味的温度测量值中发现潜在的火灾危险呢？可以定义温度大于某个阈值是发生火灾的标志，这可以算是最简单的事件检测算法。如果能从长期的温度数据中挖掘模式，从看似不相关的气象事件中挖掘联系，这就体现了智能的不断深入。

1.1.2　定义

无线传感器网络是由部署在监测区域内大量的廉价微型传感器节点组成，通过无线通信方式形成的一个多跳的、自组织的网络系统，其目的是协作地感知、采集和处理网络覆盖区域中被感知对象的信息，经过无线网络发送给观察者。传感器、感知对象和观察者构成了无线传感器网络的三要素。无线传感器网络体系的结构如图 1-1 所示。

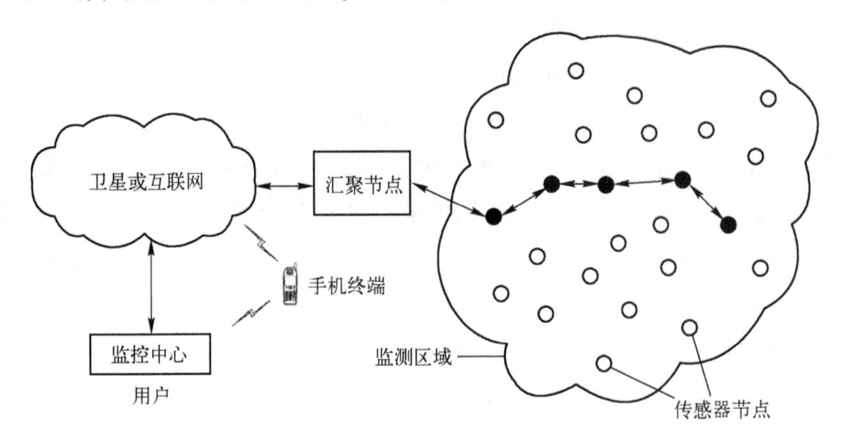

图 1-1　无线传感器网络体系结构示意图

无线传感器网络系统通常包括传感器节点（sensor）、汇聚节点（sink node）和管理节点。大量传感器节点随机部署在监测区域（sensor field）内部或附近，能够通过自组织方式构成网络。传感器节点监测的数据沿着其他传感器节点逐跳地进行传输，在传输过程中监测数据可能被多个节点处理，经过多跳后路由到汇聚节点，最后通过互联网或卫星到达管理节点。用户通过管理节点对传感器网络进行配置和管理，发布监测任务以及收集监测数据。传感器网络技术发展过程如表 1-1 所示。

表 1-1　传感器网络技术发展过程

年　代	连　接	覆　盖
1965~1979	直接连接	点覆盖
1980~1994	接口连接	线覆盖
1995~2004	总线连接	面覆盖
2005~至今	网络连接	域覆盖

无线传感器网络节点的组成和功能包括以下四个基本单元。

1）传感单元：由传感器和模-数转换功能模块组成，负责对感知对象的信息进行采集和数据转换。

2）处理单元：由嵌入式系统构成，包括 CPU、存储器、嵌入式操作系统等，负责控制整个节点的操作，存储和处理自身采集的数据以及其他传感器节点发来的数据。

3）通信单元：由无线通信模块组成，负责实现传感器节点之间以及传感器节点与用户节点、管理控制节点之间的通信，交互控制消息和收/发业务数据。

4）电源部分。

此外，可以选择的其他功能单元包括：定位系统、运动系统以及发电装置等。

1.2　无线传感器网络的应用领域

无线传感器网络可以广泛应用于经济社会发展的各个领域，引发和带动生产力、生产方式和生活方式的深刻变革，成为经济社会绿色、智能、可持续发展的关键基础和强大助推器。无线传感器网络的应用前景非常广阔，能够广泛适用于军事、环境监测和预报、健康护理、智能交通、建筑物状态监控、空间探索，以及机场、大型工业园区的安全监测等领域。

1.2.1　军事

无线传感器网络最早就是从军事应用起步的。在战争中，指挥员往往需要及时准确地了解部队、武器装备和军用物资的供给情况，铺设的无线传感器网络将采集相应的信息，并通过汇聚节点将数据传送至指挥部，最后融合来自各战场的数据形成完备的战区态势图（见图 1-2）。

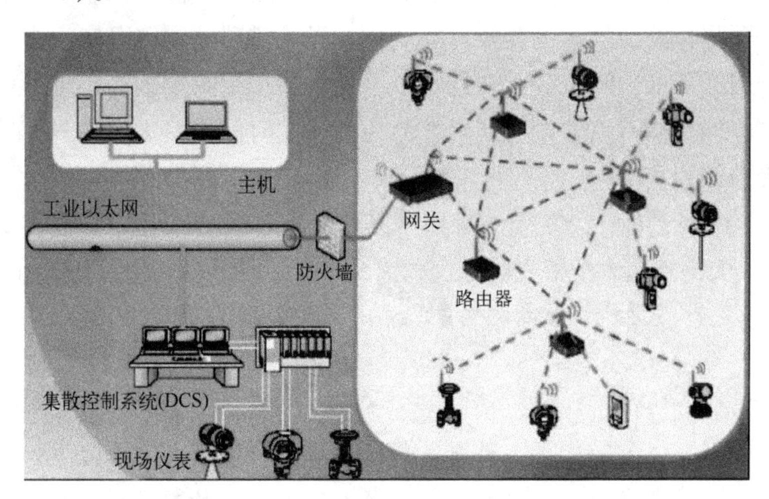

图 1-2　无线传感器网络应用于军事领域

在战争中，对冲突区和军事要地的监视也是至关重要的。通过铺设传感器网络，以更隐蔽的方式近距离地观察敌方的布防；当然也可以直接将传感器节点撒向敌方阵地，在敌方还未来得及反应时迅速收集利于作战的信息。无线传感器网络也可以为火控和制导系统提供准确的目标定位信息。在生物和化学战中，利用无线传感器网络及时、准确地探测爆炸中心，为军方提供宝贵的反应时间，从而最大可能地减少伤亡，同时也可避免核反应部队直接暴露在核辐射的环境中。

美国国防部较早开始启动无线传感器网络的研究，将其定位于指挥、控制、通信、计算机、打击、情报、监视、侦察系统不可缺少的一部分。自 2001 年起，DARPA 已投资几千万美元，帮助大学进行“智能尘埃”传感器技术的研发。美国军方采用 Crossbow

公司的传感器节点，构建了枪声定位系统。传感器节点部署在目标建筑物周围，系统能够有效地自组织构成监控网格，监测突发事件（如枪声、爆炸等）的发生，为救护、反恐提供了有力支持。美国科学应用国际公司采用无线传感器网络构建了一个电子防御系统，为美国军方提供军事防御和情报信息。该系统采用多个微型磁力计传感器来探测监测区域中是否有人携带枪支、是否有车辆行驶，同时，该系统利用声音传感器监测车辆或者人群的移动方向。

除美国外，日本、英国、意大利、巴西等很多国家也对无线传感器网络的军事应用表现出极大的兴趣，并各自开展了该领域的研究工作。

1.2.2 环境

随着人们对于环境的日益关注，环境科学所涉及的范围越来越广。无线传感器网络在环境研究方面可用于监视农作物灌溉、土壤质量、地表监测、气象和地理、洪水监测等，还可以通过跟踪鸟类、动物和昆虫等，进行种群复杂度的研究。

基于无线传感器网络的预警系统中有数种传感器用来监测降雨量、河水水位和土壤水分，并依此预测暴发山洪的可能性。类似地，无线传感器网络可实现森林环境监测和火灾报告，传感器节点被随机分布在森林中，平常状态下定期报告森林环境数据，当发生火灾时，这些传感器节点通过协同合作会在很短的时间内将火源的具体地点、火势的大小等信息传递给相关部门。

无线传感器网络还有一个重要的应用就是生态多样性的描述，能够对动物栖息地的生态进行监测。美国加州大学伯克利分校和大西洋学院联合在大鸭岛（Great Duck Island）上部署了一个多层次的无线传感器网络系统，用来监视岛上海燕的生活习性。

1.2.3 医疗

无线传感器网络也被应用于多种医疗保健系统中，包括监测患有帕金森病、癫痫、心脏病的病人，监测中风或心脏病康复者和老人的情况。开发可靠且不易被察觉的健康监护系统，穿戴在病人身上，医生通过无线传感器网络的预警和报警及时实施医疗干预，降低了医疗延误，也减轻了人力监护的工作强度。

无线传感器网络在医疗卫生和健康护理等方面具有广阔的应用前景，包括对人体生理数据的无线检测、对医院医护人员和患者进行追踪和监控、医院的药品管理、贵重医疗设备放置场所的监测等，被看护对象也可以通过随身装置向医护人员发出求救信号。

无线传感器网络的远程医疗管理，使在家养病的病人或住院者在病房外活动时，医生仍然可以对其进行定位、跟踪，及时获取其生理指标参数，减少了病人就医的奔波劳累，也提高了医院病房的利用率。无线传感器网络为未来更发达的远程医疗提供了更加方便、快捷的技术手段。智能医疗系统如图 1-3 所示。

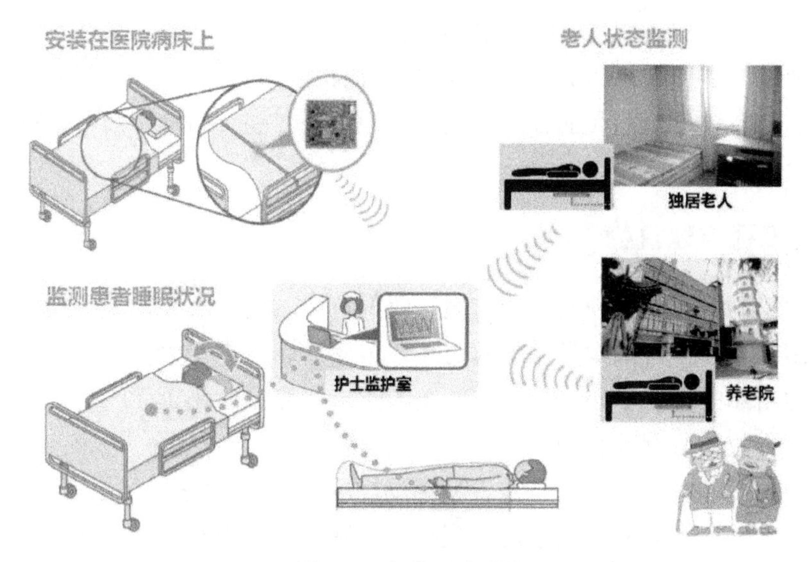

图 1-3　智能医疗系统

1.2.4　交通

现有的城市交通管理基本是自发进行的，每个驾驶人根据自己的判断选择行车路线，交通信号标志仅仅起到静态的、有限的指导作用，这导致城市道路资源未能得到最高效率的运用，由此产生不必要的交通拥堵甚至瘫痪。据统计，目前我国交通拥堵造成的损失占 GDP 的 1.5%~4%。

无线传感器网络技术的发展为智能交通提供了更透彻的感知，道路基础设施中的传感器和车载传感设备能够实时监控交通流量和车辆状态，通过泛在移动通信网络将信息传送至管理中心，进行及时干预；通过智能化的交通管理和调度机制充分发挥道路基础设施的效能，最大化交通网络流量并提高安全性，从而优化人们的出行体验。智能交通系统如图 1-4 所示。

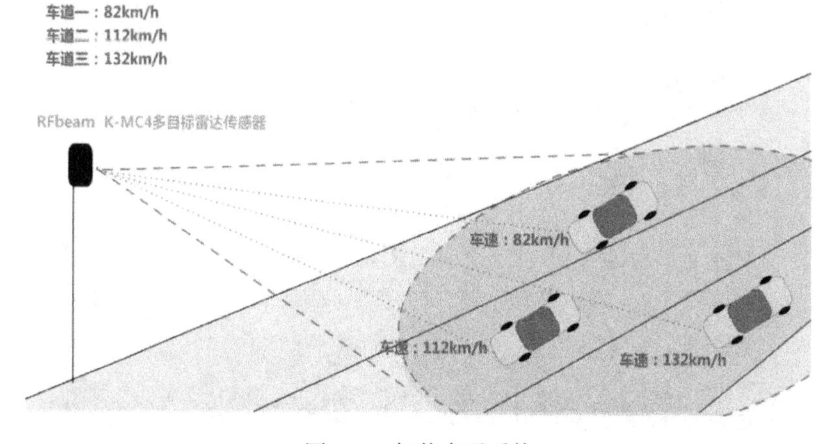

图 1-4　智能交通系统

展望一下未来的交通，所有的车辆都能够预先知道并避开交通堵塞，沿最快捷的路线到达目的地，减少二氧化碳的排放；拥有实时的交通和天气信息，能够随时找到最近的停车位，甚至车辆可以在大部分的时间内实现自动驾驶，而乘客们可以在旅途中欣赏在线电视节目。

1.2.5 建筑工程与建筑物

目前，建筑结构往往呈现复杂化和大型化的特点，因此大型建筑结构的安全问题引起了人们的高度重视，科研人员考虑利用无线传感器网络进行大型建筑物的结构安全监测。美国纽约新建的世贸中心（World Trade Center）充分运用了无线传感器网络技术对建筑物进行全方位的监测和管理。

各类大型工程的安全施工及监控是建筑设计单位长期关注的问题。采用无线传感器网络，可以让大楼、桥梁和其他建筑物能够自身感觉并意识到它们的状况，使得安装了传感器网络的智能建筑自动“告诉”管理部门它们的状态信息，从而可以让管理部门按照优先级进行定期的维修工作。例如，压电传感器、加速度传感器、超声传感器、湿度传感器等，可以有效地构建一个三维立体的防护检测网络，该系统可用于监测桥梁、高架桥、高速公路等道路环境。

利用多种智能传感器，如光纤光栅传感器、压电薄膜传感器、形状记忆合金传感器、疲劳寿命传感器、加速度传感器等可以进行建筑结构的监测。对许多老旧的桥梁、长期受到水流冲刷的桥墩，传感器能够放置在桥墩底部，用以监测桥墩结构；也可放置在桥梁两侧或底部，搜集桥梁的温度、湿度、振动幅度、桥墩被侵蚀程度等，从而减少断桥所造成的生命和财产的损失。桥梁监测系统如图 1-5 所示。

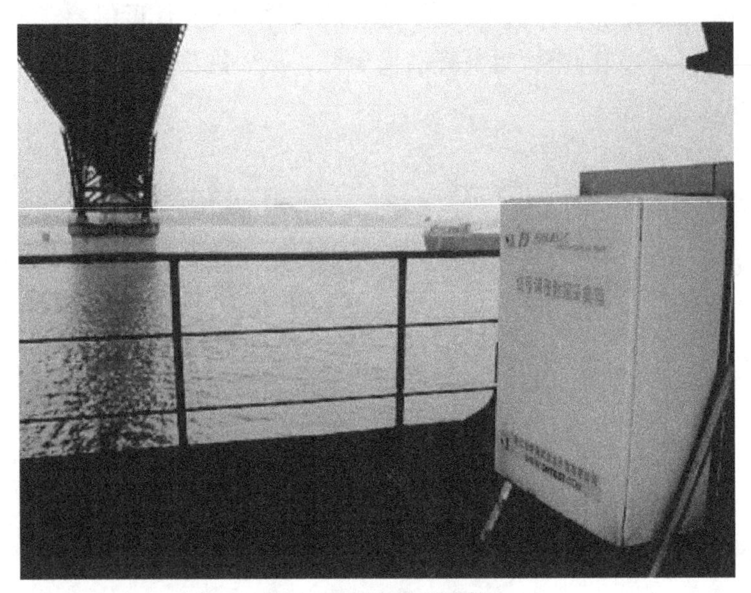

图 1-5 桥梁监测系统

1.2.6 智能建筑与市政建设管理

传统的暖通空调（Heating，Ventilating and Air Conditioning，HVAC）系统不具备实时监控不同部位环境信息的功能，而将无线传感器网络技术应用到 HVAC 系统中，在不同空间安装检测环境信息的传感器，并与空调控制系统合理联通，可构成具有控制功能的无线传感器网络。按照需求调节环境参数，不但节能，还降低了建筑安装成本，更加体现了建筑的智能化和人性化。

无线传感器网络在消防联动与安保控制系统中也有广泛的应用前景。采用无线传感器网络技术，将消防与安保控制系统中各种报警与探测传感器组合，将大大加快智能建筑的消防联动控制子系统与安保自动化子系统的网络化、数字化、智能化进程。

无线传感器网络亦可用于公共照明控制子系统、给排水设备控制子系统中的各种参数的测量与控制。另外，无线传感器网络在智能家居中有着广阔的应用前景，智能家居系统的设计目标是将住宅中的各种家居设备联系起来，使它们能够自动运行、相互协作，为居住者提供尽可能多的便利和舒适。

在市政管理和建设方面，无线传感器网络也发挥着越来越重要的作用。困扰城市的地下通道、交通涵洞和立交桥下的积水问题，造成了车辆损失甚至生命损失。过去是雨天派人守候，把情况上报，全人力的控制、预警和调度的工作量很大，环节较多，容易引发问题。而研发和使用无线传感器网络控制系统，传感器预警水位，再将数据无线传输给调度中心，同时联动相关的变频水泵工作，会使复杂工作变得简便和安全。

无线传感器网络的使用可节约能耗、降低劳动强度、减少操作危险性和节省劳动成本。传感器分类及常用元器件如表 1-2 所示。

表 1-2　传感器分类及常用元器件

分　类	元　器　件
温度	热敏电阻、热电偶
压力	压力计、气压计、电离计
光学	光电二极管、光电晶体管、红外传感器、CCD 传感器
声学	压电谐振器、传声器
机械	应变计、触觉传感器、电容隔膜、压阻元件
振动	加速度计、陀螺仪、光电传感器
流量	水流计、风速计、空气流量传感器
位置	全球定位系统、超声波传感器、红外传感器、倾斜仪
电磁	霍尔效应传感器、磁强计
化学	pH 传感器、电化学传感器、红外气体传感器
湿度	电容/电阻式传感器、湿度计、湿度传感器
辐射	电离探测器、盖革计数器

1.3　无线传感器网络的特点

无线传感器网络除了同 Ad hoc 网络一样存在移动性、通信和电源等局限的共同特征之外，还有一些其他特点，这些特点对无线传感器网络的有效应用提出了一系列机遇和挑战。

1.3.1　系统特点

无线传感器网络是一种分布式传感网络，它的末梢是可以感知和检测物理世界的传感器。无线传感器网络中的传感器通过无线方式通信，网络设置灵活，设备位置可以随时更改，还可以与互联网进行有线或无线方式的连接。

无线传感器网络是能根据环境自主完成指定任务的“智能”系统，具有群体智能自主自治系统的行为实现和控制能力，能协作地感知、采集和处理网络覆盖区域中感知对象的信息，并发送给观测者。

1.3.2　技术特点

无线传感器网络系统通常包括传感器节点、汇聚节点和管理节点，大量的传感器节点随机部署在检测区域或附近，无须人员值守。节点之间通过自组织方式构成无线网络，以协作的方式感知、采集和处理网络覆盖区域中的特定信息，可以实现对任意地点的信息在任意时间进行采集、处理和分析。监测的数据沿着其他传感器节点通过多跳中继方式传回汇聚节点，最后借助汇聚链路将整个区域内的数据传送到远程控制中心，进行集中处理。用户通过管理节点对传感器网络进行配置和管理，发布监测任务以及收集监测数据。

目前常见的无线网络包括移动通信网、无线局域网、蓝牙网络、Ad hoc 网络等，与这些网络相比，无线传感器网络具有以下特点：

1）传感器节点体积小，电源能量有限，传感器节点各部分集成度很高。由于传感器节点数量大、分布范围广、位置环境复杂，有些节点位置甚至人员都不能到达，传感器节点的能量补充遇到了困难，所以，在考虑传感器网络体系结构及各层协议设计时，节能是设计的主要考虑因素之一。

2）计算和存储能力有限。由于无线传感器网络应用的特殊性，要求传感器节点的价格低、功耗小，这必然导致其携带的处理器能力比较弱、存储器容量比较小，因此，如何利用有限的计算和存储资源，完成诸多协同任务，也是无线传感器网络技术面临的挑战之一。事实上，随着低功耗电路和系统设计技术的提高，目前已经开发出很多超低功耗微处理器。同时，一般传感器节点还会配上一些外部存储器，目前的闪速（Flash）存储器是一种可以实现低电压操作、多次写、无限次读的非易失存储介质。

3）通信半径小，带宽低。无线传感器网络利用“多跳”来实现低功耗的数据传输，因此，其设计的通信覆盖范围只有几十米。与传统的无线网络不同，传感器网络中传输的数据大部分是经过节点处理的数据，因此流量较小。根据目前观察到的现象特征来看，传感数据所需的带宽将会很低（1~100 kbit/s）。

4）无中心和自组织。在无线传感器网络中，所有节点的地位都是平等的，没有预先制定的中心，各节点通过分布式算法来相互协调，可以在没有人工干预和任何其他预置网络设施的情况下自组织成网络。正是由于无线传感器网络没有中心，所以，网络不会因为单个节点的损坏而损毁，这使得网络具有较好的鲁棒性和抗毁性。

5）网络动态性强。无线传感器网络主要由三个要素组成，分别是传感器节点、感知对象和观察者，三者之间的路径会发生变化，网络必须具有可重构和自调整性，因此，无线传感器网络具有很强的动态性。

6）以数据为中心的网络。对于观察者来说，传感器网络的核心是感知数据而不是网络硬件。以数据为中心的特点要求传感器网络的设计必须以感知数据的管理和处理为中心，把数据库技术和网络技术紧密结合，从逻辑概念和软、硬件技术两方面实现一个高性能的、以数据为中心的网络系统，使用户如同使用通常的数据库管理系统和数据处理系统一样，自如地在传感器网络上进行感知数据的管理和处理。

1.4　无线传感器网络的关键技术

近年来，人们对无线传感器网络的研究不断深入，无线传感器网络得到了很大的发展，也产生了越来越多的实际应用。例如，微型传感器网络最终可能将家用电器、个人计算机和其他日常用品同互联网相连，实现远距离跟踪；家庭采用无线传感器网络负责安全调控、节电等。未来，无线传感器网络将是一个无处不在、十分庞大的网络，国内企业应该抓住商机，加大投入力度，推动整个行业的发展。

1.4.1　技术组成

（1）网络拓扑控制

对于无线的自组织的传感器网络而言，网络拓扑控制具有特别重要的意义。通过拓扑控制自动生成良好的网络结构，能够提高路由协议和MAC协议的效率，可以为数据融合、时间同步和目标定位等很多方面奠定基础，有利于节省节点的能量来延长网络的生存期，所以，拓扑控制是无线传感器网络研究的核心技术之一。

（2）网络协议

由于传感器节点的计算能力、存储能力、通信能力以及携带的能量都十分有限，每个节点只能获取局部网络的拓扑信息，其上运行的网络协议也不能太复杂；同时，传感器拓扑结构动态变化，网络资源也在不断变化，这些都对网络协议提出了更高的要求。

传感器网络协议负责使各个独立的节点形成一个多跳的数据传输网络，目前研究的重点是网络层协议和数据链路层协议。网络层的路由协议决定监测信息的传输路径；数据链路层的介质访问控制协议用来构建底层的基础结构，控制传感器节点的通信过程和工作模式。

（3）时间同步

时间同步是需要协同工作的传感器网络系统的一个关键机制，如测量移动车辆速度需要计算不同传感器检测事件的时间差，通过波束阵列确定声源位置节点间的时间同步。网络时间协议（Network Time Protocol，NTP）是互联网上广泛使用的，但只适用于结构相对稳定、链路很少失败的有线网络系统；全球定位系统（GPS）能够以纳秒级精度与世界标准时间 UTC 保持同步，但需要配置固定的高成本接收机，同时在室内、森林或水下等有掩体的环境中无法使用 GPS。因此，它们都不适用于传感器网络。

（4）定位技术

位置信息是传感器节点采集数据中不可缺少的部分，没有位置信息的监测消息通常毫无意义，确定事件发生的位置或采集数据的节点位置是传感器网络最基本的功能之一。为了提供有效的位置信息，随机部署的传感器节点必须能够在布置后确定自身位置。由于传感器节点存在资源有限、随机部署、通信易受环境干扰甚至节点失效等特点，定位机制必须满足自组织性、健壮性、能量高效、分布式计算等要求。

（5）数据融合

传感器网络存在能量约束。减少传输的数据量能够有效地节省能量，因此在从各个传感器节点收集数据的过程中，可利用节点的本地计算和存储能力处理数据的融合，去除冗余信息，从而达到节省能量的目的。由于传感器节点的易失效性，传感器网络也需要通过数据融合技术对多份数据进行综合，提高信息的准确度。

（6）网络安全

无线传感器网络作为任务型网络，不仅要进行数据的传输，而且要进行数据的采集和融合、任务的协同控制等，如何保证任务执行的机密性、数据产生的可靠性、数据融合的高效性以及数据传输的安全性，就成为无线传感器网络安全问题需要全面考虑的内容。

（7）数据管理

从数据存储的角度看，无线传感器网络可被视为一种分布式数据库。以数据库的方法在无线传感器网络中进行数据管理，可以将存储在网络中的数据的逻辑视图与网络中的实现进行分离，使得网络中的用户只需要关心数据查询的逻辑结构，无须关心实现细节。虽然对网络中所存储的数据进行抽象会在一定程度上影响执行效率，但可以显著增强无线传感器网络的易用性。美国加州大学伯克利分校的 TinyDB 系统和康奈尔大学的 Cougar 系统是目前具有代表性的无线传感器网络数据管理系统。

（8）应用层技术

无线传感器网络由各种面向应用的软件系统构成，分别执行多种任务。应用层的研究主要是各种无线传感器网络应用系统的开发和多任务之间的协调，如作战环境侦察与监控系统、军事侦察系统、情报获取系统、战场监测与指挥系统、环境监测系统、交通管理系统、灾难预防系统、危险区域监测系统、有灭绝危险的动物或珍贵动物的跟踪监护系统、民用和工程实施的安全性监测系统、生物医学监测、治疗系统和智能维护等。

无线传感器网络应用开发环境的研究旨在为应用系统的开发提供有效的软件开发环境和软件工具，需要解决的问题包括程序设计语言、程序设计方法、软件开发环境和工具、软件测试工具的研究。

1.4.2　面临的挑战

无线传感器网络除了具有 Ad hoc 网络的移动性、自组织性等共同特征以外，还具有很多其他鲜明的特点，这些特点同时也需要不断地探索和挑战。

1）因为节点的数量巨大，而且还处在随时变化的环境中，这就使它有着不同于普通传感器网络的独特“个性”。首先是无中心和自组网特性。在无线传感器网络中，所有节点的地位都是平等的，没有预先指定的中心，各节点通过分布式算法来相互协调，在无人值守的情况下，节点能自动组织起一个测量网络；而正因为没有中心，网络便不会因为单个节点的脱离而受到损害。

2）网络拓扑的动态变化性。网络中的节点处于不断变化的环境中，它们的状态也在相应地发生变化，加之无线通信信道的不稳定性，网络拓扑也在不断地调整变化，而这种变化方式是无法准确预测的。

3）传输能力的有限性。无线传感器网络通过无线电波进行数据传输，虽然省去了布线的烦恼，但是相对于有线网络，低带宽则成为它的天生缺陷；同时，信号之间还存在相互干扰，信号自身也在不断地衰减。不过因为单个节点传输的数据量并不算大，这个缺点还是能忍受的。

4）能量的限制。为了测量真实世界的具体值，各个节点会密集地分布于待测区域内，人工补充能量的方法已经不再适用，每个节点都要储备可供长期使用的能量，或者自己从外界汲取能量。

5）安全问题。无线信道、有限的能量、分布式控制都使得无线传感器网络更容易受到攻击，被动窃听、主动入侵、拒绝服务则是这些攻击的常见方式。因此，安全性在网络的设计中至关重要。

6）生产成本。由于无线传感器网络由大量的传感器节点组成，单个节点的成本是衡量网络整体成本的重要指标。如果网络的成本比部署传统的单一传感器设备更昂贵，那么传感器网络的成本将是不合理的，因此，每个传感器节点的成本必须保持在低水平。例如，蓝牙的成本通常低于 10 美元，因此，一个传感器节点的成本应该低于 1 美元，以使传感器网络是实际可行的。然而，目前传感器设备的价格都远远高于蓝牙。此外，根据应用需求，传感器节点还可以配备定位系统、移动装置或电源，这些都增加了传感器设备的成本。

习　题

1. 简述无线传感器网络的概念。
2. 无线传感器网络的特点有哪些？
3. 无线传感器网络的常用关键技术有哪些？

第2章　网络与通信技术

在传统的有线网络中，已有许多完善的通信协议和相应的技术，但是这些技术并不能简单地照搬到无线传感器网络中，无线情况下需要面对许多新的问题，应用环境也更加恶劣。研究者根据无线传感器网络的特点，开发了具有高能效的底层硬件和各层通信协议，使网络有限的能量寿命能够尽可能延长，同时保障数据的有效传输。

与传统的网络类似，无线传感器网络的通信结构也延续着ISO/OSI[⊖]的开放标准，但与传统的网络不同，无线传感器网络去除了一些不必要的协议和功能层。由于无线传感器网络的节点采用电池供电，能量有限，且不易更换，因此，能量效率是无线传感器网络无法回避的，这也直接反映在网络的协议设计中。从最基础的物理层到应用层，几乎所有通信协议层的设计都要考虑到能效因素，保持高能效以延长网络的使用寿命是无线传感器网络设计的重要前提。

无线传感器网络使用无线通信，链路极易受到干扰，链路通信质量往往随着时间推移而改变，因此研究如何保障稳定高效的通信链路是必要的。除此之外，通信协议还需要考虑网络中由于节点的加入和失效等因素引起的网络拓扑结构的改变，采用一定的机制保持网络的通信顺畅。总而言之，在保障能效的前提下，无线传感器网络的通信协议应该具有足够的健壮性来应对外界的干扰和物理环境的改变。

2.1　引言

无线传感器网络的体系结构由分层的网络通信协议、网络管理平台以及应用支撑平台3部分组成，如图2-1所示。

1. 分层的网络通信协议

类似于传统互联网中的TCP/IP体系，分层的网络通信协议由物理层、数据链路层、网络层、传输层和应用层组成。

1）物理层。负责信道的选择、无线信号的监测、信号的调制和数据的收发，所采用的传输介质有无线电波、红外线和光波等。物理层的设计目标是以尽可能少的能量损

⊖ OSI（Open System Interconnection），即开放式系统互连，一般都叫OSI参考模型，是国际标准化组织在1985年研究的网络模型。该体系结构标准定义了网络的七层框架（物理层、数据链路层、网络层、传输层、会话层、表示层和应用层），即ISO开放系统互连参考模型。

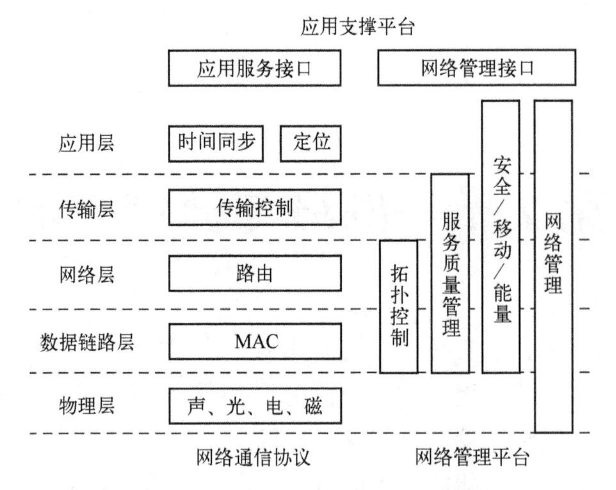

图 2-1　无线传感器网络的体系结构

耗获得较大的链路容量。

2）数据链路层。负责数据成帧、帧检测、媒体访问和差错控制。该层可分为介质访问控制（MAC）子层和逻辑链路控制（LLC）子层，其中，MAC 子层规定了不同的用户如何共享可用的信道资源，保证可靠的点对点和点对多点通信；逻辑链路控制子层负责向网络提供统一的服务接口。

3）网络层。负责路由发现和维护、网络互联、拥塞控制等。通常，大多数节点无法直接和网关通信，需要中间节点通过多跳路由的方式将数据传送至汇聚节点。

4）传输层。负责数据流的传输控制。主要通过汇聚节点采集传感器节点中的数据信息，利用卫星、移动通信网络、互联网或者其他的链路与外部网络通信，提供可靠的、开销合理的数据传输服务。

2. 网络管理平台

网络管理平台主要进行传感器节点自身的管理以及用户对传感器网络的管理，包括拓扑控制、服务质量管理、能量管理、网络安全、移动控制、网络管理和远程管理等。

1）拓扑控制。为了节约能源，传感器节点会在某些时刻进入休眠状态，这会导致网络拓扑结构不断变化，因而需要通过拓扑控制技术管理各节点状态的转换，使网络保持畅通，数据能够有效传输。拓扑控制利用链路层、路由层完成，反过来又为它们提供基础信息支持，优化 MAC 协议和路由协议，降低能耗。

2）服务质量（QoS）管理。在各协议层设计队列管理、优先级机制或者带预留等机制，并对特定应用的数据进行特别处理，它是网络与用户之间以及网络上互相通信的用户之间关于信息传输与共享的质量约定。为满足用户需求，无线传感器网络必须能够为用户提供足够的资源，以用户可以接受的性能指标工作。

3）能量管理。在无线传感器网络中，电源能量是各个节点最宝贵的资源，为了使无线传感器网络的使用时间尽可能长，需要合理、有效地控制节点对能量的使用。每个

协议层中都要增加能量控制代码，并提供给操作系统进行能量的分配决策。

4）网络安全。传感器网络多用于军事、商业领域，安全性是其重要的研究内容。由于节点随机部署、网络拓扑的动态性以及无线信道的不稳定，传统的安全机制无法适用于无线传感器网络，因此需要设计新型的网络安全机制，这需要采用扩频通信、接入认证、鉴权、数字水印和数据加密等技术。

5）移动控制。某些应用环境中，有一部分节点可以移动，移动控制主要负责检测和控制节点的移动，维护到汇聚节点的路由，还可以使传感器节点跟踪其邻居节点。

6）网络管理。是对网络上的设备及传输系统进行有效监视、控制、诊断和测试所采用的技术和方法。它要求各层协议嵌入各类信息接口，并定时收集协议运行状态和流量信息，协调控制网络中各个协议组件的运行。网络管理的功能主要有故障管理、计费管理、配置管理、性能管理和安全管理。

7）远程管理。对于某些应用环境，传感器网络处于人不容易访问的地方，为了对传感器网络进行管理，采用远程管理是十分必要的。通过远程管理，可以修正系统的漏洞、升级系统、关闭子系统、监控环境的变化等，使传感器网络工作更有效。

3. 应用支撑平台

应用支撑平台建立在分层的网络通信协议和网络管理平台的基础之上，它包括一系列基于检测任务的应用层软件，通过应用服务接口和网络管理接口来为终端用户提供具体的应用支持。

1）时间同步。无线传感器网络的通信协议和应用要求各节点间的时钟必须保持同步，这样多个传感器节点才能相互配合工作；此外，节点的休眠和唤醒也需要时间同步。

2）节点定位。确定每个传感器节点的相对位置或绝对位置，节点定位在军事侦察、环境监测、紧急救援等任务中尤为重要。节点定位分为集中定位方式和分布式定位方式。

3）应用服务接口。无线传感器网络的应用是多种多样的，针对不同的应用环境，有各种应用层的协议，如任务安排和数据分发协议、传感器查询和数据分发协议等。

4）网络管理接口。主要是传感器管理协议（Sensor Management Protocol，SMP），把数据传输到应用层。

2.2　物理层

无线传感器网络物理层可采用的传输介质多种多样，包括无线电波、红外线、光波、超声波等，后三者由于自身通信条件的限制，如要求视距通信等，仅适用于特定的无线传感器网络应用环境。无线电波易于产生，传播距离较远，容易穿透建筑物，在通信方面没有特殊的限制，能够满足无线传感器网络在未知环境中的自主通信需求，是目前无线传感器网络的主流，是被广泛接受的传输方式。

2.2.1 物理层概述

物理层是TCP/IP网络模型的第一层，它是整个通信系统的基础，正如高速公路和街道是汽车通行的基础一样。物理层为设备之间的数据通信提供传输媒体及互连设备，为数据传输提供可靠的环境。

物理层的首要功能是为数据端设备提供传送数据的通路，其次是传输数据。要完成这两个功能，物理层规定了如何建立、维护和拆除物理链路。

如图2-2所示的一个简单计算机网络模型中，物理层规定了信号如何发送、如何接收、什么样的信号代表什么含义、应该使用什么样的传输介质和什么样的接口等。

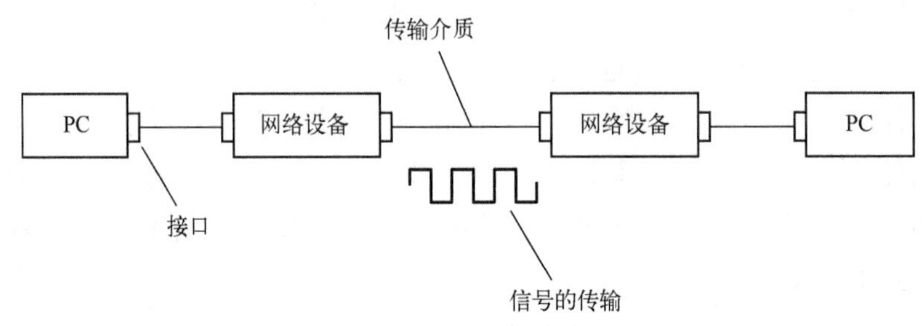

图2-2　计算机网络模型

信号的传输离不开传输介质，而传输介质两端必然有接口用于发送和接收信号。因此，规定各种传输介质及接口与传输信号相关的一些特性，也是物理层的主要任务之一。

国际标准化组织（International Organization for Standardization，ISO）对OSI参考模型中物理层的定义如下：物理层为建立、维护和释放数据链路实体之间的二进制比特传输的物理连接提供机械的、电气的、功能的和规程性的特性。

（1）机械特性

也叫物理特性，指通信实体间硬件连接接口的机械特点，如接口所用接线器的形状和尺寸、引线数目和排列、固定和锁定装置等，这很像平时常见的各种规格的电源插头，其尺寸有严格的规定。

（2）电气特性

规定了在物理连接上，导线的电气连接及有关电路的特性，一般包括接收器和发送器电路特性的说明、信号的识别、最大传输速率的说明、与互连电缆相关的规则、发送器的输出阻抗、接收器的输入阻抗等电气参数。

（3）功能特性

指物理接口各条信号线的用途，包括接口线功能的规定方法、接口信号线的功能分类（数据信号线、控制信号线、定时信号线和接地线四类）。

（4）规程特性

指利用接口传输比特流的全过程及各项用于传输的事件发生的合法顺序，包括事件

的执行顺序和数据传输方式，即在物理连接建立、维持和交换信息时，DTE/DCE㊀双方在各自电路上的动作序列。

以上四个特性实现了物理层在传输数据时，对信号、接口和传输介质的规定。

物理层的主要技术包括介质的选择、频段的选择、调制和解调技术以及扩频技术。

1. 介质的选择

无线通信的介质包括电磁波和声波。电磁波是最主要的无线通信介质，而声波一般仅用于水下的无线通信。根据波长的不同，电磁波分为无线电波、微波、红外线、毫米波和光波等，其中无线电波的使用最广泛。

目前无线传感器网络的通信传输介质主要是无线电波和红外线。

1）无线电波容易产生，可以传播很远，可以穿过建筑物，因而广泛用于室内或室外的无线通信。无线电波是全方向的，它能向任意方向发送无线信号，所以发射方和接收方的装置在位置上不必要求很精确地对准。

2）红外通信的优点是无须注册，抗干扰能力强；缺点是穿透能力差，要求发送者和接收者之间存在视距关系，这导致红外线难以成为无线传感器网络的主流传输介质，而只能在一些特殊场合得到应用。

2. 频段的选择

无线电波的传播特性与频率相关，如果采用较低频率，则能轻易地通过障碍物，但电波能量随着与信号源距离 r 的增大而急剧减小，大致为 $1/r^3$；如果采用高频传输，则趋于直线传播，且受障碍物阻挡的影响。无线电波易受发动机和其他电子设备的干扰。

另外，由于无线电波的传输距离较远，用户之间的相互串扰也是需要关注的问题，所以每个国家和地区都有关于无线频率管制方面的使用授权规定。

无线电波的通信限制较少，通常人们选择“工业、科学和医疗”（Industrial，Scientific and Medical，ISM）频段㊁。ISM 频段的优点在于它是自由频段，无须注册，可选频谱范围大，实现起来灵活方便；缺点是功率受限，另外与现有无线通信应用存在相互干扰的问题。尽管传感器网络可以通过其他方式实现通信，比如各种电磁波（如射频和红外）、声波，但无线电波仍是当前传感器网络的主流通信方式，在很多领域得到了广泛应用。

3. 调制和解调技术

因为是无线网络，传输介质自然要选电磁波。不过，源信号要依靠电磁波传输，必须通过调制技术变成高频信号，当抵达接收端时，又要通过解调技术还原成原始信号。

㊀ 数据终端设备（Data Terminal Equipment，DTE），是所有具有作为二进制数字数据源点或终点能力的单元。就是与我们直接接触的一些设备，如计算机、打印机、传真机等，我们需要通信的信息都可以通过它转化为数字世界中的 0/1 信号。数据电路端接设备（Data Circuit-terminating Equipment，DCE），是任何能够通过网络发送和接收模拟或数字数据的功能单元。DTE 产生了包含一定信息的二进制数字数据，但这种数据不适合直接在通信双方之间的介质（或网络）上传输，因此引入了 DCE 来对二进制数字数据进行调制或转换等工作，使其适于远距离传输。

㊁ ISM 频段是各国挪出某一段频段主要开放给工业、科学和医学机构使用。应用这些频段无须许可证或费用，只需要遵守一定的发射功率（一般低于 1W），并且不会对其他频段造成干扰即可。ISM 频段在各国的规定并不统一。

目前采用的调制方法分为模拟调制和数字调制两种，它们的区别就在于调制信号所用基带信号的模式不同（一个为模拟，一个为数字）。

通常信号源的编码信息（即信源）含有直流分量和频率较低的频率分量，称为基带信号。基带信号往往不能作为传输信号，因而要将基带信号转换为频率非常高的带通信号，以便进行信道传输。通常将带通信号称为已调信号，而基带信号称为调制信号。

调制对通信系统的有效性和可靠性有很大的影响，采用什么方法调制和解调在很大程度上决定了通信系统的质量。根据调制中采用的基带信号的类型，可以将调制分为模拟调制和数字调制：模拟调制是用模拟基带信号对高频载波的某一参量进行控制，使高频载波随着模拟基带信号的变化而变化；数字调制是用数字基带信号对高频载波的某一参量进行控制，使高频载波随着数字基带信号的变化而变化。

目前通信系统都在由模拟制式向数字制式过渡，因此数字调制已经成为主流的调制技术。

（1）模拟调制

基于正弦波的调制技术无外乎对其参数幅度 $A(t)$、频率 $f(t)$、相位 $\phi(t)$ 的调整，对应的调制方式分别为幅度调制（Amplitude Modulation，AM）、频率调制（Frequency Modulation，FM）和相位调制（Phase Modulation，PM）。已调波可以表示为

$$V(t)=A(t)\sin(2\pi f(t)+\phi(t)) \tag{2-1}$$

基本原理是，将要传送的调制信号（这里我们以音频信号为例）从低频搬移到高频，使它能通过电离层反射进行传输；在远距离接收端，用适当的解调装置再把原信号不失真地恢复出来，达到传输音频信号的目的，如图 2-3 所示。

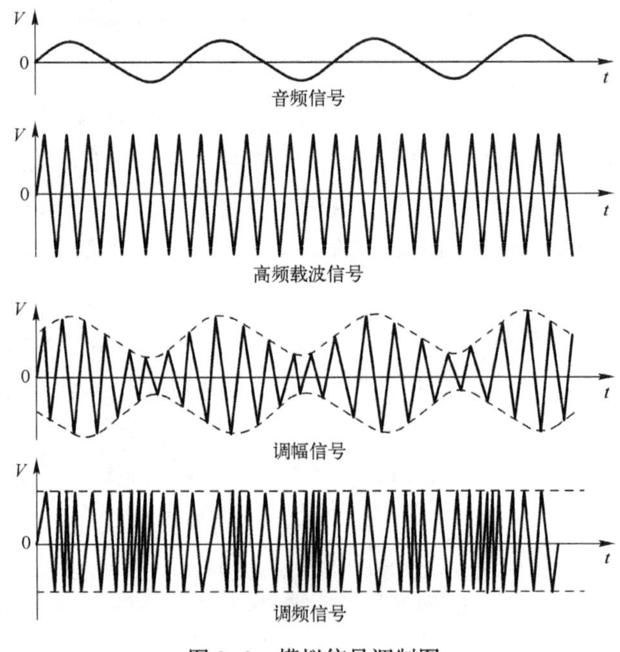

图 2-3　模拟信号调制图

（2）数字调制

当数字调制信号为二进制矩形全占空脉冲序列时，由于该序列只存在“有电”和“无电”两种状态，因而可采用电键控制，也称为键控信号，所以上述数字信号的调幅、调频、调相又被分别称为幅移键控（Amplitude Shift Keying，ASK）、频移键控（Frequency Shift Keying，FSK）和相移键控（Phase Shift Keying，PSK）。图2-4所示为二进制数字信号调制图。

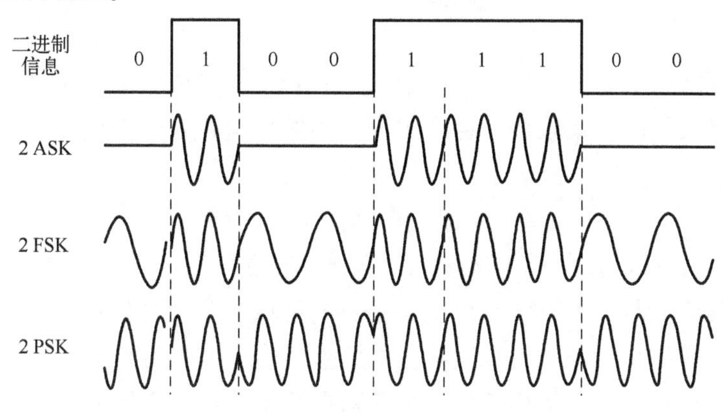

图2-4　二进制数字信号调制图

20世纪80年代以来，人们十分重视调制技术在无线通信系统中的应用，以寻求频谱利用率更高、频谱特性更好的数字调制方式。由于幅移键控信号的抗噪声性能不够理想，因而目前在无线通信中广泛应用的调制方法是频移键控和相移键控。

- ASK：结构简单易于实现，对带宽的要求小；缺点是抗干扰能力差。
- FSK：相比于ASK需要更大的带宽。
- PSK：更复杂，但是具有较好的抗干扰能力。

4. 扩频技术

信号仅经过调制是不行的，还需要进行扩频。扩频就是将待传输数据进行频谱扩展的技术，其信号所占有的频带宽度远大于所传信息需要的最小带宽；频带的扩展是通过一个独立的码序列来完成，用编码及调制的方法来实现，与所传信息数据无关；在接收端用同样的码进行相关同步接收、解扩和恢复所传信息数据。

扩频技术按照工作方式的不同，可以分为以下四种：直接序列扩频（Direct Sequence Spread Spectrum，DSSS）、跳频（Frequency Hopping Spread Spectrum，FHSS）、跳时（Time Hopping Spread Spectrum，THSS）和宽带线性调频扩频（Chirp Spread Spectrum，Chirp-SS）。

扩频技术的优点：易于重复使用频率，提高了无线频谱利用率；抗干扰性强，误码率低；隐蔽性好，对各种窄带通信系统的干扰很小；可以实现码分多址；抗多径干扰；能精确地定时和测距；适合数字话音和数据传输，以及开展多种通信业务；安装简便，易于维护。

2.2.2　链路特性

无线传感器网络性能的优劣和无线信道的好坏是密不可分的。与传统的有线信道不同，无线网络接收器与发射器之间信号的传播路径是随机性的，而且是非常复杂、难以分析的，数据包在传输过程中会遇到路径损耗、多径效应、噪声干扰、邻节点干扰、链路的非对称性等情况，从而造成数据包的丢失。下面针对这些情况进行分析。

1. 路径损耗

在无线传感器网络中，发送节点发送的信号在传播过程中的能量并不是恒定的，而是随着距离的增加呈现衰减趋势，这个过程称为路径损耗。典型的能耗衰减与距离的关系为

$$E = kd^n \tag{2-2}$$

式中，k 为常量；n 的取值范围为 $2<n<4$，其大小一般与多个因素有关，如信号载频或传播环境等。当传感器节点播撒在离地面很近的区域时，会受到很多障碍物的干扰，此时就需要增大 n 的值。此外，无线发射天线的选择也会对信号产生一定影响。经常使用的路径损耗模型有自由空间传播模型、地面双向反射模型、对数距离路径损耗模型等。

2. 多径效应

多径效应是指由无线信道中的多径传输现象所引起的干涉延时效应。无线信号在传输的过程中，经过周围物体或地面反射后，会通过多条不同的路径到达接收端，接收端收到的信号是多个信号叠加在一起的，这些信号由于传输路径的不同、延迟的不同以及路径损耗的不同，它们的相位和振幅也就不同，这些信号混合在一起，会引起信号的衰落。就点对点通信链路来讲，多径效应会导致无线链路上数据包的损坏或丢失。

多径效应与信号所处的环境紧密相关，在无线传感器网络中，节点位置发生变化或环境的变化都会改变信号的接收强度，而且不仅是在动态网络中存在多径效应，在静态网络中，由于环境的影响，多径效应仍然存在。

3. 噪声干扰

在无线信号的传输过程中，接收端收到的不仅仅是包含信息的有用信号，还可能收到不含任何信息的无用信号，这些无用信号称为噪声。噪声的来源可能是自然界（俗称自然噪声），也可能是人为干扰（俗称人为噪声），还有可能是来自芯片内部的热噪声。

接收端正确收到信号的前提是到达接收端信号的信噪比要高于所设定的信噪比阈值，当功率为定值时，接收端信噪比会随着噪声功率的增大而降低，信号校验的准确性会降低，数据包丢失的概率也会增大。

4. 邻节点干扰

在无线传感器网络实际应用中，节点部署的密度通常都很大，当网络中某个节点的数据进行发送时，其他节点也有可能在同频率上进行数据的传输，这种情况下信号就会

产生叠加，因此将这种不同于噪声干扰的现象称为邻节点干扰。由于无线电信号采用的编码方式基本相同，所以这种干扰对信号的准确性会产生很大的影响。为了避免上述干扰，研究者们根据无线传感器网络的协议特点提出了载波监听多路访问（Carrier Sense Multiple Access，CSMA）机制，它是一种介质访问控制协议，目的是使网络中的节点都能够独立地接收和发送数据。当一个节点准备发送数据时，首先要进行载波监听来确定当前信道是否空闲，只有信道空闲时，才能进行数据的传输。这种控制协议的原理比较简单，实现起来比较容易，可以有效降低节点间的干扰。

5. 链路的非对称性

在无线传感器网络中，由于节点所处的环境和性能基本相同，所以往往认为链路是对称的，但事实并非如此。图 2-5 是一个点对点的链路示意图，这里用包接收率来量化链路特性，P_1代表节点 A 向节点 B 发送数据时，节点 B 的包接收率；P_2代表节点B 向节点 A 发送数据时，节点 A 的包接收率。一般来说，当$|P_1-P_2|\geqslant 0.25$ 时，就会认为这两个链路之间是非对称性的。此外，多径效应也可能会使链路之间的衰减存在差异。

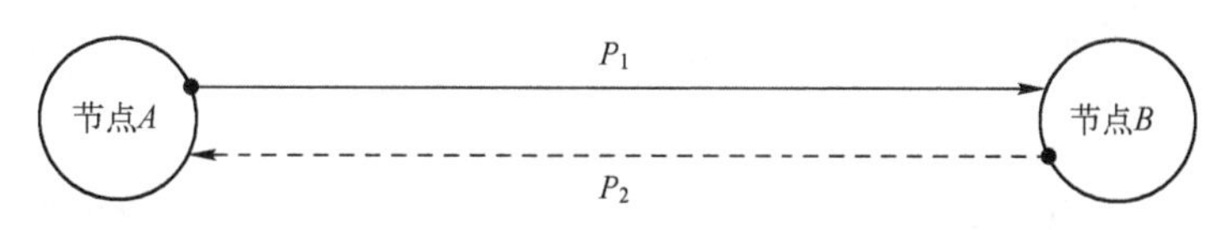

图 2-5　无线链路传播图

链路的非对称性不仅会对上层协议的性能造成很大的影响，而且会使整个网络的通信变得很不可靠，大大降低网络的性能。

2.2.3 物理层设计

物理层的设计目标是以尽可能少的能量消耗获得较大的链路容量，物理层设计的一些非常重要的问题如下：

1）低功耗问题。

2）低发射功率和小传播范围。

3）低占空比系数问题。

4）相对较低的数据率（一般来说每秒几十或几百 kbit）。

5）较低的实现复杂度和较低的成本。

6）较小的移动速度。

在无线传感器网络的物理层设计中，面临着以下挑战。

（1）成本

低成本是无线传感器网络节点设计的基本要求，只有低成本，才能将节点大量地布置到目标区域内，表现出无线传感器网络的各种优点。物理层的设计直接影响到整个网络的硬件成本，节点最大限度的集成化设计和减少分立元件是降低成本的主要手段。

不过随着CMOS工艺技术的发展，数字单元基本已完全基于CMOS工艺实现，并且体积也越来越小；但是模拟部分，尤其是射频单元的集成化设计仍需占用很大的芯片面积，所以靠近天线的数字化射频收发机的研究是降低当前通信前端电路成本的主要途径。

（2）功耗

无线传感器网络推荐使用免许可证频段ISM。在物理层技术选择方面，环境的信号传播特性、物理层技术的能耗是设计的关键问题。传感器网络的典型信道属于近地面信道，其传播损耗因子较大，且天线高度距离地面越近，其损耗因子就越大，这是物理层设计的不利因素。然而无线传感器网络的某些内在特征也存在有利于设计的方面。例如，高密度部署的无线传感器网络具有分集特性，可以用来克服阴影效应和路径损耗。

2.2.4 低速物理层

1. IEEE 802.15.4

无线传感器网络中主要的通信技术是基于IEEE 802.15.4标准的无线个域网技术，它规定了面向低速无线个域网的物理层和介质访问控制（MAC）层的规范。该规范的目标是面向10~100m的短距离应用，具有低速、容易布设、较为可靠的数据传输、短距离、低成本以及合理的电池生命周期等特点。IEEE 802.15.4标准工作组在ISM频段定义了2.4 GHz频段和868/915 MHz频段的两个物理层规范，这两种物理层规范均基于直接序列扩频技术，对于不同频段的物理层，其码片的调制方式各不相同（见表2-1）。

表2-1　IEEE 802.15.4标准各频点主要物理层参数

频点	868 MHz	915 MHz	2.4 GHz
带宽/MHz	0.6	2	5
信道数	1	10	16
码片调制方式	BPSK（二进制相移键控）	BPSK	OQPSK（偏移四相相移键控）
传输速率/(kbit/s)	20	40	250
应用区域	欧洲	美国	全球

2. UWB

超宽带技术（Ultra Wide Band，UWB）是一种无载波通信技术，采用纳秒至皮秒级的脉冲进行通信，所占频谱非常宽，频段范围是3.1~10.6 GHz，该技术在传输时的发射功率极低。虽然UWB的传输范围在10 m内，但速度能达到几百Mbit/s至几千Mbit/s。UWB最初主要用于美国军方的军用雷达中，现在该技术已被准许在民用领

域使用。

由于 UWB 具有抗干扰能力强、极宽的带宽、传输速率高、发射功率小等特点，其在室内无线通信、高速 WLAN、安全监测等方面都具有广泛的应用前景。

3. 红外通信技术

红外通信技术是一种无线通信方式，可以进行无线数据的传输，适用于低成本、跨平台、点对点的高速数据连接，尤其是嵌入式系统。红外通信技术主要应用于设备互连，还可作为信息网关。设备互连后可完成不同设备内文件与信息的交换；信息网关负责连接信息终端和互联网。红外通信技术已被全球范围内的众多软硬件厂商所支持和采用，广泛应用于移动计算设备和移动通信设备中。

红外传输是一种点对点的无线传输方式，适合于近距离传输，且需要对准方向，中间不能有障碍物，几乎无法控制信息传输的速度。

2.2.5 中高速物理层

1. Wi-Fi

Wi-Fi（Wireless Fidelity）是 IEEE 802.11b 的别称，即无线保真技术，是无线局域网联盟的一个商标，目的是改善基于 IEEE 802.11 协议的无线产品之间的互通性，因此，现在基于 IEEE 802.11 协议的无线局域网被统称为 Wi-Fi 网络。Wi-Fi 是以太网的一种无线扩展，具有部署方便、构建快速和灵活的特点，能够与现有的有线网络无缝连接，不需要额外的接入设备，Wi-Fi 的工作频段在 ISM 2.4 GHz 频带上。Wi-Fi 的主要特点是高速率，从最初的 1 Mbit/s 和 2 Mbit/s 传输速率，发展到目前广泛使用的 IEEE 802.11g 协议，其最大数据传输速率为 54 Mbit/s。

IEEE 802.11 支持带宽的自动调节，在信号不好或信道受到干扰的情况下，网络带宽可在 11 Mbit/s、5.5 Mbit/s、2 Mbit/s 和 1 Mbit/s 内变化；通信距离远也是 Wi-Fi 的一大优势，在空旷的室外能达到 300 m，室内也能达到 100 m，在监测区域能有效减少设备的使用，降低成本。

Wi-Fi 设备刚面市时，价格是比较贵的，来自不同制造商的设备兼容性差、安全性不理想，使用不广泛。但随着研究的不断深入，IEEE 802.11 协议更加完善，硬件制造技术更加成熟，这些问题逐步得到了解决。近年来，Wi-Fi 芯片广泛应用在 PDA、移动电话和其他便携式设备。随着各国政府对无线基础设施的大力建设，在无线传感器网络中应用 Wi-Fi 技术已具备了相应的条件。

2. 蓝牙

蓝牙（Bluetooth）是由爱立信公司提出的一种全球性的短距离无线通信标准，起初的目的是取代手机与其附件的一切电缆连接，实现更方便的无线通信。蓝牙是一种典型的短距离无线通信技术，传输距离为 10 m 左右，工作于 2.4 GHz 的 ISM 频段，传输速率可达到 10 Mbit/s。蓝牙支持点对点、点对多点的连接，可以方便灵活地实现安全可靠、快速的语音及数据业务的无线传输，但由于其通信范围和网络容量的限制，一个蓝牙设备最多只能和7个蓝牙设备进行通信，因此在很大程度上限制了蓝牙在无线传感器网络中的应用。

3. WiMAX

全球微波接入互操作性（World Interoperability for Microwave Access，WiMAX），又称威迈，是一项高速无线数据网络标准，主要用于城域网络（MAN），由WiMAX论坛提出并于2001年6月成形。

WiMAX能提供多种应用服务，包括“最后一公里”无线宽带接入、热点、小区回程线路，以及企业间作为商业用途的高速连线。通过WiMAX一致性测试的产品都能够彼此建立无线连接并传送互联网分组数据。WiMAX在概念上类似Wi-Fi，但改善了其性能，支持更远的传送距离。

4. WCDMA

WCDMA指宽带码分多址，是由3GPP制定的，基于GSM MAP核心网，UTRAN（UMTS Terrestrial Radio Access Network的缩写，其中UMTS是陆地无线接入网的简称）为无线接口的第三代移动通信系统。

WCDMA是国际电信联盟（ITU）标准，采用直接序列扩频码分多址、频分双工（FDD）方式，码片速率为3.84 Mcps，载波带宽为5 MHz。WCDMA能够支持移动手提设备之间的语音、图像、数据及视频通信，速率可达2 Mbit/s（局域网）或384 kbit/s（宽带网）。输入信号先被数字化，然后在一个较宽的频谱范围内以编码的扩频模式进行传输。

2.3　数据链路层

在通信网络中，通信的对等实体之间的数据传输通道称为数据链路（Data Link），它包含了物理链路和必要的传输控制规范。由于无线信道的特点，使得无线链路不像有线链路那样稳定，无线信道常常存在电磁干扰等诸多不稳定因素，使无线物理信道的通信质量难以保证。数据链路协议最主要的功能是通过该层协议的作用，在一条不太可靠的通信链路上实现可靠的数据传输。数据链路控制协议是在物理层之上，加上必要的规程来控制节点间的数据传输，实现数据块或数据帧的可靠传输。数据链路控制协议主要包含MAC层协议和数据链路层（Data Link Layer，DLL）协议。

2.3.1　MAC概述

MAC层位于物理层之上，负责把物理层的“0”“1”比特流组建成帧，并通过帧尾部的错误校验信息进行错误校验；提供对共享介质的访问方法，包括以太网的带冲突检测的载波监听多路访问（CSMA/CD）、令牌环（Token Ring）、光纤分布式数据接口

（FDDI）等。

在无线传感器网络中，MAC 协议决定无线信道的使用方式，在传感器节点之间分配有限的无线通信资源，用来构建传感器网络系统的底层基础结构。MAC 协议处于传感器网络协议的底层部分，对传感器网络的性能有较大影响，是保证无线传感器网络高效通信的关键网络协议之一。

在设计无线传感器网络的 MAC 协议时，需要着重考虑以下几个方面。

（1）节省能量

由于无线传感器网络应用的特殊性，要求传感器节点的价格低、功耗小，这必然导致其携带的处理器能力比较弱，存储器容量比较小。因此，MAC 协议必须利用好有限的计算和存储资源，完成诸多协同任务。

（2）可扩展性

由于传感器节点数目、节点分布密度等在传感器网络生存过程中不断变化，节点位置也可能移动，还存在新节点加入网络等问题，使得无线传感器网络的拓扑结构具有动态性，MAC 协议应具有可扩展性，以适应这种动态变化的拓扑结构。

（3）网络效率

网络效率包括网络的公平性、实时性、网络吞吐量以及带宽利用率等。

（4）算法复杂度

MAC 协议要具备上述特点，众多节点协同完成应用任务，必然会增加算法的复杂度。由于传感器节点计算能力和存储能力受限，MAC 协议应能根据应用需要，在复杂度和上述性能之间取得折中。

（5）与其他层协议的协同

无线传感器网络应用的特殊性对各层协议都提出了一些共同的要求，如能量效率、可扩展性、网络效率等，研究 MAC 协议与其他层协议的协同问题，通过跨层设计获得系统整体的性能优化。

MAC 协议设计所面临的问题如下。

（1）空闲监听

因为节点不知道邻居节点的数据何时到来，所以必须始终保持自己的射频部分处于接收模式，形成空闲监听，这样就造成了不必要的能量损耗。

（2）冲突（碰撞）

如果两个节点同时发送，并相互产生干扰，则它们的传输都将失败，发送包被丢弃，此时用于发送这些数据包所消耗的能量就会被浪费掉。

（3）控制开销

为了保证可靠传输，协议将使用一些控制分组。

（4）串扰（串音）

由于无线信道为共享介质，因此节点也可能会接收到不是到达自己的数据包，然后再将其丢弃，此时，也会造成能量的耗费。

由于无线传感器网络是针对应用的网络，不同的应用侧重于不同的网络性能，因此映射到MAC协议上就会有不同的设计偏重。根据当前主流的分类方式，可将MAC层协议分为基于竞争的MAC协议、基于时分复用的MAC协议和其他类型的MAC协议。

2.3.2 基于竞争的MAC协议

基于竞争的MAC协议访问无线信道的方式是按需随机访问信道，其基本思想是当节点需要发送数据时，通过竞争方式使用信道，若竞争成功则开始发送数据，若产生数据碰撞，就按照一定的重发策略开始数据重发流程。

基于竞争的MAC协议有以下优点：

1）由于是根据需要分配信道，所以这种协议能较好地满足节点数量和网络负载的变化。

2）能较好地适应网络拓扑的变化。

3）不需要复杂的时间同步或集中控制调度算法。

典型的基于竞争的MAC协议有ALOHA协议、CSMA/CD协议、IEEE 802.11 MAC协议。

1. ALOHA协议

ALOHA协议是随机访问或者竞争发送协议。随机访问意味着无法预计其发送的时刻；竞争发送是指所有发送都可以自由竞争信道的使用权。ALOHA协议或称ALOHA技术、ALOHA网，是世界上最早的无线电计算机通信网，它是1968年美国夏威夷大学的一项研究计划的名字，由该校Norman Amramson等人为他们的地面无线分组网而设计。

ALOHA协议的思想很简单，只要用户有数据要发送，就尽管让他们发送。当然，这样会产生冲突从而造成帧的破坏，但由于广播信道具有反馈性，因此发送方可以在发送数据的过程中进行冲突检测，将接收到的数据与缓冲区的数据进行比较，就可以知道数据帧是否遭到破坏。同样的道理，其他用户也是按照此过程工作，如果发送方知道数据帧遭到破坏（即检测到冲突），那么它可以等待一段随机长的时间后重发该帧。

由于在有数据发送时，节点并不首先进行监听工作，因此ALOHA协议具有比较短的信道接入时延和传输时延，在网络低负载的情况下，该协议具有较好的实时性；然而，当网络的负载增大时，节点间的数据冲突次数也会随之增多，反过来降低网络的数据吞吐率，增加数据的传输延迟。

2. CSMA/CD协议

CSMA/CD（Carrier Sense Multiple Access/Collision Detection，带冲突检测的载波监

听多路访问）是 IEEE 802.3 使用的一种介质访问控制方法。

基本原理是：每个节点都共享网络传输信道，在发送数据之前，会检测信道是否空闲，如果空闲则发送，否则就等待；在发出信息后，对冲突进行检测，当发现冲突时，取消发送。

冲突检测的方法很多，通常以硬件技术实现。一种方法是比较接收到的信号的电压大小，只要接收到的信号的电压摆动值超过某一阈值，就认为发生了冲突；另一种方法是在发送帧的同时进行接收，将收到的信号逐比特地与发送的信号相比较，如果有不符合的，就说明出现了冲突。

CSMA/CD 是对传统 CSMA 算法的进一步完善，因其增加了冲突检测机制，检测到冲突时可以停止无意义的数据发送，因而减少了信道带宽的浪费。

3. IEEE 802.11 MAC 协议

IEEE 802.11 MAC 协议有分布式协调功能（Distributed Coordination Function，DCF）和点协调功能（Point Coordination Function，PCF）两种访问控制方式，其中 DCF 方式是 IEEE 802.11 MAC 协议的基本访问控制方式。由于在无线信道中难以检测到信号的碰撞，因而只能采用随机退避的方式来减小数据碰撞的概率。在 DCF 工作方式下，节点监听到无线信道忙后，采用 CSMA/CA 机制和随机退避机制，实现无线信道的共享。另外，所有定向通信都采用立即主动确认（ACK）机制，如果没有收到 ACK 帧，则发送方会重传数据。而 PCF 工作方式是基于优先级的无竞争访问，是一种可选的控制方式，它通过访问接入点（Access Point，AP）协调节点的数据收发，通过轮询方式查询当前哪些节点有数据发送的请求，并在必要时给予数据发送权。

IEEE 802.11 MAC 协议规定了三种基本的帧间间隔（Inter-Frame Spacing，IFS），用来区分无线信道的优先级。三种帧间间隔如下。

1）SIFS（Short IFS）：最短帧间间隔。使用 SIFS 的帧优先级最高，用于需要立即响应的服务，如 ACK 帧、CTS 帧和控制帧等。

2）PIFS（PCF IFS）：PCF 方式下节点使用的帧间间隔，用以获得在无竞争访问周期启动时访问信道的优先权。

3）DIFS（DCF IFS）：DCF 方式下节点使用的帧间间隔，用以发送数据帧和管理帧。

上述各帧间间隔的关系：DIFS>PIFS> SIFS。

根据 CSMA/CA 协议，当一个节点要传输一个分组时，它首先监听信道状态，如果信道空闲，而且经过一个帧间间隔 DIFS 后，信道仍然空闲，则立即开始发送信息；如果信道忙，则一直监听直到信道的空闲时间超过 DIFS；当信道最终空闲下来时，节点进一步使用二进制退避算法（Binary Back off Algorithm），进入退避状态来避免发生冲突。

随机退避时间按下面的公式计算：

$$退避时间 = Random(\ ) \times aSlottime$$

式中，Random()是竞争窗[0,CW]内平均分布的伪随机整数；CW是整数随机数，其值处于标准规定的aCWmax和aCWmin之间；aSlottime是一个时隙时间，包括发射启动时间、介质传播时延和检测信道的响应时间等。

节点在进入退避状态时，会启动一个退避计时器，当计时达到退避时间后，结束退避状态。在退避状态下，只有当检测到信道空闲时才进行计时；如果信道忙，退避计时器中止计时，直到检测到信道空闲时间大于DIFS后才继续计时。当多个节点推迟且进入随机退避时，利用随机函数选择最小退避时间的节点作为竞争优胜者。

IEEE 802.11 MAC协议中通过立即主动确认机制和预留机制来提高性能。在主动确认机制中，当目标节点收到一个发给它的有效数据帧时，必须向源节点发送一个应答帧ACK，确认数据已被正确接收到。为了保证目标节点在发送ACK过程中不与其他节点发生冲突，目标节点使用SIFS帧间隔。主动确认机制只能用于有明确目标地址的帧，不能用于组播报文和广播报文的传输。为减少节点间使用共享无线信道的冲突概率，预留机制要求源节点和目标节点在发送数据帧之前交换简短的控制帧，即发送请求帧RTS和清除帧CTS。从RTS（或CTS）帧开始到ACK帧结束的这段时间，信道将一直被这次数据交换过程占用；RTS帧和CTS帧中包含有关这段时间长度的信息。每个节点维护一个定时器，记录网络分配向量NAV，指示信道被占用的剩余时间，一旦收到RTS帧或CTS帧，所有节点都必须更新它们的NAV值，只有在NAV减到零时，节点才可以发送信息。通过此种方式，RTS帧和CTS帧为节点的数据传输预留了无线信道。

2.3.3 基于时分复用的MAC协议

时分复用（Time Division Multiple Access，TDMA）是实现信道分配的简单成熟的机制，蓝牙网络采用了基于TDMA的MAC协议。在传感器网络中采用TDMA机制，就是为每个节点分配独立的用于数据发送或接收的时隙，而节点在其他空闲时隙内转入睡眠状态。

TDMA机制的一些特点非常适合无线传感器网络节省能量的要求：TDMA机制没有竞争机制的碰撞重传问题；数据传输时不需要过多的控制信息；节点在空闲时隙能够及时进入睡眠状态。TDMA机制需要节点之间达到比较严格的时间同步，时间同步是传感器网络的基本要求，多数传感器网络都使用了监听/睡眠的能量唤醒机制，利用时间同步来实现节点状态的自动转换；节点之间为了完成任务需要协同工作，这同样不可避免地需要时间同步。TDMA在网络扩展性方面存在不足：很难调整时间帧的长度和时隙的分配；对传感器节点的移动、失效等动态拓扑结构的适应性较差；对节点发送数据量的变化也不敏感。

2.3.4 其他类型的MAC协议

基于TDMA的MAC协议虽然有很多优点，但网络扩展性差，需要节点间达到严格的时间同步，对于能量和计算能力都有限的传感器节点而言实现比较困难。而通过FDMA或者CDMA与TDMA相结合的方法，为每对节点分配互不干扰的信道实现信息传输，可以避免共享信道的碰撞问题，增强了协议的扩展性。

1. SMACS/EAR协议

Sohrabi等人提出的SMACS/EAR（Self-organizing MAC/Eavesdrop and Register）是具有监听/注册能力的无线传感器网络自组织MAC协议，是结合TDMA和FDMA的基于固定信道分配的分布式MAC协议，用于建立对等的网络结构。SMACS协议主要用于静止的节点之间建立连接，而对于静止节点与运动节点之间的通信，则需要通过EAR协议进行管理。基本思想是，为每一对邻居节点分配一个特有频率进行数据传输，不同节点对间的频率互不干扰，从而避免同时传输的数据之间产生碰撞。

SMACS协议假设节点静止，节点在启动时广播一个“邀请”消息，通知附近节点与本节点建立连接，接收到“邀请”消息的邻居节点与发出“邀请”消息的节点交换信息，在两者之间分配一对时隙，供两者以后通信。EAR协议用于少量运动节点与静止节点之间进行通信，运动节点监听固定节点发出的“邀请”消息，根据消息的信号强度、节点ID号等信息决定是否建立连接，如果运动节点认为需要建立连接，则与对方交换信息，分配一对时隙和通信频率。

SMACS/EAR不需要所有节点的帧同步，可以避免复杂的高能耗同步操作，但不能完全避免碰撞，多个节点在协商过程中，可能同时发出“邀请”消息或应答消息，从而出现冲突。在可扩展性方面，SMACS/EAR协议可以为变化慢的移动节点提供持续的服务，但并不适用于拓扑结构变化较快的无线传感器网络。由于协议要求两节点间使用不同的频率通信，固定节点还需要为移动节点预留可以通信的频率，因此网络需要有充足的带宽以保证每对节点间建立可能的连接。由于无法事先预计并且很难动态调整每个节点需要建立的通信链路数，因此整个网络的带宽利用率不高。

2. S-MAC协议

S-MAC（Sensor MAC）协议是Wei等人在IEEE 802.11协议的基础上，针对无线传感器网络的能量有效性而提出的专用于节能的MAC协议。S-MAC协议设计的主要目标是减少能量消耗，提供良好的可扩展性，主要采用以下三方面的措施来减少能耗。

（1）周期性监听和休眠

每个节点周期性地转入休眠状态，周期长度是固定的，节点的监听活动时间也是固定的。节点苏醒后进行监听，判断是否需要通信，为了便于通信，相邻节点之间应该尽量维持调度周期同步，从而形成虚拟的同步簇；同时每个节点需要维护一个调度表，保存所有相邻节点的调度情况，在向相邻节点发送数据时唤醒自己。每个节点定期广播自己的调度，使新接入节点可以与已有的相邻节点保持同步。如果一个节点处于两个不同调度区域的重合部分，则会接收到两种不同的调度，节点应该选择先收到的调度周期。

（2）消息分割和突发传输

考虑到无线传感器网络的数据融合和无线信道的易出错等特点，将一个长消息分割成几个短消息，利用 RTS/CTS 机制一次预约发送整个长消息的时间，然后突发性地发送由长消息分割的多个短消息。发送的每个短消息都需要一个应答 ACK，如果发送方对某一个短消息的应答没有收到，则立刻重传该短消息。

（3）避免接收不必要消息

采用类似于 IEEE 802.11 的虚拟物理载波监听和 RTS/CTS 握手机制，使不收发信息的节点及时进入睡眠状态。

S-MAC 协议同 IEEE 802.11 相比，具有明显的节能效果，但是由于睡眠方式的引入，节点不一定能及时传递数据，从而使网络的时延增加、吞吐量下降；而且 S-MAC 采用固定周期的监听/睡眠方式，不能很好地适应网络业务负载的变化。针对 S-MAC 协议的不足，研究者又进一步提出了自适应睡眠的 S-MAC 协议。在保留消息传递、虚拟同步簇等方式的基础上，引入自适应睡眠机制：如果节点在进入睡眠之前，监听到邻居节点的传输，则根据监听到的 RTS 或 CTS 消息，判断此次传输所需要的时间；然后在相应的时间后醒来一小段时间（称为自适应监听间隔），如果这时发现自己恰好是此次传输的下一跳节点，则邻居节点的此次传输就可以立即进行，而不必等待；如果节点在自适应监听间隔时间内，没有监听到任何消息，即不是当前传输的下一跳节点，则该节点立即返回睡眠状态，直到调度表中的监听时间到来。

自适应睡眠的 S-MAC 在性能上优于 S-MAC，特别是在多跳网络中，可以大大减小数据传递的时延。S-MAC 和自适应睡眠的 S-MAC 协议的可扩展性都较好，能适应网络拓扑结构的动态变化，缺点是协议的实现较复杂，需要占用节点大量的存储空间，这对资源受限的传感器节点，显得尤为突出。

3. T-MAC 协议

T-MAC（Timeout MAC）协议，实际上是 S-MAC 协议的一种改进。S-MAC 协议的周期长度受限于延迟要求和缓存大小，而监听时间主要依赖于消息速率。因此，为了保证消息的可靠传输，节点的周期活动时间必须适应最高的通信负载，从而造成网络负载较小时，节点空闲监听时间的相对增加。该协议在保持周期监听长度不变的情况下，可以根据通信流量动态调整节点的活动时间，用突发方式发送消息，减少空闲监听时间。主要特点是引入了一个 TA（Time Active）时隙，若 TA 时隙之间没有任何事件发生，则活动结束进入睡眠状态。

2.4　网络层

网络层是无线传感器网络研究的热点之一，特别是在无线传感器网络的发展过程中，提出了许多路由算法和协议。

路由协议的目的是将消息分组从源节点（传感器节点）发送到目的节点（汇聚节点），因此需要完成两大功能：一是选择适合的优化路径，二是沿着选定的路径正确转发数据。尽管传统的无线局域网或者移动 Ad hoc 网络基于提高服务质量和公平性提出了很多路由协议，但这些协议的主要任务不是考虑网络的能量消耗，而是追求端到端的延迟最小、网络利用率最高以及能够避免通信拥塞和均衡网络流量的最优路径。无线传感器网络具有较强的应用相关性，不同应用中的路由协议可能差别很大，没有一个通用的路由协议。此外，无线传感器网络的路由机制还经常与数据融合技术联系在一起，通过减少通信量而节省能量，因此，传统无线网络的路由协议不适用于无线传感器网络。

2.4.1　路由协议概述

在最初的研究中，人们借鉴传统的无线网络路由协议的思想，运用成熟的互联网技术和 Ad hoc 路由机制设计无线传感器网络的路由协议，但结果显示传统无线网络与无线传感器网络有着明显不同的技术要求。举例来说，传统无线网络中通常是有源供电不用担心能量耗尽，无线传感器网络中的节点是能量有限且没有补充，如果大量节点因能量耗尽而无法正常工作将导致整个网络瘫痪；另外，无线传感器网络还具有拓扑结构变化频繁、节点计算存储能力有限等特点。

与传统网络的路由协议相比，无线传感器网络的路由协议具有以下特点。

1）能量优先。传统路由协议在选择最优路径时，很少考虑节点的能量消耗问题，而无线传感器网络中节点的能量有限，如何延长整个网络的生存期成为传感器网络路由协议设计的重要目标。因此需要考虑节点的能量消耗以及网络能量均衡使用的问题。

2）基于局部拓扑信息。无线传感器网络为了节省通信能量，通常采用多跳的通信模式，而节点有限的存储资源和计算资源，使其不能存储大量的路由信息，不能进行太复杂的路由计算。在节点只能获取局部拓扑信息和资源有限的情况下，如何实现简单高效的路由机制是无线传感器网络要解决的一个基本问题。

3）以数据为中心。传统的路由协议通常以地址作为节点的标识和路由的依据，而无线传感器网络中大量节点随机部署，所关注的是监测区域的感知数据，而不是具体哪个节点获取的信息，不依赖于全网唯一的标识。无线传感器网络通常包含多个传感器节点到少数汇聚节点的数据流，按照对感知数据的需求、数据通信模式和流向等，形成以数据为中心的消息转发路径。

4）应用相关。无线传感器网络的应用环境千差万别，数据通信模式不同，没有一个路由机制能够适合所有的应用，设计者需要针对每一个具体应用的需求，设计与之适应的特定路由机制。

针对无线传感器网络路由机制的上述特点，在设计符合其自身特点的路由协议时必须考虑以下问题：

1）能量高效。无线传感器网络路由协议不仅要选择能量消耗小的消息传输路径，而且要从整个网络的角度考虑，选择使整个网络能量均衡消耗的路由。传感器节点一般采用电池供电，通常部署在恶劣环境下很难更换电池。因此，无线传感器网络的路由机制要能够简单且高效地实现信息传输。

2）可扩展性。在无线传感器网络中，监测区域范围或节点密度不同，造成网络规模大小不同；节点失败、新节点加入以及节点移动等，都会使网络拓扑结构发生动态变化，这就要求路由机制具有可扩展性，能够适应网络结构的变化。

3）鲁棒性。能量用尽或因环境因素造成传感器节点信息传输的失败、周围环境对无线链路通信质量的影响以及无线链路本身的缺点等，这些无线传感器网络的不可靠特性要求路由机制具有一定的容错能力。

4）快速收敛性。无线传感器网络的拓扑结构动态变化，节点能量和通信带宽等资源有限，因此要求路由机制能够快速收敛，以适应网络拓扑的动态变化，减少通信协议开销，提高消息传输效率。

5）安全性。无线的传输环境很容易被恶意攻击，无人看管的节点很容易被窃取数据，所以无线传感器网络路由机制应该提供有效的措施以确保信息传输的安全性。

针对不同的无线传感器网络的应用，研究人员提出了不同的路由协议。根据不同应用对无线传感器网络各种特性的敏感度不同，将路由协议进行分类整理。

1）根据拓扑结构可分为平面路由协议和分簇路由协议。平面路由协议一般节点对等、功能相同、结构简单、维护容易，但仅适合规模小的网络，不能对网络资源进行优化管理；而分簇协议中节点的功能不同、各司其职，网络的扩展性好，适合较大规模的网络。

2）根据路径的多少可分为单路径路由协议和多路径路由协议。单路径路由协议是将数据沿一条路径传递，数据通道少、消耗低，但容易造成丢包且错误率高。多路径路由协议是将单个数据分成若干组，沿多条路径进行传递，即便有一条路径报废，数据也会经由其他路径传递，可靠性较好，但重复率高、能量消耗大，适合对传输可靠性要求较高且初始能量高的应用场合。

3）根据通信模式可分为时钟驱动型、事件驱动型和查询驱动型。时钟驱动型是传感器节点周期性地主动把采集到的数据信息报告给汇聚节点，比如环境监测类的无线传感器网络；事件驱动型是传感器节点在感应到数据后进行判断，若超过事先设定的阈

值，则认为触发了某种事件，需要立即传送数据给汇聚节点，如用于预警的无线传感器网络；在查询驱动型路由协议中，仅当传感器节点收到用户感兴趣的查询时，才向汇聚节点发送数据。

4）根据目的节点的个数可分为单播路由协议和多播路由协议。单播路由协议只有一个发送方和一个目的节点；多播路由协议有多个目的节点，节点将采集到的数据信息并行地以多播树方式进行传播，在树的分叉处复制和转发数据包。多播路由协议里数据包发送次数变少，网络带宽的使用效率提高。

5）根据是否进行数据融合可分为融合路由协议和非融合路由协议。如果在数据传输过程中，根据预先制定的规则对多个数据包的相关信息进行合并和压缩，就属于数据融合路由协议，这类协议降低了数据冗余度，减少了网络通信量，节省了能量，但是也相应增加了传输时延；非融合路由协议在传递过程中不做任何处理，传递量大，消耗能量大，甚至引起“拥堵”。

2.4.2 平面路由协议

（1）泛洪（Flooding）路由协议和闲聊（Gossiping）路由协议

泛洪路由协议是一种传统的路由协议，网络中各节点不需要掌握网络拓扑结构和路由的计算方法。节点接收感应消息后，以广播的形式向所有邻居节点转发消息，直到数据包到达目的节点或预先设定的生命期限变为零为止。泛洪路由协议实现起来简单、鲁棒性也高，而且时延短、路径容错能力强，可以作为衡量标准去评价其他路由算法，但是很容易出现消息“内爆”、盲目使用资源和消息重叠的问题，消息传输量大，加之能量浪费严重，因此泛洪路由协议很少直接使用。

闲聊路由协议是对泛洪路由协议的改进，节点在收到感应数据后不是采用广播形式而是随机选择一个节点进行转发，这样就避免了消息的“内爆”，但是随机选取节点会造成路径质量的良莠不齐，增加了数据的传输时延，并且无法解决资源盲目利用和消息重叠的问题。

（2）SPIN（Sensor Protocol for Information via Negotiation）路由协议

SPIN 路由协议是第一个以数据为中心的自适应路由协议，它通过协商机制来解决泛洪路由协议中的“内爆”和“重叠”问题。传感器节点监控各自能量的变化，若能量处于低水平状态，则必须中断操作转而充当路由器的角色，所以在一定程度上避免了资源的盲目使用。但在传输新数据的过程中，没有考虑到邻居节点的能量限制，只直接向邻近节点广播 ADV 数据包[⊖]，而不转发任何新数据，如果新数据无法传输，就会出现“数据盲点”，影响整个网络数据包信息的收集。

⊖ ADV：用于新数据传播前的广播，即当一个节点要发送一个数据前，它可以用 ADV 数据包（包括元数据）告知其他节点。

(3) DD (Directed Diffusion) 路由协议

DD 路由协议多用于查询的扩散路由协议，与其他路由协议相比，最大特点就是引入梯度的理念，表明网络节点在该方向的深入搜索，以此获得匹配数据的概率。它以数据为中心，生成的数据常用一组属性值来为其命名。兴趣扩散、初始梯度场建立和数据传输组成 DD 路由协议的三个阶段。

1) 兴趣扩散。汇聚节点下达查询命令多采用泛洪方式，传感器节点在接收到查询命令后对查询消息进行缓存并执行局部数据的融合。

2) 初始梯度场建立。随着兴趣查询消息遍布全网，梯度场就在传感器节点和汇聚节点间建立起来，于是多条通往汇聚节点的路径也相应地形成。

3) 数据传输。通过加强机制发送路径加强消息给最新发来数据的邻居节点，并且给这条加强消息赋予一个值，最终梯度值最高的路径成为数据传输的最佳路径。

DD 路由协议多采用多路径，鲁棒性好；节点只需与邻居节点进行数据通信，从而避免保存全网的信息；节点不需要维护网络的拓扑结构，数据的发送是基于需求的，这样就节省了部分能量。DD 路由协议的不足是建立梯度时花销大，多汇聚节点的网络一般不建议使用。

2.4.3 分簇路由协议

1. LEACH 协议

LEACH 路由协议的全称是 Low Energy Adaptive Clustering Hierarchy，中文意思是低功耗自适应集簇分层型协议。基本原理：选出簇头后，向全网广播当选成功的消息，其他节点根据接收到的信号强度来选择自己要加入哪个簇并递交入簇申请，信号强度越强表明离簇头越近；当完成簇成型后，簇头根据簇成员数量的多寡，需要发送给本簇内的所有成员一份 TDMA 时间调度表；簇成员在数据采集时根据事先设置的 TDMA 时间表进行操作，采集信息并上传给簇头；簇头将接收到的数据进行融合后直接传向汇聚节点；在数据采集达到规定时间或次数后，网络开始新一轮的工作周期，簇头依然根据上述步骤进行下一轮选举。

该协议实现简单，由于利用了数据融合技术，在一定程度上减小了通信流量，节省了能量；随机选举簇头，平均分担路由任务量，减少能耗，延长了系统的寿命；但 LEACH 路由协议也存在不可忽视的缺点，比如由于簇头选举是随机地依据本地信息自行决定，避免不了出现位置随机、分布不均的情况；每轮簇头的数量和不同簇中节点数量不同，导致网络整体负载的不均衡；多次分簇带来了额外开销以及覆盖问题；簇头选取时没有考虑节点的剩余能量，有可能导致剩余能量很少的节点随机当选为簇头；如果汇聚节点位置与目标区域有较大的距离，且功率足够大，通过单跳通信传送数据会造成大量的能量消耗，所以单跳通信模式下的 LEACH 协议比较适合于小规模网络；另外，该协议在单位时间内一般发送数量基本固定的数据，不适合突发型的通信场合。

2. TEEN 路由协议

TEEN 是第一个事件驱动的响应型聚类路由协议，根据簇头与汇聚节点间距离的远近来搭建一个层次结构。TEEN 中有两个重要参数：硬阈值和软阈值。

硬阈值设置一个检测值，只有当传送的数据值大于硬阈值时，节点才允许向汇聚节点上传数据；而软阈值设置一个检测值的变化量值，规定只有当传送数据的改变量大于设定的软阈值时，才同意再次向汇聚节点上传数据，这两个阈值决定了节点何时能够发送数据。

工作原理如下：当首次发送的数据值大于硬阈值时，下一级节点向上一级节点报告，并将数值保存起来；此后当发送数据值大于硬阈值且变化量大于软阈值时，低一级节点才会再次向上一级节点报告数据。TEEN 路由协议的示意图如图 2-6 所示。

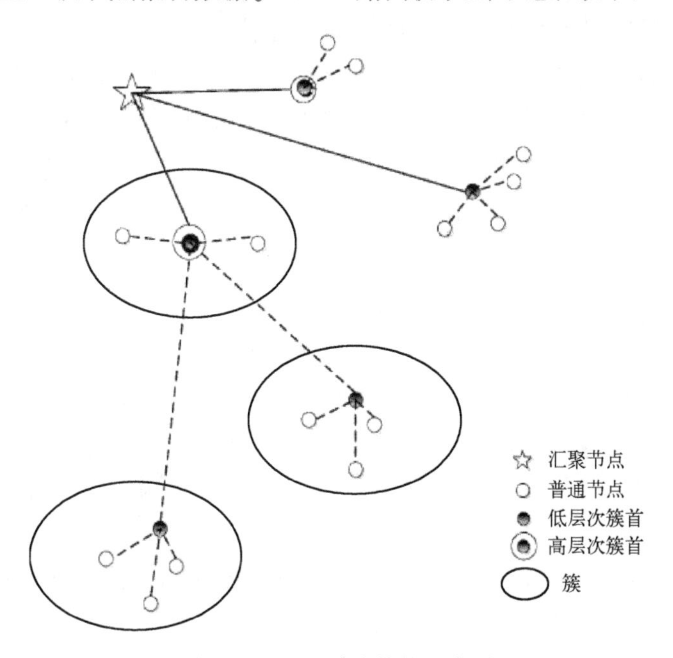

图 2-6　TEEN 路由协议示意图

TEEN 路由协议的优点是由于软、硬阈值的存在，具有了过滤功能，精简了数据的传输量，节省了大量的能量，适合于响应型应用。层次型的簇头结构不需要所有节点具有大功率通信能力，更适合无线传感器网络的特点。

TEEN 路由协议的缺点是多层次簇的构建非常复杂；如果某个节点的检测数据达不到硬阈值，那么用户将无法获知这个感应数据，也无法判断这个节点是否失效，因此在周期性采样的网络中要谨慎使用；如果每个节点都需要较高的通信功率与汇聚节点通信，则仅适合小规模的系统。

3. TTDD（Two-Tier Data Dissemination）路由协议

TTDD 路由协议主要针对网络中存在的多汇聚节点和汇聚节点移动问题，是基于网格的层次路由协议。

TTDD 协议包括三个阶段：构建网格阶段、发送查询数据阶段和传输数据阶段。其中构建网格阶段是 TTDD 协议的第一步，也是最关键、最核心的一步。协议中的节点都清楚自身所处的位置，当得到有事件发生的信号时，就近选择一个节点作为源节点。源节点将自身所处位置作为格状网的一个交叉点，基于此点，先计算出相邻交叉点的位置，利用贪婪算法计算出距离该位置最近的节点，最近节点就成为新交叉点，以此铺展开构建成一个网格状。

事件信息和源节点信息被保存在网格的各个交叉点。数据查询时，汇聚节点在所达范围内，依次找出最近的交叉点，经由交叉点传播数据直至源节点；源节点收到查询命令后，将数据沿最短路径返传向汇聚节点。有时，在等待数据回传时，汇聚节点可以采用代理（Agent）机制保持移动，以保证数据的可靠传输。

TTDD 路由协议采用单路径，可以延长网络的生命周期，采用代理机制很好地解决了汇聚节点的移动性问题，但是在 TTDD 路由协议中，节点必须知道自身的位置，要求节点密度比较高，计算与维护网格的开销成本也较大，网格构建、查询请求和数据传输过程都会造成传输的延迟，所以这种协议在目标高速移动和高实时性需求的场合应慎用。

2.4.4　其他路由协议

SAR 路由协议是第一个在无线传感器网络中保证服务质量（QoS）的主动路由协议，该协议以基于路由表驱动的多路径方式满足网络低能耗和鲁棒性的要求，它的特点是路由协议不仅要考虑到每条路径的能量，还要涉及端到端的延迟需求和待发送数据包的优先级。

最小代价路由协议是以跳数或能耗作为代价参数的，最终实现最小化代价的目的，一般采用退避原则进行代价发布。

GEAR（Geographical and Energy-Aware Routing）路由协议是根据事件区域的地理位置信息，建立汇聚节点到事件区域的优化路径，避免了泛洪传播方式，从而减少了路由建立的开销。

GEM（Graph Embedding）路由协议是一种适用于数据中心存储方式的地理路由协议，其基本思想是建立一个虚拟极坐标系统，用来表示实际的网络拓扑结构，网络中的节点形成一个以汇聚节点为根的带环树，每个节点用到树根的跳数距离和角度范围来表示，节点间的数据路由通过这个带环树实现。

SPEED 协议是一个实时路由协议，在一定程度上实现了端到端的传输速率保证、网络拥塞控制以及负载平衡机制。SPEED 协议首先交换节点的传输延迟，以得到网络负载情况；然后节点利用局部地理信息和传输速率做出路由决定，同时通过邻居反馈机制保证网络传输速率在一个全局定义的传输速率阈值之上；节点还通过反向压力路由变

更机制避开延迟太大的链路和路由空洞。

2.4.5 路由协议自主切换

无线传感器网络中的路由协议和具体应用紧密相关，没有一个能适用于所有应用的路由协议，无线传感器网络可能需要在相同监测区域内完成不同的任务，此时如果为每种任务部署专门的传感器网络将增加运营成本。为了能够适应多种任务，需要根据应用环境和网络条件自主选择路由协议，并允许在各个路由协议之间自由切换。

2.5 传输层

无线传感器网络的成功和效率直接取决于传感器节点与汇聚节点之间的可靠通信。在多跳、多传感器环境中，除了健壮的调制和介质访问、链路错误控制和容错路由外，还需要有可靠的传输机制。

2.5.1 传输协议概述

在无线传感器网络中，存在着以下影响数据传输的负面因素。

1）无线传感器网络的无线链路是开放的有损传播介质，存在多径衰落和阴影效应（由于通信范围有限，路径损耗较低，一般可忽略不计），加之其信道一般采用开放的 ISM 频段，使得网络传输的误码率较高。

2）同一区域中的多个传感器节点之间同时进行通信，节点在接收数据时易受到其他传输信号的干扰。

3）由于能量耗尽、节点移动或遭到外来破坏等原因，造成传感器节点死亡和传输路径失效。

4）传感器节点的存储资源极其有限，在网络流量过大时，容易导致协议栈内数据包的存储缓冲区溢出。

因此，无线传感器网络必须提供一定的传输控制机制，以保证网络传输效率，这些机制主要可分为拥塞控制（Congestion Control）和可靠保证（Reliability Guarantee）两大类。拥塞控制用于把网络从拥塞状态中恢复回来，使负载不超过网络的传送能力；可靠保证用于解决数据包传输丢失的问题，使接收端可以获取完整而有效的数据信息。

传统 IP 网络主要使用协议栈中传输层的用户数据报协议（User Datagram Protocol，UDP）和传输控制协议（Transmission Control Protocol，TCP）控制数据传输。UDP 是面向无连接的传输协议，不提供对流量的控制及错误恢复；TCP 则提供了可靠的传输保证，如利用滑动窗口和 AIMD 等机制进行拥塞控制，以及使用重传进行差错控制。但 TCP 却不能直接用于无线传感器网络，主要原因如下。

1）TCP 遵循端到端（end-to-end）的设计思想，数据包的传输控制任务被赋予网络的端节点上，中间节点只承担数据包的转发。而无线传感器网络则是以数据为中心，中间节点可能会对相关数据进行在网处理（in-network processing），即根据数据相关性对多个数据包信息进行综合处理，得到新的数据包并发送给接收端，直接使用 TCP 会导致丢包而引发重传。

2）TCP 建立和释放连接的握手机制相对比较复杂，耗时较长，不利于传感器节点及时反馈被监测对象的相关信息；无线传感器网络拓扑结构的动态变化也给 TCP 连接状态的建立和维护带来了一定的困难。

3）TCP 采用基于数据包的可靠性度量，即尽力保证所有发出的数据包都被接收节点正确收到。在无线传感器网络中，可能会有多个传感器节点监测同一对象，使得监测数据具有很强的冗余性和关联性。只要最终获取的监测信息能够描述对象的真实状况，具有一定的逼真度就可以，并不一定要求数据包传输的完全可靠，这种方式也被称为基于事件的可靠性度量。

4）TCP 中的数据包重传通过端节点之间的 ACK 反馈和超时机制来保证。无线传感器网络数据包中所含的数据量相对较小，大量 ACK 包的传输会加重传输负载和能量消耗；此外，每次 ACK 确认和数据包重传都要从发送端发出，经历多跳传输路径到达目的端，引发整条路径上所有节点的能量消耗。

5）无线传感器网络中非拥塞丢包和多路传输等引起的数据包传输乱序，都会引发 TCP 的错误响应，使得发送端频频进入拥塞控制阶段，导致传输性能下降。

6）TCP 要求每个网络节点都具有独一无二或全网独立的网络地址。在大规模的无线传感器网络中，为了减少长地址位带来的传输消耗，传感器节点只具有局部独立的或地理位置相关的网络地址或采用无网络地址的传输方案，因此无法直接使用 TCP。

无线传感器网络的应用需求对传输控制协议的设计提出了很高的要求，但目前学术界对于无线传感器网络技术的研究尚处于起步和发展阶段，协议体系并不完整，尽管出现了少量综合处理网络拥塞和提供可靠保证的协议，但它们主要是基于 TCP 进行的部分改进。

2.5.2　拥塞控制协议

准确、高效的拥塞检测是进行拥塞控制的前提和基础。目前，无线传感器网络中主要采用以下方法进行拥塞检测。

1）缓冲区占用：根据节点内部数据包存储缓冲区的占用情况来检测拥塞是否发生。对缓冲区大小为 B 的节点，定义 b_k 为第 k 个时间间隔结束时其缓冲区的占用大小，若 $[b_k+(b_k-b_{k-1})]>B$，则推测在第（k+1）个间隔内将发生拥塞，这也是传统网络中网络节点进行拥塞检测的主要方法。然而，由于缺乏对无线信道繁忙程度的估计，在无线传感器网络中该方法不能很准确地预测拥塞。

2）信道负载：节点通过监听信道是否空闲来判断自身是否处于拥塞状态，该方法准确程度较高，缺点在于长时间监听信道会加大节点的能量开销。

3）缓冲区和信道：为了克服前两种方法的缺点，研究者提出了将两者结合的方法，即在缓冲区非空时进行信道状态周期性采样，在准确检测拥塞的同时减少了能量开销。

4）拥塞度：定义包间隔时间 t_a 为连续到达节点 MAC 层的两个包之间的时间间隔，包服务时间 t_s 为一个包从到达 MAC 层到其被成功发送的时间间隔；拥塞度为平均包服务时间和平均包间隔时间的比率，即对节点 i，$d(i)=t_s/t_a$。$d(i)$ 的值是否大于 1 反映了节点 i 是否处于发生拥塞的趋势中。

若节点发现自身处于拥塞状态，则需要将此信息传播给邻居节点或上游节点来进行某些控制操作，一般采用如下两种方式来报告拥塞消息。

① 明文方式（Explicit Congestion Notification，ECN）：节点发送包含拥塞消息的特定类型的控制包。为了加快该消息的扩散速度，可以通过设定 MAC 层竞争参数来增大其访问信道的优先权，缺点是控制包带来了额外的传输开销。

② 捎带方式（Implicit Congestion Notification，ICN）：利用无线信道的广播特性，将拥塞状态信息捎带在正要传输的数据包包头中，邻居节点通过监听通信范围内的数据传输获取相关信息。与明文方式相比，捎带方式减轻了网络负载，但增加了监听数据传输和处理数据包的开销。

当传感器节点检测到拥塞发生后，将会综合采用各种控制机制减轻拥塞带来的负面影响，提高数据传输效率。下面按照其采用的核心控制机制进行分类介绍和分析。

1. 流量控制

（1）报告速率调节

一般来说，无线传感器网络的播撒密度较高，数据具有很强的关联性和冗余度，但用户一般只关心网络整体返回的监测信息的准确度，而非单个节点的报告。因此，只要保证获取的信息足够描述被监测对象的状态，具有一定的逼真度，就可以对相关数据源节点的报告频率进行调整，以便在发生拥塞时减轻网络的流量压力。

（2）转发速率调节

若网络对数据采集的逼真度要求较高，则一般不适用于报告速率调节，而是选择在因流量汇聚而发生拥塞的中间节点进行转发速率调节，采用这种控制方式的协议有 Fusion、CCF 等。然而，仅依靠调节转发速率将会导致拥塞状态沿着数据传输的相反方向不断传递，最终到达数据源节点，若数据源节点不能支持报告速率调节，将会导致丢包现象的发生。

（3）综合速率调节

在多跳结构的无线传感器网络中，传感器节点承担着数据采集和路由转发的双重任务。当拥塞发生时，仅通过单一的速率调节方式往往不能达到有效的控制效果，或无法保证监测信息的逼真度，因此研究人员提出了 Buffer-based、PCCP 和 CODA 等综合调节三种速率的控制协议。

1）Buffer-based 协议采用一种基于缓冲区管理的轻量级控制机制。节点在传输数据包时将当前自身的数据包缓冲区占用情况捎带在包头中发送，所有邻居节点通过监听数据包传输获得相关信息；在向下游邻居节点发送数据之前，节点都要检查该邻居节点的缓冲区是否已经溢出，若是，则暂停数据发送，直到监听到邻居节点缓冲是不满状态，再继续发送；拥塞状态会不断向数据源传递，最终通过调节数据源节点的报告速率减轻拥塞。

2）PCCP 协议按照数据源的重要性（如感知数据类型等）对流进行分级，采用加权优先的方式保证调整公平性。PCCP 协议保证具有相同源优先级的节点可以获得相同的报告速率，而源优先级高的节点可以获得更高的速率和带宽，但是，它要求在数据包中增加一定长度的优先级标识位，带来了额外的传输开销；另外，它仅从数据流的加权公平性角度调整报告速率，并不能很可靠地保证监测信息的逼真度。

3）CODA 协议结合了开环控制和闭环控制这两种方式来解决拥塞问题。在因突发的网络流量交织而导致局部发生短暂性拥塞时，将启用开环控制策略。检测到拥塞发生的节点会向数据源节点的方向广播后压消息（后压消息用于通知上游节点此处发生了拥塞），收到此消息的节点将根据本地的网络状况判断是否继续向其上游节点传播。同时，采取一定的本地控制策略（如丢弃部分数据包、降低报告或转发速率、路由改道等）来减轻拥塞。此外，若某个被监测事件的发生频率低于信道吞吐量的设定阈值，则源节点可以自行调节报告速率，否则便触发闭环拥塞控制机制。此时，负责监测此事件的节点将在发送的消息包头中设置调整位，网关收到这样的包之后，将会对监测该事件的所有相关源节点的报告速率进行综合调整，并将调整方案以 ACK 包的形式反馈给各相关节点。CODA 协议的报告速率调节只是在节点发现自身监测的事件会引起拥塞而主动请求网关进行协调时才起作用，且只针对监测该事件的所有节点做调整。相对而言，开环控制策略用于以快速减轻多数据流交汇而引发的局部短暂拥塞，而闭环控制机制则适用于调整因数据率太高使得网络无法承载而发生长时间拥塞的情况，但由于涉及网关和多个节点的反馈交互，在大规模网络中闭环控制调整速度相对较慢。

2. 多路分流

由于传感器节点的资源受限，现有的路由协议大多采用单路径单播数据转发机制，即根据能量消耗、路径跳数等衡量指标选择一条相对最优路径进行数据发送，这样的路由方式导致了网络流量集中在该条最优路径上，容易在多条传输路径交汇时引发拥塞现象。若交汇的数据流分别流向不同的目的节点或网关，可以采用多路径转发的方式分散流量以解决此类拥塞问题。

1）ARC 协议利用无线传感器网络中存在的冗余节点来构建新的转发路径。网络中的冗余节点利用休眠机制来节省能量，但它们会周期性地醒来，通过监听通信范围内的

数据传输，获取并保存数据包头中捎带的邻居节点的拥塞程度、剩余能量和转发的流编号等信息；同时，冗余节点将根据其邻居节点的拥塞程度决定休眠周期直至完全处于工作状态，这样就相当于在拥塞区域周围预置了多条可用的转发路径。拥塞发生时，拥塞信息将沿着原数据传输路径的相反方向向上游节点反馈，寻找符合条件的节点进行分流。从分流节点分散出的数据包将沿着拥塞区域边界向目的节点的方向进行传输，绕开拥塞区域后逐渐向原传输路径上的节点靠拢，直至重新汇聚后发送到网关。流量汇聚节点通过数据包包头捎带的相关信息判断拥塞解除之后，将向数据分流点发送解除多路分流状态的通知消息，重新使用原来的单条最优路径进行传输，以保证传输效率并节省传输能量。

2）CAR协议提出了与ARC协议相近的方法，较适用于存在多种不同传输优先级的数据流的网络中，协议在发生拥塞时只在拥塞区域内转发优先级较高的数据流，而将低优先级的数据流分散到非拥塞区域中建立的长路径上进行转发，这样就为不同的数据提供了区分式服务保证。

3）BGR协议采用了在地理路由中增加方向偏离范围的方法来扩大转发路径的选择范围，节点随机选择此范围内的邻居节点转发数据。与其他协议相比，实现机制较为简单，但随机选择的方式缺乏对邻居节点当前状况（如能耗等）的综合考虑；另外，也存在将部分流量转发到周围其他拥塞区域的可能性。

多路分流的方法避免了流量控制可能带来的监测数据逼真度下降的问题，但分流路径往往不是符合路由选择标准的最优效率路径，该类方法不适用于只有单个网关的无线传感器网络场景。

3. 数据聚合

为了减少网络中传输的数据量，延长网络寿命，传感器节点使用数据聚合技术，对多个内容存在关联的数据包进行综合处理，组合出更有效或更符合用户需求的数据包再继续传输，这种技术也可以作为一种有效的控制方法来减轻网络拥塞。

1）CONCERT协议采用适应性的数据聚合，减少网络中传输的数据量以减轻拥塞。由于数据聚合节点的引入会增加数据处理的时间开销，CONCERT协议只在事先预测的可能发生拥塞的区域布置聚合节点，若无法准确获知此信息，则聚合节点将通过移动来动态部署。数据聚合节点将根据数据包中所含的时间、地域等关联性信息进行聚合操作，同时，尽力保证监测数据的逼真度。

2）在PREI协议中，整个网络覆盖区域被均匀地划分为多个大小相同的网格，聚合节点将对来自同一个网格的监测数据进行检查，剔除异常数据之后再对剩下的数据进行聚合操作。PREI协议还引入了多级聚合的思想，对相邻网格的数据进行再次聚合，进一步减少传输的数据量，以保证监测数据量突增情况下的传输效率。

4. 虚拟网关

无线传感器网络一般采用多对一的通信结构，因而靠近网关的节点承载的网络流量较大，容易引发拥塞，这一现象被称为“漏斗效应”。为了解决这一问题，Siphon 协议提出在网络中布置少量具有双通信模块的传感器节点作为虚拟网关，在发生拥塞时启动长距离通信模块和原网关进行通信，对网络流量进行分流。

Siphon 协议的操作分为 4 步：①原网关初始化虚拟网关发现过程，虚拟网关在邻近范围内广播自身存在的信息，传感器节点收到信息后将建立到达虚拟网关的路由；②拥塞检测；③拥塞发生后，传感器节点将流量转发给附近的虚拟网关，再通过虚拟网关之间的配合操作转发给原网关；④若虚拟网关之间的长距离通信网络也发生了拥塞，那么将采取一定的 MAC 层调节机制或缩小初始广播范围来进行控制。Siphon 协议的缺点是需要增加额外的通信硬件，虚拟网关的有效部署（如数量、位置、通信范围等）也是一个值得关注的问题。

2.5.3 可靠保证协议

无线传感器网络中的可靠保证协议主要分为数据重传和冗余发送这两类。在基于数据重传的协议中，节点需要暂时缓存已发送的数据包，并使用重传控制机制来重传网络传输过程中丢失的数据包；基于冗余发送的协议主要采用信息冗余的方式保证可靠性，节点不需要缓存数据包和等待重传，但网络负载和能量开销相对较大。

1. 数据重传

（1）丢包检测

传感器节点主要通过接收到的数据包包头中相关序列号字段的连续性进行丢包检测，发现数据包丢失后将信息反馈给当前持有该数据包的发送节点请求重传。丢包信息的反馈方式主要有以下 3 种。

1）ACK（Acknowledge）方式：源节点为发送的每一数据包设置缓存和相应的重发定时器。若在定时器超时之前收到来自目的节点对此数据包的 ACK 控制包，则认为此数据包已经成功地传送，此时，取消对该数据包的缓存和定时；否则，将重发此数据包并重新设置定时器。对于每个数据包，接收节点都需要反馈 ACK，因此负载和能耗较大。

2）NACK（Negative ACK）方式：源节点缓存发送的数据包，但不需要设置定时器，若目的节点正确收到数据包，则不反馈任何确认指示；若目的节点通过检测数据包序列号发现数据包的丢失，则反馈 NACK 控制包，要求重发相应的数据包。NACK 只需针对少量丢失的数据包进行反馈，减轻了 ACK 方式的负载和消耗。缺点在于，目的节点必须知道每次传输的界限，即首包和末包的序列号，不能保证单包发送时的可靠性。

3）IACK（Implicit ACK）方式：发送节点缓存数据包，监听接收节点的数据传输，若发现接收节点发送出该数据包给其下一跳节点，则取消缓存。这种方式不需要传输控制包，因此负载和消耗最小，但只能在单跳以内使用，且需要节点能够正确地监听到邻

居节点的传输情况，不适用于 TDMA 类的 MAC 协议。

（2）重传协议

网络中的数据重传方式主要有两种：端到端（end-to-end）重传和逐跳（hop-by-hop）重传。基于端到端控制方式的典型协议（如 TCP、STCP 等）主要通过目的端节点来检测丢包，并将丢包信息反馈给数据源节点进行重传处理。控制包和重传数据包的传输需要经历整条传输路径，不但降低了数据重传的可靠性和效率，也加大了网络负载和能量消耗。同时，基于端节点的控制方式使得反馈处理时间相对较长，不利于数据的实时传输，节点难以对传输状态（如 RTT 等）进行有效维护。因此，在无线传感器网络中较多地采用逐跳控制方法，即在每跳传输的过程中，相邻转发节点之间进行丢包检测和重传操作。下面根据数据流的发送方向，介绍几种典型的数据重传协议。

1）网关向节点。在无线传感器网络中，用户一般使用广播或多播的方式，通过网关向整个网络或局部网络内的多个节点发送查询、重编程等控制消息，如果一条控制消息的数据量较大，则消息将被分片，用多个数据包进行传输。

PSFQ 协议采用缓发快取（pump slowly，fetch quickly）的方式进行传输控制。在该协议中，传感器节点采用广播的方式向邻居节点转发从网关发送出的控制数据包。缓发是指节点在向邻居节点广播数据包时，设定连续广播的时间间隔为 $T \in (T_{min}, T_{max})$，这样的设置保证了数据包能够有一定的缓存时间以备重传，同时，节点可以通过监听邻居节点数据传输来减少数据的广播冗余；快取是指节点发现丢包后暂停数据转发，将多个丢失包的序列号信息综合在一个 NACK 控制包中广播给邻居节点。若重传后没有收到所有丢失的包，则按较短的时间周期 $T_r(T_r<T_{max})$ 继续广播多次。若仍失败，则将该请求向网关方向的节点传播，直到从这些节点收到所有丢失的包。在某些情况下，高序列号的包可能会完全丢失，为了解决 NACK 传输界限的问题，保证数据的完整性，PSFQ 协议增加了主动取包的功能：节点根据数据包头中捎带的该次传输数据包的总量信息，在等待 T_{pro} 时间后主动发送 NACK 包请求丢失的数据块。在该协议中，传感器节点需要维护的计时器数量较多，重传控制过程较为复杂。

GARUDA 协议是层次型网络结构，可以进行阶段性的丢包恢复操作。在网络形成的初始阶段，网关向网络广播包含 bId 的控制包（bId 初始值由网关设定），建立以核心节点（bId 值为 3 的倍数的节点）为中心的层次结构。网关发送出的每条控制消息将由多个数据包传输，核心节点在转发某条消息的数据包时，将在包头中包含 A-map 字段，用位标识的方法来表明自身已经收到了哪些属于该消息的数据包。丢包恢复的过程分为两个阶段：下游的核心节点在收到上游的核心节点转发的数据包后，检查 A-map 字段，若发现有自身需要的丢失数据包则向该上游节点发送 NACK 包请求重传；非核心节点监听自身依附的核心节点的数据传输，在监听到属于某条消息的所有数据包都被完整接收后（整个 A-map 字段都被标识），再向核心节点发送重传请求。由于核心节点相对负载较大，因此协议规定，网关可以在更新层次结构时选择不同的初始 bId 值，以保证网络的负载均衡和公平性。在协议建立的层次结构中，核心节点数量较少，其丢包恢复的处理速度较快，保证了消息的及时获取；非核心节点可以从邻近的核心节点较为可靠地获取完整的消息，减轻了整个网络内重传竞争的压力。同时，根据 A-map 字段标识位来判断请求重传的方式是否避免了 NACK 内爆问题（在上游某个节点处发生丢包引发下游传输路径上的所有节点接连发送 NACK 请求重传的现象）的发生。GARUDA 协议增加了节点的设计复杂度，初始阶段的 bId 包的广播以及数据包头中加入的 A-map 字段也加重了网络的传输负载和能耗。

2）节点向网关。RMST 协议是结合单播路由协议设计的可靠保证协议，该协议改进了原路由中只有从数据源到网关的单向路径方式，增加了用于反馈丢包信息的后向路径（Back Channel）。传输层建立 NACK 机制反馈丢包信息，支持节点缓存数据包和不缓存数据包两种操作方式：缓存方式下将采用逐跳方式进行重传，不缓存方式下采用端到端的方式进行重传；另外，协议还规定了 MAC 层提供选择性重传响应的方式（ARQ），使用 ACK 对单播数据包进行确认，以协助传输层进一步提高传输的可靠性。

RBC 协议使用渐缩窗口的发送虚拟队列控制数据包的发送和重传。虚拟队列共分 $m+2$ 级，队列 $Q_0 \sim Q_m$ 用来存储等待发送的数据包，每个数据包占用队列中的一个存储单元，Q_{m+1} 用来存放未占用的存储单元。数据包进入缓冲区之后，首先从 Q_{m+1} 中找到可用的存储单元，然后移动到 Q_0 的尾部等待发送，被发送之后移动到当前队列的下一队列尾部，若发送成功，则释放占用的存储单元到 Q_{m+1}，否则，将在此位置等待重发。节点每次挑选当前级别最低的非空队列首部的数据包进行发送。RBC 协议使用 IACK 的方式进行丢包控制，数据包发送时将捎带自身和邻近存储单元的 ID 号，接收节点通过检查发送节点连续发送的数据包中 ID 号的连续性来检测丢包。同时，接收节点在转发时捎带自身已经收到的数据包的存储单元 ID 号，发送节点通过监听来获取这些确认信息。由于网关无法通过 IACK 的方式反馈信息，因此采用主动的 ACK 方式向邻居节点广播一段时间内收到的所有数据包的确认。RBC 协议解决了滑动窗口方式中因为等待数据确认和重传包而引起的后续数据包持续长时间等待发送的问题，提高了发送效率；缺点是队列结构比较复杂，节点进行数据传输监听和数据包的处理开销较大。

3）双向可靠保证。BRTM 协议针对不同数据发送方向上数据流对可靠性的不同要求，提出了双向可靠保证协议。网关发送给节点的查询包对可靠性要求较高，网关在包头加入特定标识位以表明传输界限，节点采用 NACK 方式向网关反馈丢包信息；节点到网关的监测数据包冗余度较高，可靠性要求相对较低，网关使用选择性 ACK 的方式进行控制，即只对数据值变化较大的部分数据包进行确认；缺点在于使用了端到端的控制方式，影响了控制效率。

2. 冗余发送

(1) 拷贝冗余

若网络的播撒密度较大，则节点可以在转发时创建一个数据包的多个拷贝，同时向

多个邻居节点转发，以数据冗余的方式来保证传输可靠性。该方法的核心问题是，节点如何根据当前的网络状况来确定合适和一定量的邻居节点以满足可靠性要求。

在 AFS 协议中，初始阶段节点使用泛洪广播数据包，网关收集一段时间的数据之后，按照包的序列号统计计算每个流的实际可靠率，并按照实际可靠率和可靠性要求的比率来设定相关节点的转发概率，再将新的设置通过控制包发送给节点进行更新。这种基于网关集中控制的方法比较简单，缺点在于需要网关发送大量的控制包进入网络，加大了网络负载和能耗；同时，统一的调整模式使得单个节点不能根据当前自身的网络状况灵活地调整转发概率，在大规模网络中节点等待网关反馈的时间较长。

（2）编码冗余

擦除码（Erasure Code）是一种容错机制，它可以将 m 个源数据编码为 $n(n>m)$ 个新数据，使用这 n 个新数据中的任意 m 个编码数据均可重构原来的 m 个源数据。这种方法作为一种前向纠错（Forward Error Correction）技术主要应用在通信网络传输中，避免包的丢失，使用比拷贝方式更少的带宽和存储空间，提供与其效果相近的可靠性。

2.6 ZigBee

ZigBee 一词源自蜜蜂群在发现花粉位置时，通过锯齿形（zigzag）舞蹈来告知同伴，达到交换信息的目的，可以说这是一种小动物通过简捷方式实现的“无线”沟通。ZigBee 技术是一种面向自动化和无线控制的低速率、低功耗、低价格的无线网络方案，在该方案被提出一段时间后，IEEE 802.15.4 工作组也开始了一种低速率无线通信标准的制定工作，最终 ZigBee 联盟和 IEEE 802.15.4 工作组决定合作共同制定一种通信协议标准，该协议被命名为“ZigBee”。

ZigBee 的通信速率要求低于蓝牙，通过电池供电为设备提供无线通信功能，同时希望在不更换电池且不充电的情况下能正常工作几个月甚至几年。ZigBee 支持 Mesh 型网络拓扑结构，网络规模可以比蓝牙大得多。ZigBee 无线设备工作在公共频段上（全球为 2.4 GHz，美国为 915 MHz，欧洲为 868 MHz），传输距离为 10~75 m，具体数值取决于射频环境以及特定应用条件下的传输功耗。ZigBee 的通信速率在 2.4 GHz 时为 250 kbit/s，在 915 MHz 时为 40 kbit/s，在 868 MHz 时为 20 kbit/s。

2.6.1 ZigBee 与 IEEE 802.15.4 的分工

IEEE 802.15.4 是一个新兴的无线通信协议，是 IEEE 确定的低速个人域网络（Personal Area Network，PAN）标准。这个标准定义了物理层和 MAC 层：物理层规范确定无线网络的工作频段以及该频段上传输数据的基准传输率；MAC 层规范定义了在同一区域工作的多个 802.15.4 无线信号如何共享空中频段。

但是，仅仅定义物理层和MAC层并不能完全解决问题，因为没有统一的使用规范，不同厂家生产的设备存在兼容性问题，于是ZigBee联盟应运而生。这种技术以前又称作HomeRF Lite、RF-Easy Link或Fire Fly无线电技术，主要用于近距离无线通信，目前统一称为ZigBee技术。ZigBee从IEEE 802.15.4标准开始着手，定义了允许不同厂商制造的设备相互兼容的应用纲要。

ZigBee从诞生到现在只有十几年时间，最初在2002年由英国的英维思（Invensys）、美国的摩托罗拉、荷兰的飞利浦、日本的三菱等几家公司联合成立了ZigBee联盟，合力推动ZigBee技术。2004年12月，ZigBee 1.0版标准正式发布；到了2006年，ZigBee联盟已经由最初十多家公司发展到全世界150多家知名厂商加盟的商业团体，其标准版本也升级到ZigBee 1.1；2016年5月，ZigBee联盟联合ZigBee中国成员组成员，面向亚洲市场正式推出ZigBee 3.0，加速推动ZigBee技术在更多领域的应用和完善，这也是目前ZigBee技术的最新标准。

2.6.2 ZigBee与IEEE 802.15.4的区别

IEEE PAN工作组的IEEE 802.15.4技术标准是ZigBee技术的基础，IEEE 802.15.4标准旨在为低能耗的简单设备提供有效覆盖范围在10 m左右的低速连接，可广泛用于交互玩具、库存跟踪监测等消费与商业应用领域，传感器网络是其主要市场对象。

IEEE 802.15.4定义了3个工作频带：2.4 GHz、915 MHz和868 MHz，每个频带提供固定数量的信道。例如，2.4 GHz频带总共提供16个信道（信道11~26）、915 MHz频带提供10个信道（信道1~10），而868 MHz频带提供1个信道（信道0）。协议的比特率由所选择的工作频率决定：2.4 GHz频带提供的数据速率为250 kbit/s，915 MHz频带提供的数据速率为40 kbit/s，而868 MHz频带提供的数据速率为20 kbit/s。由于数据包开销和处理延迟，实际的数据吞吐量会小于规定的比特率。IEEE 802.15.4的MAC数据包的最大长度为127 B，每个数据包都由头字节和16位CRC值组成，16位CRC值用于验证帧的完整性；此外，IEEE 802.15.4还可以选择使用应答数据传输机制，所有特殊ACK标志位置为1的帧均会被它们的接收器应答，这样就可以确定帧实际上已经被传递了。如果发送帧时置位了ACK标志位且在一定的超时期限内没有收到应答，发送器将重复进行固定次数的发送，如仍无应答就宣布发生错误。注意接收到应答仅仅表示帧被MAC层正确接收，而不表示帧被正确处理，这是非常重要的。接收节点的MAC层可能正确地接收并应答了一个帧，但是由于缺乏处理资源，该帧可能被上层丢弃，因此很多上层和应用程序要求其他的应答响应。

ZigBee和IEEE 802.15.4两者之间的区别和联系如下：

1）ZigBee完整而充分地利用了IEEE 802.15.4定义的功能强大的物理特性优点。

2）ZigBee增加了逻辑网络和应用软件。

3）ZigBee基于IEEE 802.15.4射频标准，同时ZigBee联盟通过与IEEE的紧密合

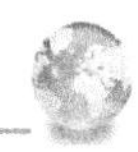

作来确保一个集成的、完整的市场解决方案。

4）IEEE 802.15.4 工作组主要负责制定物理层和 MAC 层标准，而 ZigBee 负责网络层、安全层以及应用层的开发。

2.6.3 ZigBee 协议框架

相对于常见的无线通信标准，ZigBee 协议比较紧凑、简单，ZigBee 协议栈的体系结构主要由物理层、数据链路层（分为 MAC 子层和 LLC 子层）、网络层、应用汇聚层及应用层组成，如图 2-7 所示。其中物理层和 MAC 层采用 IEEE 802.15.4 协议标准，而网络层和应用层则由 ZigBee 联盟制定，各层之间均有数据服务接口和管理实体接口。下面对各层协议的功能进行简单的介绍。

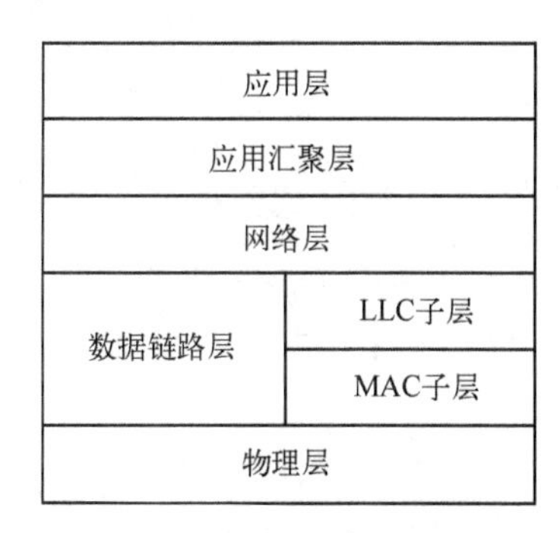

图 2-7　ZigBee 协议框架

应用层定义了各种类型的应用业务，是协议栈的最上层用户。

应用汇聚层负责把不同的应用映射到 ZigBee 网络层上，包括安全与鉴权、多个业务数据流的汇聚、设备发现和业务发现。

网络层的功能包括拓扑管理、路由管理和安全管理。

数据链路层又可分为逻辑链路控制（LLC）子层和介质访问控制（MAC）子层。IEEE 802.15.4 的 LLC 子层与 IEEE 802.2 的相同，功能包括传输可靠性保障、数据包的分段与重组、数据包的顺序传输。IEEE 802.15.4 的 MAC 子层通过 SSCS（Service-Specific Convergence Sublayer）协议能支持多种 LLC 标准，功能包括设备间无线链路的建立、维护和拆除，确认模式的帧传送与接收，信道接入控制、帧校验、预留时隙管理和广播信息管理。

物理层采用直接序列扩频技术，定义了三种频率等级。

2.6.4 ZigBee 技术的特点

1）低速率短时延。最大传输速率为 250 kbit/s，搜索设备时延 30 ms，信道接入时延 15 ms，休眠激活时延 15 ms，适用于对时延要求苛刻的无线控制应用。

2）低功耗。节点在非工作模式时可休眠，模式切换时延短，且技术协议中对电池的使用进行了优化，一般采用电池供电方式可工作半年至数年。

3）低成本。由于协议栈相对于蓝牙、Wi-Fi 要精简得多，对通信控制器的要求低，大大降低了器件成本；且协议栈为免专利费用，进一步降低了软件成本。

4）大容量网络。一个 ZigBee 网络支持 255 个设备，通过网络协调器最多可支持 65000 多个 ZigBee 网络节点，非常适合大面积无线传感器网络的布建需求。

5）近距离通信。由于低功耗特点，设备发射功率小，两个节点间的通信距离为 10~100 m，加大发射功率后，可达 1~3 km。通过相邻节点的连续通信传输，可以建立设备的多跳通信链路，使实际通信距离大幅增加。

6）自组织、自配置。协议中加入了关联和分离功能，协调器能自动建立网络，节点设备可随时加入和退出，是一种自组织、自配置的组网模式。

2.6.5 网络层规范

网络层是位于数据链路层之上与应用层交互的一个协议层，其主要功能是设备的发现和配置、网络的建立与维护、路由的选择以及广播通信，具有自我组网与自我修复的功能。为了与应用层交互，网络层逻辑上包含两个服务实体：数据服务实体（NLDE）和管理服务实体（NLME）。

NLDE-SAP 是网络层提供给应用层的数据服务接口，用于将应用层提供的数据打包成应用层协议数据单元，并将其传输给网络层的相应节点；或者将接收到的应用层协议数据单元进行解包，将解包后得到的数据传送给本层节点，也就是说 NLDE-SAP 实现两层之间的数据传输，主要任务如下。

1）发现一个网络并且分配网络地址（网络协调器）。

2）向网络中添加设备或从网络中移除设备。

3）将消息路由到目的节点。

4）对发送的数据进行加密。

5）在网状网络中执行路由寻址并储存路由表。

网络层（NWK）帧即网络协议数据单元（NPDU），由两个基本部分组成：NWK 头和 NWK 有效载荷。NWK 头部分包含帧控制、地址和序号等信息；NWK 有效载荷部分包含的信息因帧类型的不同而不同，长度可变，其一般格式如表 2-2 所示。

表 2-2　NWK 帧结构

<table>
<tr><td colspan="5">NWK 头</td><td>NWK 有效载荷</td></tr>
<tr><td>2 B</td><td>2 B</td><td>2 B</td><td>1 B</td><td>1 B</td><td>可变长度</td></tr>
<tr><td rowspan="2">帧控制域</td><td>目的地址</td><td>源地址</td><td>半径域</td><td>序号</td><td rowspan="2">帧有效载荷</td></tr>
<tr><td colspan="4">路由域</td></tr>
</table>

网络层定义了两种类型的设备：全功能设备（Full Function Device，FFD）和简化功能设备（Reduced Function Device，RFD）。FFD 作为网络协调器，支持各种拓扑结构的网络的建立，也可以和任一设备进行通信；而 RFD 只能和 FFD 进行通信，功能和结构比较简单，可以有效地降低成本和功耗。

网络层支持的网络拓扑结构有三种：星形结构（Star）、树形结构（Cluster tree）和网状结构（Mesh），如图 2-8 所示：

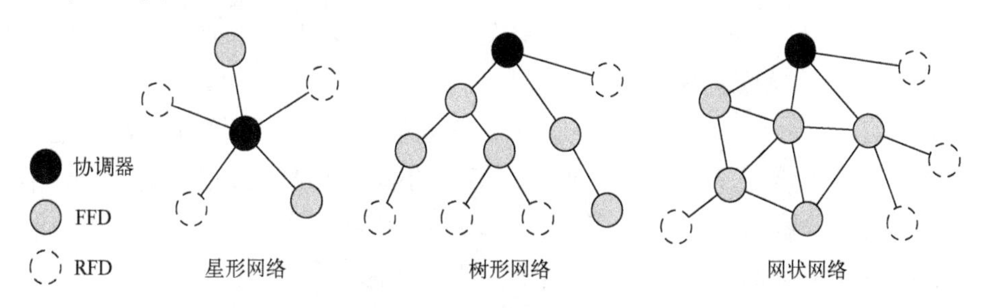

图 2-8　ZigBee 网络层支持的网络拓扑结构

1）星形网络为主从结构，由单个网络协调器和多个终端设备组成，网络的协调者必须是 FFD，由它负责管理和维护网络。

2）树形网络可以看成是扩展的单个星形网或者相当于互联的多个星形网络。

3）网状网络中的每一个 FFD 同时还可以作为路由器，根据网络路由协议来优化最短和最可靠的路径。

2.6.6　应用层规范

应用层包括应用支持子层（APS）、应用框架（AF）、ZigBee 设备对象（ZDO）。除了提供一些必要的函数以及服务接口外，应用层的另一个重要功能是可以根据具体应用的需要在此层基础上开发用户自己的应用对象。

APS 提供了网络层和应用层之间的接口，通过数据服务和管理服务把两者连接起来。APS 的作用是维护设备绑定表，在绑定的设备间传输信息，同时能发现在工作范围内操作的其他设备。

每个 APS 帧（APDU）包括两个基本部分：APS 帧头和 APS 有效载荷。APS 帧头由帧控制信息和地址信息组成；APS 有效载荷是与帧相关的有效信息，长度可变，APS 帧结构的一般格式如表 2-3 所示。

表 2-3　APS 帧结构

<table>
<tr><td colspan="5">APS 帧头</td><td>APS 有效载荷</td></tr>
<tr><td>1 B</td><td>0/1 B</td><td>0/1 B</td><td>0/2 B</td><td>0/1 B</td><td>可 变 长 度</td></tr>
<tr><td rowspan="2">帧控制域</td><td>目的端点</td><td>簇标识</td><td>配置文件标识</td><td>源端点</td><td rowspan="2">帧有效载荷</td></tr>
<tr><td colspan="4">地址域</td></tr>
</table>

ZDO 的作用是定义网络中其他设备的角色、发起或回应绑定请求、在网络设备间建立安全机制等。ZigBee 定义了 3 种类型的 ZOD 设备。

1）网络协调者：全功能设备，负责扫描搜索，用未使用的信道建立新网络，分配网络位置。

2）路由器：全功能设备，允许其他设备连接，负责转发信息包，同时负责找寻、建立和修复信息包的路由路径。

3）终端设备：简化功能设备，不具备路由功能，只能选择加入已经形成的网络，可以收发信息，但不能转发信息。

应用框架（AF）是应用对象和 ZigBee 设备连接的环境，应用对象处于应用层的顶部，由设备制造商决定，每个应用对象通过相应的端点寻址，最多可定义 240 个不同的端口号（1~240），端口号 241~254 保留以作将来的应用，端口 0 是当前对象的数据接口，端口 255 是向整个网络所有应用对象的广播数据接口。

2.7　ZigBee 无线传感器网络的应用案例

随着市场竞争的加剧，不少酒店、饭店开始利用高新科技来改变餐饮服务模式和经营模式，在此基础上，无线点餐系统应运而生，这种改变对餐饮经营决策者提出了更高的要求。无线点餐系统正是致力于在软实力上帮助餐饮企业提高服务水平和工作效率，实现企业价值最大化的，同时又使成本最低化。

目前，应用于餐饮行业的无线通信技术主要包括红外技术、蓝牙技术和 ZigBee 技术等。红外技术属于短距离、点对点的半双工通信方式，使用不便且误码率高，不适用于网络的组网；蓝牙技术则因为网络容量有限，成本较高，不适合较多节点网络。本节采用低速率、低成本、低功耗的 ZigBee 无线通信技术，设计无线点餐系统。

2.7.1　ZigBee 无线点餐系统方案

整个系统采用“无线 PDA+无线接入点+服务器”的餐饮管理系统模式，由服务员手持的带有 ZigBee 无线数据通信功能的无线点餐手持机或安装在餐桌上的具有 ZigBee 无线数据通信功能的点餐机、无线通信路由节点及安装了无线中心节点的 PC 控制机组成。一台 ZigBee 无线通信中心节点能够以轮询的方式与多台无线点餐机通信。在室内环境中，受建筑物阻挡等因素的影响，当一台 PC 端的无线数据节点的通信距离不能覆盖整个应用场所时，在适当位置增设多个无线通信路由节点，可以组成相当可靠的蜂窝状网络，从而保证数据的可靠传输。无线点餐系统的配置为网状拓扑结构（见图 2-8），其系统框图如图 2-9 所示。

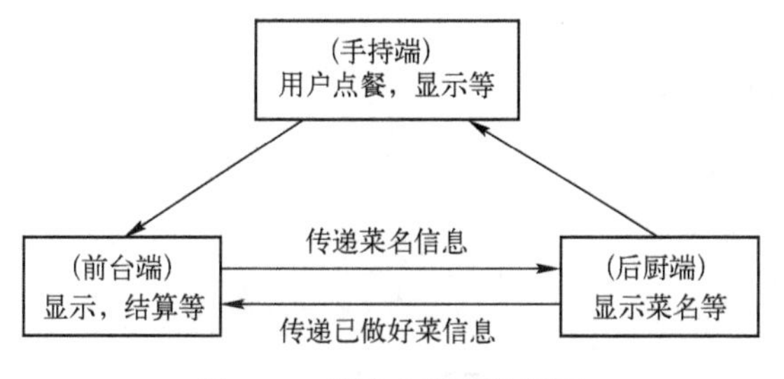

图 2-9　无线点餐系统框图

2.7.2 ZigBee 网络组网和地址分配

在基于 ZigBee 技术的点餐系统通信网络中，网络节点设备可分为配置较高的 FFD 和配置较低的 RFD。其中，安装了无线中心节点的 PC 控制机是 FFD，作为网络协调节点控制整个网络，主要负责发起建立新网络、设定网络参数、管理网络中的节点，并负责汇集所有手持点餐终端输入的信息，对各个节点发送相应的控制指令；无线通信节点也是 FFD，作为 ZigBee 的路由节点，主要参与路由发现、消息转发、允许其他节点通过它关联网络等；手持终端设备为 RFD，只能作为终端节点，通过 ZigBee 协调点或 ZigBee 路由节点关联到网络，不允许其他任何节点通过它加入网络，其功能是负责周期性采集顾客菜单数据和部分节点数据的转发。手持终端节点之间、手持终端节点与无线通信路由节点以及无线通信路由节点与协调器节点之间都是通过 ZigBee 协议进行通信。

只有那些具有 ZigBee 协调器能力，但又不是当前加入网络的设备才能尝试建立一个新的 ZigBee 网络，其建立策略是：一个 FFD 设备在第一次被激活后，通过广播查询网络协调器请求，如果在主动扫描时没有收到任何信标帧或收到的信标帧参数与自身节点能力不匹配，就可知该 FFD 能成为具有组建网络功能的 PAN 协调器；如果收到网络中已经存在网络协调器，则通过一系列认证过程，该设备就成为这个网络中的 RFD 或具有路由功能的 FFD。一旦 FFD 设备成为 PAN 协调器，PAN 协调器将为网络分配一个唯一的 PAN 标识（ID），有了 PAN 标识，网络设备就可以使用短地址通信，不同 PAN 之间也可以互相通信。在 ZigBee 协调器设备建立网络后，路由器或终端设备可以作为子节点加入由协调器建立的网络，子节点加入网络的方式有两种：通过 MAC 层关联方式加入网络；通过之前指定的父节点直接方式加入网络。

当新建网络中的设备允许一个设备加入网络时，这两个设备就构成了父子关系，新加入的设备是子设备，而第一个设备是父设备。在允许子设备加入新建网络后，父设备的网络管理实体将搜索它的邻居表来判断是否能找到一个匹配 64 bit 的扩展地址。如果发现一个匹配地址，网络管理实体就将获得相关的 64 bit 网络地址，并发出一个连接响应到 MAC 层；如果没有找到一个匹配地址，在可能的情况下，网络层管理实体将分配一个网络中唯一的 16 bit 网络地址给子设备。

2.7.3 无线点餐系统流程图

系统流程图如图 2-10 所示。

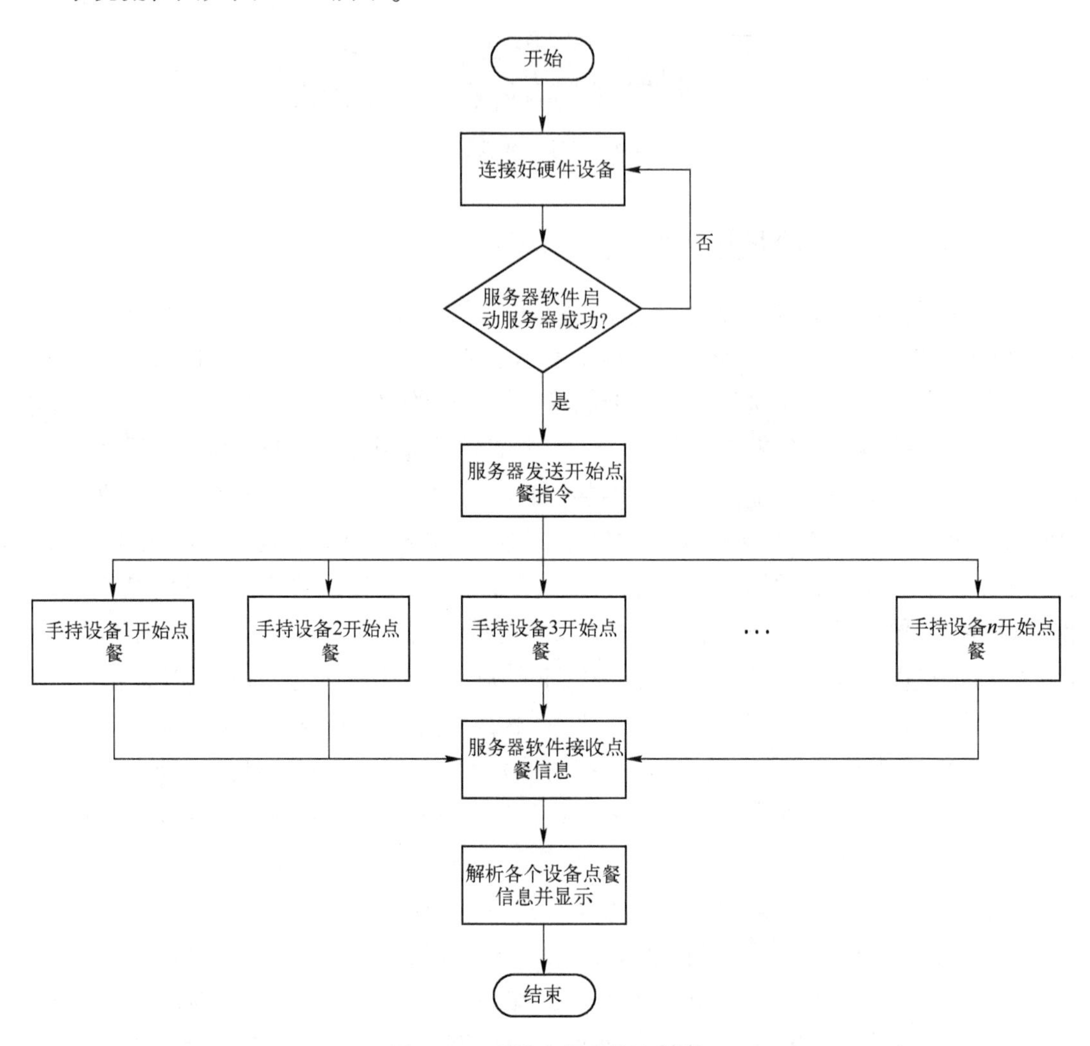

图 2-10　无线点餐系统流程图

2.7.4 可行性分析

该方案一旦投入运行，便能成为酒店的特色服务之一，因为它安装调试相当简单，不涉及综合布线，建设周期短，在施工过程中不会影响酒店的正常营业，而且还美化了环境，给人一种赏心悦目的感觉。这套灵活便捷的无线点餐系统不仅明显地改善了酒店的服务流程，提升了工作效率和服务质量，而且也使酒店在业务管理、财务规范和个性化方面也收益颇多。ZigBee 模块耗电非常低，仅需更换电池就可完成电能供应，一般一年左右才更换一次电池；此外，ZigBee 无线组网方案具有出色的性价比。假设该酒店之

前需要 50 个服务员，每个服务员的工资最少要 1500 元/月，50 个人就要 50×1500＝75000 元/月，虽然本系统增加了一些比较昂贵的设备，如 PDA，但是现在酒店服务员只需 10 个人，工资为 10×1500＝15000 元，减少了 80%的财务负担。如果每个月都这样，则半年之内可收回设备投资。

习　　题

1. 简述物理层定义。
2. 简述无线传感器网络路由协议的特点。
3. 简述拥塞控制协议的方法。
4. 冗余发送协议有几种？简述其原理。
5. ZigBee 技术的特点是什么？

第3章 管理技术

无线传感器网络中，大量传感器节点分布在大范围地理区域，实时地监测、感知和采集网络分布区域内的各种环境或监测对象的数据。作为非传统的复杂任务型网络，传感器网络的单个节点资源匮乏，网络数据的感知、处理与传输均需要通过特定的协同机制完成，因此传感器网络的管理技术是保障网络规模化运行的关键。

无线传感器网络的管理技术包括时间同步、定位技术、数据管理、目标跟踪、拓扑控制和覆盖技术等。

传感器节点都有自己的内部时钟，由于不同节点的晶体振荡频率存在偏差，节点时间会出现偏差，因此节点之间必须频繁地进行本地时钟的信息交互，以保证网络节点在时间认识上的一致性。时间同步作为上层协同机制的主要支撑技术，在时间敏感型应用中尤为重要。

传感器节点不仅需要时间信息，还需要空间信息。在网络中，节点需要认识自身位置，即自定位技术，这是目标定位的前提条件。对于目标、事件的位置信息，传感器网络利用定位技术来确定其相应的位置信息。

无线传感器网络是以数据为中心的网络，由于其节点数量多、分布广，获得的数据量非常大，需要借助数据融合从大量的数据中提取用户需要的信息。网络中感知的数据还需要统一管理，即数据管理。

目标跟踪是指为了维持对目标当前状态的估计，同时也是对传感器接收的量测信息进行处理的过程。目标跟踪处理过程中所关注的通常不是原始的观测数据，而是信号处理子系统或者检测子系统的输出信号，无论在军事还是民用领域都有着重要的应用价值。

在无线传感器网络中，节点的部署可能很密集，如果节点采用比较大的发射功率进行数据的收发，会带来很多问题。采用拓扑控制技术，限定给定节点的邻近节点数目，良好的拓扑结构能够有效提高路由协议和 MAC 协议的效率，为网络的多方面工作提供了有效支持。

网络覆盖是无线传感器网络研究中的基本问题，是指通过网络中传感器节点的空间位置分布，实现对被监测区域或目标对象物理信息的感知，从根本上反映了网络对物理世界的感知能力，直接影响网络的感知质量。

3.1 时间同步

无线传感器网络中节点众多，节点的能量、带宽、处理能力等相对受限，这就要求时钟同步算法必须具有扩展性好、低通信开销、低计算复杂度等特性。要达成整网时钟同步，时钟同步算法还必须提供多跳同步支持。不同应用对同步精度、同步保持时间的长短、同步区域的大小需求各不相同，如协同休眠等需要全网时钟一直保持毫秒级的同步精度；而对于目标跟踪类应用需要目标附近的局部节点保持微秒级同步精度，同步持续时间与目标的驻留时间成正比。时间同步是无线传感器网络研究领域的一个热点，它是网络应用的重要组成部分，很多应用都要求传感器节点的时钟保持同步。

在集中式管理的系统中，事件发生的顺序和时间都比较明确；但在分布式系统中，不同节点具有自己的本地时钟，由于不同节点的晶体振荡器频率存在偏差，以及受到温度变化和电磁干扰等，即使在某个时刻所有节点都达到时间同步，它们的时间也会逐渐出现偏差。在分布式系统的协同工作中，节点间的时间必须保持同步，因此时间同步机制是分布式系统中的一个关键机制。

在无线传感器网络的应用中，传感器节点将感知到的目标位置、时间等信息发送到网络中的首领节点，首领节点在对不同传感器发送来的数据进行处理后可获得目标的移动方向、速度等信息。为了能够正确地监测事件发生的次序，要求传感器节点之间实现时间同步。在一些事件监测的应用中，事件自身的发生时间是相当重要的参数，这要求每个节点维持唯一的全局时间以实现整个网络的时间同步。

3.1.1 时间同步概述

无线传感器网络应用的多样化，导致其对于时间同步需求的多样化，但是传感器网络有自身的局限（比如，能量有限、可扩展性、动态自适应性等），这些局限使得在传感器网络中实现时间同步有着很大的困难，也使得传统的时间同步方案不适合无线传感器网络。互联网上广泛使用的网络时间协议（Network Time Protocol，NTP），只适用于结构相对稳定、物理链路相对稳定的有线网络系统；全球定位系统（Global Positioning System，GPS）虽然能够以纳秒级的精度与协调世界时（UTC）保持同步，但需要配置固定的高成本接收机，同时在室内、森林或水下等有遮盖物的环境中无法使用，如果是应用于军事目的，没有主控权的GPS系统也是不可依赖的，因此以上都不适用于传感器网络。2002年8月，J. Elson和K. Romer在HotNets-I国际权威学术会议上首次提出和阐述了无线传感器网络中时间同步的研究课题，引起了广泛关注。经过研究人员的不懈努力，至今已经提出了多种时间同步算法，用来解决无线传感器网络中节点的时间同步问题，支持不同的应用，同时在能量需求、基础设施和时空复杂度方面也各有不同。

无线传感器网络的时间同步是指各个独立的节点通过不断与其他节点交换本地时钟信息，最终达到且保持全局时间协调一致的过程，即以本地通信确保全局同步。无线传感器网络中，节点分布在整个感知区域中，每个节点都有自己的内部时钟（即本地时钟），由于不同节点的晶体振荡频率存在偏差，再加上温度差异、电磁波干扰等，即使在某个时间所有的节点时钟一致，一段时间后它们的时间也会再度出现局部时间不同步。针对时钟晶振偏移和漂移，以及传输和处理不确定时延的情况，本地时钟采取的关于时钟信息的编码、交换与处理方式都各不相同。

本地时间同步问题是无线链路传输和网络服务质量的要求：一方面，无线传输为本地时钟的同步提供了平台与保障；另一方面，本地时钟的同步反过来又能促进一系列信号处理及通信平台的应用开发。

传感器网络中节点造价不能太高，节点的微小体积也使其无法再安装除本地振荡器和无线通信模块外更多的用于同步的器件。因此，价格和体积成为制约传感器网络时间同步的重要因素。传感器网络中多数节点是无人值守的，仅携带少量有限的能量，即使是进行监听通信也会消耗能量，时间同步机制必须考虑消耗的能量。现有网络的时间同步机制往往关注利用最小化同步误差来达到最大的同步精度，而较少考虑计算和通信的开销。由于传感器网络的特点，以及能量、价格和体积等方面的约束，使得 NTP、GPS 等现有的时间同步机制不适用于传感器网络，需要修改或重新设计时间同步机制来满足传感器网络的要求。

通常在无线传感器网络中，除了非常少量的传感器节点携带如 GPS 的硬件时间同步部件外，绝大多数传感器节点都需要根据时间同步机制交换同步消息，与网络中的其他传感器节点保持时间同步。在设计时间同步机制时，需要考虑以下几个方面。

1）扩展性：在无线传感器网络应用中，网络部署的地理范围大小不同，网络内节点密度不同，时间同步机制要能够适应网络范围或节点密度的变化。

2）稳定性：无线传感器网络在保持连通性的同时，因环境影响以及节点本身的变化，拓扑结构将动态变化，时间同步机制要能够在拓扑结构动态变化中保持时间同步的连续性和精度的稳定性。

3）鲁棒性：由于各种原因可能造成传感器节点失效，另外现场环境随时可能影响无线链路的通信质量，因此要求时间同步机制具有良好的鲁棒性。

4）收敛性：无线传感器网络具有拓扑结构动态变化的特点，同时传感器节点又存在能量约束，这些都要求建立时间同步的时间要短，使节点能够及时知道它们的时间是否达到同步。

5）能量感知：为了减少能量消耗，保持网络时间同步的交换消息数应尽量少，而所需的网络通信和计算负载也应该可以预知。时间同步机制根据网络节点的能量分布，均匀使用网络节点的能量来达到能量的高效使用。

由于无线传感器网络具有应用相关性，在众多不同应用中很难采用统一的时间同步

机制，即使在单个应用中，多个层次上可能都需要时间同步，每个层次对时间同步的要求也不同。综上所述，时间同步机制对无线传感器网络的节点定位、无线信道时分复用、低功耗睡眠、路由协议、数据融合、传感事件排序等应用及服务，都会产生直接或间接的影响，因此，时间同步机制几乎渗透至每一个与数据相关的环节。

3.1.2　影响时间同步的关键因素

准确地估计消息包的传输延迟，通过偏移补偿或漂移补偿的方法对时钟进行修正，是无线传感器网络中实现时间同步的关键，目前绝大多数的时间同步算法都是对时钟偏移进行补偿。

在无线传感器网络中，为了完成节点间的时间同步，消息包的传输是必不可少的，为了更好地分析包传输中的误差，可将消息包收发的时延分为以下6个部分。

1）发送时间（Send Time）：发送节点构造一条消息和发布发送请求到MAC层所需的时间，包括内核协议处理时间、上下文切换时间、中断处理时间和缓冲时间等，它取决于系统调用开销和处理器当前负载，可能高达几百毫秒。

2）访问时间（Access Time）：消息等待传输信道空闲所需的时间，即从等待信道空闲到消息发送开始时的延迟，它是消息传递中最不确定的部分，与底层MAC协议和网络当前的负载状况密切相关。在基于竞争的MAC协议如以太网中，发送节点必须等到信道空闲时才能传输数据，如果发送过程中产生冲突，则需要重传。IEEE 802.11协议的RTS/CTS机制要求发送节点在数据传输之前先交换控制信息，获得对无线传输信道的使用权；TDMA协议要求发送节点必须得到分配给它的时间槽时才能发送数据。

3）传输时间（Transmission Time）：发送节点在无线链路的物理层按位发射消息所需的时间，该时间比较确定，取决于消息包的大小和无线发射速率。

4）传播时间（Propagation Time）：消息从发送节点到接收节点的传输介质中的传播时间，该时间仅取决于节点间的距离，与其他时延相比这个时延是可以忽略的。

5）接收时间（Reception Time）：接收节点按位接收信息并传递给MAC层的时间，这个时间和传输时间对应。

6）接收处理时间（Receive Time）：接收节点重新组装信息并传递至上层应用所需的时间，包括系统调用时间、上下文切换时间等，与发送时间类似。

3.1.3　时间同步机制的基本原理

无线传感器网络中节点的本地时钟依靠对自身晶振中断计数来实现，晶振的频率误差因初始计时时刻不同，使得节点之间的本地时钟不同步，若能估算出本地时钟与物理时钟的关系或本地时钟之间的关系，就可以构造对应的逻辑时钟以达成同步。节点时钟通常用晶体振荡器脉冲来度量，任一节点在物理时刻的本地时钟读数可表示为

$$C_i(t)=\frac{1}{f_0}\int_0^t f_i(\tau)\mathrm{d}\tau + C_i(t_0) \tag{3-1}$$

式中，$f_i(\tau)$是节点i晶振的实际频率；f_0为节点晶振的标准频率；t_0代表开始计时的物理时刻；$C_i(t_0)$代表节点i在t_0时刻的时钟读数；t是真实时间变量。$C_i(t_0)$是构造的本地时钟，间隔$C(t)-C(t_0)$被用来作为度量时间的依据。由于节点晶振频率短时间内相对稳定，因此节点时钟又可表示为

$$C_i(t)=a_i(t-t_0)+b_i \tag{3-2}$$

对于理想的时钟，有变化频率$r(t)=\frac{\mathrm{d}C(t)}{\mathrm{d}t}=1$，也就是说，理想时钟的变化频率$r(t)$为1。但工程实践中，因为温度、压力、电源电压等外界环境的变化往往会导致晶振频率产生波动，因此构造理想时钟比较困难。但一般情况下，晶振频率的波动幅度并非任意的，而是局限在一定的范围之内，即

$$1-\rho\leqslant\frac{\mathrm{d}C(t)}{\mathrm{d}t}\leqslant 1+\rho \tag{3-3}$$

式中，ρ为绝对频率差上界，由制造厂家标定，一般ρ的范围为$(1\sim100)\times10^{-6}$，即一秒钟内会偏移1～100 μs。

在无线传感器网络中主要有以下三个原因导致传感器节点时间的差异。

1）节点开始计时的初始时间不同。

2）每个节点的石英晶体可能以不同的频率跳动，引起时钟值的逐渐偏离，这个误差称为偏离误差。

3）随着时间推移、时钟老化或随着周围环境（如温度）的变化而导致时钟频率发生的变化，这个误差称为漂移误差。

对任何两个时钟A和B，在t时刻的偏移可表示为$C_A(t)-C_B(t)$，偏差可表示为$\frac{\mathrm{d}C_A(t)}{\mathrm{d}t}-\frac{\mathrm{d}C_B(t)}{\mathrm{d}t}$，漂移（drift）或频率（frequency）可表示为$\frac{\partial^2 C_A(t)}{\mathrm{d}t^2}-\frac{\partial^2 C_B(t)}{\mathrm{d}t^2}$。

假定$C(t)$是一个理想的时钟，如果在t时刻，有$C(t)=C_i(t)$，则称时钟$C_i(t)$在t时刻是准确的；如果$\frac{\mathrm{d}C(t)}{\mathrm{d}t}=\frac{\mathrm{d}C_i(t)}{\mathrm{d}t}$，则称时钟$C_i(t)$在$t$时刻是精确的；而如果$C_i(t)=C_k(t)$，则称时钟$C_i(t)$在$t$时刻与时钟$C_k(t)$是同步的。上面的定义表明：两个同步的时钟不一定是准确或精确的，时间同步与时间的准确性和精度没有必然的联系，只有实现了与理想时钟（即真实的物理时间）的完全同步之，三者才是统一的。对于大多数的传感器网络应用而言，只需要实现网络内部节点间的时间同步，这就意味着节点上实现同步的时钟可以是不精确甚至是不准确的。

本地时钟通常由一个计数器组成，用来记录晶体振荡器产生脉冲的个数。在本地时钟的基础上，可以构造出逻辑时钟，目的是通过对本地时钟进行一定的换算以达成同

步。节点的逻辑时钟是任一节点 i 在物理时刻 t 的逻辑时钟读数，可以表示为

$$LC_i(t)=la_i \times C_i(t_0)+lb_i$$

式中，$C_i(t_0)$为当前本地时钟读数；la_i、lb_i分别为频率修正系数和初始偏移修正系数。采用逻辑时钟的目的是对本地任意两个节点 i 和 j 实现同步。构造逻辑时钟有以下两种途径。

一种途径是根据本地时钟与物理时钟等全局时间基准的关系进行变换，将式（3-2）反变换可得

$$t=\frac{1}{a_i}C_i(t)+\left(t_0-\frac{b_i}{a_i}\right) \tag{3-4}$$

将 la_i、lb_i设为对应的系数，即可将逻辑时钟调整到物理时间基准上。

另一种途径是根据两个节点本地时钟的关系进行对应换算，由式（3-2）可知，任意两个节点 i 和 j 的本地时钟之间的关系可表示为

$$C_j(t)=a_{ij}C_i(t)+b_{ij} \tag{3-5}$$

式中，$a_{ij}=\frac{a_j}{a_i}$；$b_{ij}=b_j-\frac{a_j}{a_i}b_i$。将 la_i、lb_i设为对应的a_{ij}、b_{ij}，构造出一个逻辑时钟的系数，即可与节点的本地时钟达成同步。

以上两种方法都估计了频率修正系数和初始偏移修正系数，精度较高；对低精度类的应用，还可以简单地根据当前的本地时钟和物理时钟的差值或本地时钟之间的差值进行修正。

一般情况下，都采用第二种方法进行时间同步，其中a_{ij}和b_{ij}分别称为相对漂移和相对偏移。式（3-5）给出了两种基本的同步原理，即偏移补偿和漂移补偿。如果在某个时刻，通过一定的算法求得b_{ij}，也就意味着在该时刻实现了时钟 $C_i(t)$ 和 $C_j(t)$ 的同步。偏移补偿同步没有考虑时钟漂移，因此同步时间间隔越大，同步误差越大，为了提高精度，可以考虑增加同步频率；另一种解决途径是估计相对漂移量，进行相应的修正来减小误差。可见漂移补偿是一种有效的同步手段，在同步间隔较大时效果尤其明显，当然实际的晶体振荡器很难长时间稳定地工作在同一频率上，因此综合应用偏移补偿和漂移补偿才能实现高精度的同步算法。

3.1.4 同步算法

1. 同步算法机制

无线传感器网络的时间同步在近几年有了很大的发展，出现了很多同步协议。根据同步协议的同步事件及其具体应用特点，时间同步算法机制可以分为以下不同的种类。

（1）按同步事件划分

1）主从模式与平等模式。在主从模式下，从节点把主节点的本地时间作为参考时间并与之同步。一般而言，主节点要消耗的资源量与从节点的数量成正比，所以一般选

择负荷小、能量多的节点作为主节点；平等模式下，网络中的每个节点是相互直接通信的，这减小了因主节点失效而导致同步瘫痪的危险性，平等模式更加灵活但难以控制，参考广播时间同步（Reference Broadcast Synchronization，RBS）协议采用的是平等模式。

2）内同步与外同步。在内同步中，全球时标即真实时间是不可获得的，它关心的是让网络中各个时钟的最大偏差如何尽量减小；在外同步中，有一个标准时间源（如UTC）提供参考时间，从而使网络中所有的节点都与标准时间源同步，可以提供全球时标。但是，绝大部分的无线传感器网络同步机制是不提供真实时间的，除非具体应用需要真实时间。内同步需要更多的操作，可用于主从模式和平等模式；外同步提供的参考时间更精确，只能用于主从模式。

3）概率同步与确定同步。概率同步可以在给定失败概率（或概率上限）的情况下，给出某个最大偏差出现的概率，这样可以减少像确定同步情况下那样的重传和额外操作，从而节能。当然，大部分算法是确定的，都给出了确定的偏差上限。

4）发送者-接收者与接收者-接收者。传统的发送者-接收者同步方法分为三步：

① 发送者周期性地把自己的时间作为时标，用消息的方式发给接收者。

② 接收者把自己的时标和收到的时标同步。

③ 计算发送和接收的延时。

接收者-接收者时间同步，假设两个接收者大约同时收到发送者的时标信息，然后相互比较它们所记录的信息收到时间，以达到同步。

（2）按具体应用特点划分

1）单跳网络与多跳网络。在单跳网络中，所有的节点都能直接通信以交换消息，但是，绝大多数无线传感器网络的应用都要通过中间节点传送消息，它们规模大，往往不可能是单跳的。大部分算法都提供了单跳算法，同时又把它扩展到多跳模式。

2）静态网络与动态网络。在静态网络中，节点是不移动的。例如，对于监测一个区域内车辆动作的无线传感器网络，其拓扑结构是不会改变的。RBS 等连续时间同步机制针对的网络是静态网络。在动态网络中，节点可以移动，当一个节点进入另一个节点的范围内时，两节点才是连通的，它的拓扑结构是不断改变的。

3）基于 MAC 的机制与标准机制。MAC 有两个功能，即利用物理层的服务向上提供可靠服务和解决传输冲突问题。MAC 协议有很多类型，不同的类型特性不一样，有一部分同步机制是基于特定 MAC 协议的，有些是不依赖具体 MAC 协议的，也称为标准机制。

总之，具体应用中，同步协议的设计需要因地制宜。

2. 典型时间同步协议

下面具体介绍实际应用的几种典型时间同步协议，并做简要对比和分析。

（1）RBS

RBS 是典型的接收者-接收者同步，最大的特点是发送节点广播不包含时间戳的同

步包，在广播范围内，接收节点接收同步包，并记录收到包的时间。接收节点通过比较各自记录的时间（需要进行多次通信）达到时间同步，消除了发送时间和接收时间的不确定性带来的同步偏差。在实际中，传播时间是可以忽略的（考虑到电磁波传播速度等同于光速），所以同步误差主要是由接收时间的不确定性引起的。RBS 之所以能够精确地进行同步，是因为经过实验（Motes 实验）验证各个节点接收时间之间的差是服从高斯分布的（$\mu=0$，$\sigma=11.1\ \mu s$，置信度=99.8%），因此可以通过发送多个同步包减小同步偏差，以提高同步精度。

RBS 算法示意图如图 3-1 所示。

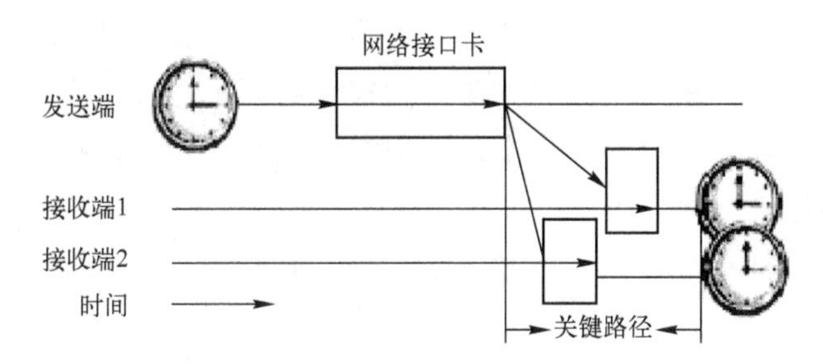

图 3-1　RBS 算法示意图

假设有两个接收者 i 和 j，发送节点每轮同步向它们发送 m 个包，计算它们之间的时钟偏差为

$$\text{Offset}[i,j]=\frac{1}{m}\sum_{k=1}^{m}(T_{i,k}-T_{j,k}) \tag{3-6}$$

式中，$T_{i,k}$和$T_{j,k}$分别是接收者 i 和 j 记录的收到第 k 个同步包的时间。当接收节点的接收时间之间的差服从高斯分布时，可以通过发送多个同步包的方式来提高同步精度，这在数学上是很容易证明的。经过多次广播后，可以获得多个点，从而可以用统计的方法估计接收者 i 相对于接收者 j 的漂移，用于进一步的时间同步。

RBS 也能扩展到多跳算法，可以选择两个相邻的广播域的公共节点作为另一个时间同步消息的广播者，这样两个广播域内的节点就可以同步起来，从而实现多跳同步。

RBS 的优点如下：使用广播的方法同步接收节点，同步数据传输过程中最大的不确定性可以从关键路径中消除，这种方法比起计算回路延时的同步协议有更高的精度；利用多次广播的方式可以提高同步精度，这也可以被用来估计时钟漂移；奇异点及同步包的丢失也可以很好地处理，拟合曲线在缺失某些点的情况下也能得到；RBS 允许节点构建本地的时间尺度，这对于很多只需要网内相对同步而非绝对时间同步的应用很重要。

当然，RBS 也有它的不足之处：这种同步协议不能用于点到点的网络，因为协议需要广播信道；对于 n 个节点的单跳网络，RBS 需要 $O(n^2)$ 次数据交互，这对于无线传感器网络来说是非常高的能量消耗；由于很多次的数据交互，同步的收敛时间长，在这个协议中参考节点是没有被同步的，如果网络中参考节点需要被同步，会导致额外的能量消耗。

（2）TPSN

传感器网络时间同步（Timing-sync Protocol for Sensor Networks，TPSN）协议是较典型的实用算法，它是由加州大学网络和嵌入式系统实验室的 Saurabh Ganeriwal 等人于 2003 年提出的。算法采用发送者-接收者之间进行成对同步的工作方式，并将其扩展到全网的时间同步。算法的实现分两个阶段：层次发现阶段和同步阶段。

在层次发现阶段，网络产生一个分层的拓扑结构，并赋予每个节点一个层次号；同步阶段进行节点间的成对报文交换，图 3-2 中给出了 TPSN 一对节点的报文交换情况。发送方通过发送同步请求报文，接收方接收到报文并记录接收时间戳后，向发送节点发送响应报文，发送方可以得到整个交换过程中的时戳T_1、T_2、T_3和T_4，由此可以计算节点间的偏移量β和传输延迟 d 为

$$\beta=\frac{(T_2-T_1)-(T_3-T_4)}{2} \tag{3-7}$$

$$d=\frac{(T_2-T_1)+(T_3-T_4)}{2} \tag{3-8}$$

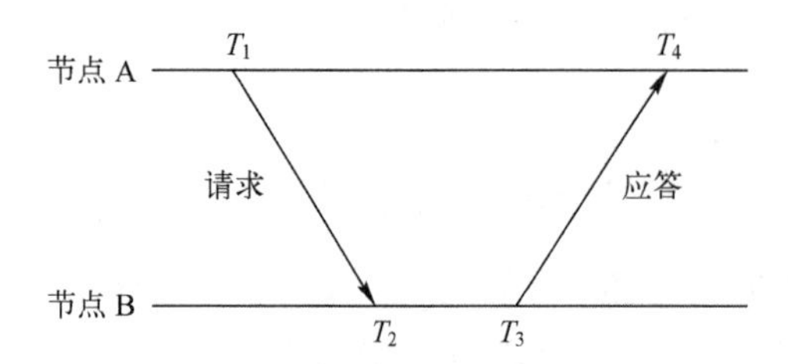

图 3-2　TPSN 一对节点的报文交换情况

根据上述公式计算得到它们之间的偏移和传输延迟，并调整自身时间到同步源时间，各节点根据层次发现阶段所形成的层次结构，分层逐步同步直至全网同步完成。

TPSN 能够实现全网范围内节点间的时间同步，同步误差与跳数距离成正比关系。

TPSN 的优点：该协议是可以扩展的，它的同步精度不会随网络规模的扩大而急速降低；全网同步的计算量比起 NTP 要小得多。

TPSN 的缺点：当节点达到同步时，需要本地修改物理时钟，能量不能有效利用，因为 TPSN 需要一个分级的网络结构，所以该协议不适用于快速移动的节点，且 TPSN 不支持多跳通信。

（3）FTSP

泛洪时间同步协议（Flooding Time Synchronization Protocol，FTSP）利用无线电广播同步信息，使尽可能多的接收节点与发送节点同步，同步信息包含估计的全局时间即发

送者的时间，接收节点在收到信息时从各自的本地时钟读取相应的本地时间。因此，一次广播信息提供了一个同步点（全局-本地时间对）给每个接收节点，接收节点根据同步点中全局时间和本地时间的差异来估计自身与发送节点之间的时钟偏移量。FTSP 通过在发送节点和接收节点多次记录时间戳来有效降低中断处理和编码/解码时间的抖动，时间戳是在传输或接收同步信息的边界字节时生成的。中断处理时间的抖动主要是由于单片机上的程序段禁止短时间中断产生的，这个误差不是高斯分布的，但是将时间戳减去一个字节传输时间（即传输一个字节花费的时间）的整数倍数可使其标准化。选取最小的标准化时间戳可基本消除这个误差，编码和解码时间的抖动可以通过取这些标准化时间戳的平均值而减少。接收节点的最终平均时间戳还需要通过传输速度和位偏移量计算得到的字节校准时间进一步校正。

多跳 FTSP 中的节点利用参考点来实现同步，参考点包含一对全局时间与本地时间戳，节点通过定期发送和接收同步信息获得参考点。网络中，根节点是一个特殊节点，由网络选择并动态重选，它是网络时间参考节点。在根节点广播半径内的节点可以直接从根节点接收同步信息并获得参考点；在根节点广播半径之外的节点可以从其他与根节点距离更近的同步节点接收同步信息并获得参考点。当一个节点收集到足够的参考点后，它通过线性回归估算自身的本地时钟的漂移和偏移以完成同步。

如图 3-3 所示，FTSP 提供多跳同步。网络的根节点保存全局时间，网络中其他节点将它们的时钟与根节点的时间同步。节点形成一个 Ad hoc 网络结构来将全局时间从根节点转换到所有的节点，这样可以节省建立树的初始相位的时间，并且对节点、链路故障和动态拓扑改变有更强的鲁棒性。实验显示，使用 FTSP 可以达到很高的同步精度，实际中 FTSP 以其算法的低复杂度、低耗能等优势被广泛应用。

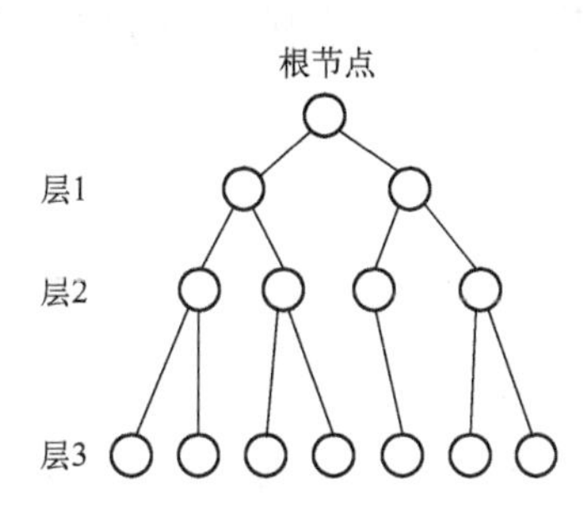

图 3-3　FTSP 同步协议示意图

3. 经典同步协议比较

上面介绍了三种使用较为广泛的经典同步协议，下面比较它们的性能。

首先进行定性分析，主要分析各种协议是否达到设计的目标，设计的目标包括精确性、能量有效性、总体复杂性、扩展性和容错能力，定性分析结果见表 3-1。

表 3-1　定性分析三种经典同步协议

协议	精确性	能量有效性	总体复杂性	扩展性	容错能力
RBS	高	高	高	好	无
TPSN	高	一般	低	好	有
FTSP	高	高	低	不可用	有

其次进行定量分析，要比较的参数如下。

1）同步精度。同步精度可以有两种定义方式：绝对精度——节点的逻辑时钟和标准时间（如 UTC）之间的最大偏差；相对精度——节点间逻辑时钟的值的最大差值。这里使用相对精度。

2）捎带。在同步期间把回复信息与同步信息相结合，节约了传播开销。

3）复杂度。传感器节点的硬件计算能力有限，对复杂度有特定的约束。

4）同步花费时间。同步整个网络所用的时间。

5）GUI 服务。包括可以读取时间和调度同步事件。

6）网络尺寸。可以同步的网络的最大节点数。

定量比较结果见表 3-2。

表 3-2　定量比较三种经典同步协议

协议	同步精度/μs	捎带	复杂度	同步花费时间	GUI 服务	网络尺寸
RBS	1.85±1.28	不可用	高	不可用	无	2~20
TPSN	16.9	无	低	不确定	无	150~300
FTSP	1.48	无	低	低	无	不确定

通过比较，可以看到三种同步协议各有优劣，在具体应用中，要根据实际情况选择合适的同步协议。

3.1.5 未来的研究方向

时钟精度的实质是对时钟值不确定性的表征，根据信息论的观点，信息作为一种负熵，可以降低不确定度。目前单跳同步研究趋于成熟，精度已达到 1 μs，而多跳研究相对薄弱，具体表现在过大的同步开销和随跳数增加而造成的累积误差。结合连通支配集降低同步开销，利用极大似然估计、贝叶斯估计进行数据融合以降低误差的累积速度，已经成为未来时间同步研究中的两个重要课题。

3.2 定位技术

节点定位技术是无线传感器网络的核心技术之一，其目的是通过网络中已知位置信息的节点计算出其他未知节点的位置坐标。一般来说，传感器网络需要大规模地部署无

线节点，手工配置节点位置的方法需要消耗大量人力、时间，通常很难实现，而 GPS 并不是对所有的场合都适用。因此，为了满足日益增长的生产、生活需要，需要对无线传感器网络的节点定位技术做进一步的研究。

无线传感器网络主要应用于事件的监测，而事件发生的位置对于监测消息是至关重要的，没有位置信息的监测消息毫无意义，因此需要利用定位技术来确定相应的位置信息。此外，节点自定位系统是无线传感器网络实际应用的必要模块，是路由算法、网络管理等核心模块的基础，同时也是目标定位的前提条件。因此，定位技术是无线传感器网络关键的支撑技术，是其他相关技术研究的基础。

3.2.1 定位技术概述

随着相关技术的发展，无线传感器网络定位技术已实现在商业、公共安全和军事等多个领域的应用，如将无线传感器网络部署在工业现场，监测设备运行情况；部署在仓库跟踪物流动态；甚至临时快速部署在火灾救护现场，为消防员提供最优路线导航等。和目前应用最为广泛的全球定位系统（GPS）相比，无线传感器网络定位系统具有自身优势：首先，GPS 设备不能工作在 GPS 卫星信号无法到达的场所，如室内环境、枝叶茂密的森林等，而无线传感器网络定位系统则不受场地的制约；其次，GPS 设备成本高，不适合低端的简易应用场景，且在某些特定场景，如军事应用中不能有效使用。

在无线传感器网络定位技术中，根据节点是否已知自身的位置，分为信标节点（Beacon Node）和未知节点（Unknown Node）。信标节点在网络节点中所占的比例很小，可以通过携带 GPS 定位设备等手段获得自身的精确位置，信标节点是未知节点定位的参考点。除了信标节点以外，其他传感器节点都是未知节点，它们通过信标节点的位置信息来确定自身位置。在如图 3-4 所示的传感器网络中，B 代表信标节点，U 代表未知节点。U 节点通过与邻近 B 节点或已经得到位置信息的 U 节点之间的通信，根据一定的定位算法计算出自身位置。

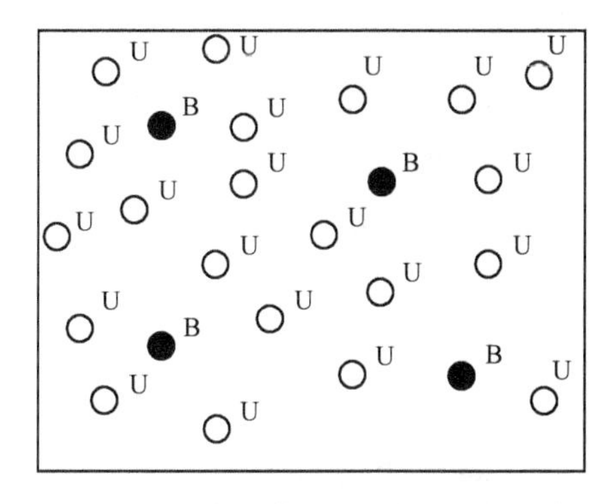

图 3-4　无线传感器网络中的节点分布

由于无线传感器网络定位系统及具体应用的多样性，相应的定位算法种类很多，难以对其进行分类。根据定位过程中是否测量与实际节点间的距离，把定位算法分为基于距离的（Range-Based）定位算法和与距离无关的（Range-Free）定位算法。前者需要测量相邻节点间的绝对距离或方位，并利用节点间的实际距离来计算未知节点的位置；后者不需要测量节点间的绝对距离或方位，而是利用节点间估计的距离来计算节点的位置。

3.2.2 基于距离的定位

基于距离的定位机制是通过测量相邻节点间的实际距离或方位进行定位的，这种定位技术一般分为三个阶段。

1）测距阶段。未知节点通过测量接收到信标节点发出信号的某些参数，如强度、到达时间、达到角度等，计算未知节点到信标节点之间的距离，这个测量出来的距离可能是未知节点到信标节点的直线距离，也可能是二者之间的近似直线距离。

2）定位阶段。未知节点根据自身到达至少三个信标节点的距离值，再利用三边测量法、三角测量法或极大似然估计法等定位算法，计算出自身的位置坐标。

3）修正（循环求精）阶段，采用一些优化算法或特殊手段将之前得到的未知节点的位置坐标进行优化、减小误差，提高定位精度。

基于距离的定位算法通过获取电波信号的参数，如接收信号强度（Received Signal Strength Indicator，RSSI）、信号传输时间（Time of Arrival，TOA）、信号到达时间差（Time Difference of Arrival，TDOA）、信号到达角度（Arrival of Angle，AOA）等，再通过合适的定位算法来计算节点或目标的位置。

1. 基于TOA的定位

在TOA方法中，信标节点发射出某种传播速度已知的信号，未知节点根据接收到信号的时间得出该信号的传播时间，再算出未知节点到信标节点间的距离，最后通过三边测量法计算该未知节点的位置信息。系统通常使用慢速信号（如超声波）测量信号到达的时间，原理如图3-5所示。

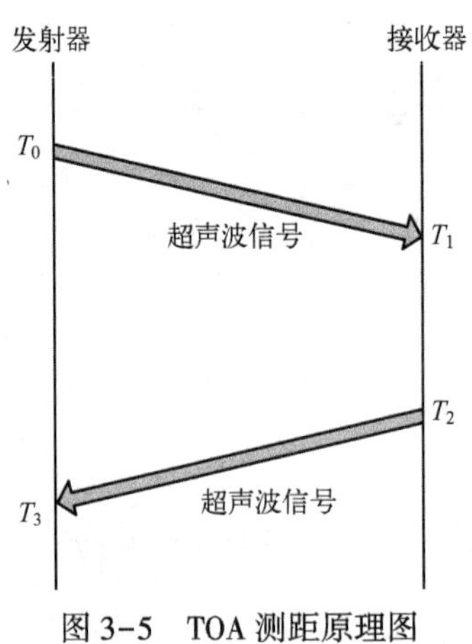

图3-5　TOA测距原理图

超声波信号从发送节点传递到接收节点，而后接收节点再发送另一个信号给发送节点作为响应。通过双方的“握手”，发送节点即能从节点的周期延迟中推断出距离为

$$\frac{[(T_3-T_0)-(T_2-T_1)]\times v}{2} \tag{3-9}$$

式中，v 代表超声波信号的传递速度。这种测量方法的误差主要来自信号的处理时间（如计算延迟以及在接收端的位置延迟T_2-T_1）。

TOA 定位方法定位精度高，但需要未知节点和信标节点之间保持严格的时间同步，因此对硬件系统要求很高，成本也很高。

2. 基于 TDOA 的定位

基于到达时间 TDOA 的定位方法是一种基于测量信号到达时间差的定位方法。在此方法中，信标节点会同时发射两种不同频率的无线信号，它们在传输过程中的速度不同，到达未知节点的时间也不同，根据不同的到达时间和这两种信号的传输速度，可以计算出未知节点和信标节点之间的距离，最后通过三边测量算法计算出该未知节点的位置信息。TDOA 定位方法误差小、精度高，但受限于超声波传播距离有限和非视距（NLOS）问题对超声波信号的传播影响。

如图 3-6 所示，发射节点同时发射无线射频信号和超声波信号，接收节点记录两种信号到达的时间分别为 T_1 和 T_2，已知无线射频信号和超声波的传播速度分别为 c_1 和 c_2，那么两点之间的距离为$(T_2-T_1)\times s$，其中 $s=c_1c_2/(c_1-c_2)$。在实际应用中，TDOA 的测距方法可以达到较高的精度。

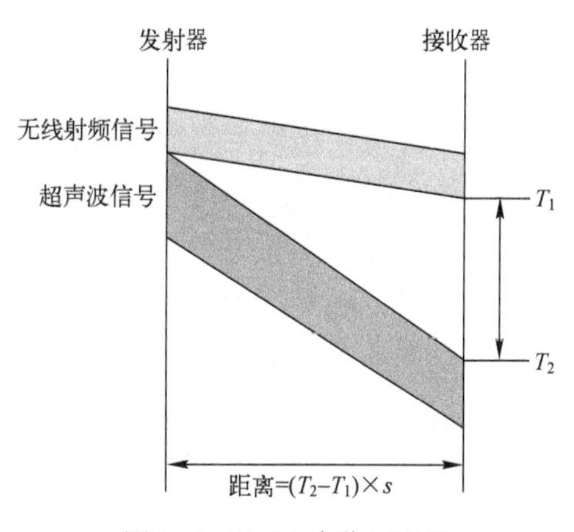

图 3-6　TDOA 定位原理图

3. 基于 AOA 的定位

基于到达角度（AOA）的定位方法是一种基于测量信号到达角度的定位方法。在未知节点上增加一种天线阵列或其他某种接收器的阵列，通过此种接收器阵列可以测得信标节点到该未知节点的角度信息，再通过三角测量法计算出该未知节点的位置信息。这种定位方法需要额外增加很多硬件模块，实施成本高，硬件设计复杂。

4. 基于 RSSI 的定位

基于 RSSI 的定位方法是一种基于测量接收到信号强度的定位方法。首先，由信标节点发射已知信号强度的射频信号；然后，根据信号传播损耗理论和经验公式计算出未知节点到该信标节点之间的距离；最后，采用三边测量法计算出该未知节点的位置坐标。由于此种定位法主要采用射频技术，且无线通信是传感器节点的基本功能之一，所以使用此种定位方法时不需要增加额外的硬件模块，是一种成本低、功耗低的定位技术，但现实环境中的反射效应、多径效应、非视距等问题很容易给 RSSI 带来较大的定位误差。

常用的无线信号传播模型为

$$P_{r,dB}(d)=P_{r,dB}(d_0)-10\eta\lg\left(\frac{d}{d_0}\right)+x_{\sigma,dB} \tag{3-10}$$

式中，$P_{r,dB}(d)$是以 d_0为参考点的信号的接收功率；η 是路径衰减常数；$x_{\sigma,dB}$是以 σ^2为方差的正态分布，为了说明障碍物的影响。

式（3-10）是无线信号较常使用的传播损耗模型，如果参考点的距离d_0和接收功率已知，就可以通过该公式计算出距离 d。理论上，如果环境条件已知，路径衰减常数为常量，接收信号强度就可以应用于距离估计。然而，不一致的衰减关系影响了距离估计的质量，这就是 RSSI-RF 信号测距技术的误差经常为米级的原因。在某些特定的环境条件下，基于 RSSI 的测距技术可以达到较好的精度，可以适当地补偿 RSSI 造成的误差。

3.2.3 与距离无关的定位

尽管基于距离的定位方法在定位的精确性上有很强的优势，但这需要传感器节点增设额外的硬件模块，增加了硬件设计的复杂度和成本。为了在低成本、低功耗的环境中进行定位，人们开始对与距离无关的定位方法进行深入而广泛的研究。

与距离无关的定位方法为了不增设额外的硬件模块，放弃了测量未知节点到信标节点绝对距离的做法，而是使无线传感器网络中的所有节点相互通信，从而得到节点间相对距离，再通过特定的算法计算出各个节点之间的位置坐标。这种方法虽然定位误差较大，但是对传感器节点的硬件要求低、功耗小、自组织能力强，在一些特殊的场合得到了广泛的应用。

与距离无关的定位方法需要确定包含待测目标的可能区域，以此确定目标位置，主要的算法包括质心定位算法、DV-Hop 算法、APIT 算法、凸规划定位算法等，下面分别介绍这几种算法。

1. 质心定位算法

质心定位算法是南加州大学的 Nirupama Bulusu 等学者提出的一种基于网络连通性的室外定位算法。在平面几何中，一个多边形的中心称为该多边形的质心，它的位置坐标为

这个多边形各个顶点坐标的平均值。质心定位法的示意图如图 3-7 所示，其核心思想是：传感器节点以所有在其通信范围内的信标节点的几何质心作为自己的估计位置。

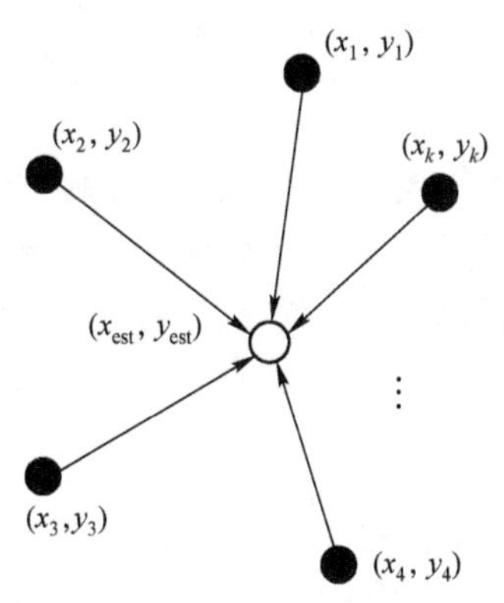

图 3-7　质心定位法示意图

具体算法如下：信标节点每隔一段时间向邻居节点广播一个信标信号，信号中包含节点自身的 ID 和位置信息；当传感器节点在一段监听时间内接收到来自信标节点的信标信号数量超过某一个预设的阈值后，该节点会认为与此信标节点连通，并将自身位置确定为所有与之连通的信标节点所组成的多边形的质心；当传感器节点接收到所有与之连通的信标节点的位置信息后，就可以根据这些信标节点的坐标来估算自己的位置了。假设这些坐标分别为(x_1,y_1)，(x_2,y_2)，…，(x_k,y_k)，则可根据下式计算出传感器节点的坐标：

$$(x_{\text{est}},y_{\text{est}})=\left(\frac{x_1+\cdots+x_k}{k},\frac{y_1+\cdots+y_k}{k}\right) \tag{3-11}$$

质心定位算法完全根据未知节点是否能接收到信标节点发送的无线信号来进行定位，依赖于无线传感器网络的连通性，不需要节点之间的频繁通信协调和计算，所以算法相对简单，易于实现。但质心定位算法都是假设信标节点发射的无线信号遵从理想无线信号模型进行传播的，而没有考虑现实中无线信号在传播过程中会被反射、折射、吸收、干扰等现象，现实中不可能是完全理想下的球形无线传播。此外，由几何关系可以看出，要想对网络中所有未知节点进行定位，要求信标节点部署的数目多、分布均匀，这将导致整个无线传感器网络成本增大，维护困难。

2. DV-Hop 算法

距离向量-跳段（DV-Hop）定位算法类似于传统网络中的距离向量路由机制，其基本原理是：信标节点发送无线电波信号，未知节点接收到之后进行转发，直至整个网络中的节点都接收到该信号；相邻节点之间通信记为 1 跳，未知节点先计算出接收到信标节点信号的最小跳数，再估算平均每跳的距离，将未知节点到达信标节点所需要的最小跳数与平均每跳的距离相乘，计算出未知节点与信标节点之间的相对估算距离；最后，再用三边测量法或极大似然估计法计算该未知节点的位置坐标。

DV-Hop 算法的定位过程可以分为以下三个阶段。

（1）计算未知节点与每个信标节点的最小跳数

首先，使用典型的距离向量交换协议，使网络中的所有节点获得距离信标节点的跳数（distance in hops）。

信标节点向邻居节点发射无线电信号，其中包括自身位置信息和初始化为 0 的跳数计数值，未知节点接收到该信号后，与接收到的其他跳数进行比较，保留每个发送信号的信标节点的最小跳数，舍弃相同信标节点其他的跳数值，然后再将保留的每个信标节点最小跳数加 1 后进行转发。由此，网络中每个节点都可以得到每个信标节点到达自身节点的最小跳数。

（2）计算未知节点与信标节点的实际跳段距离

每个信标节点根据第一个阶段中记录的其他信标节点的位置信息和相距跳段数（hops），利用式（3-12）估算平均每跳的实际距离：

$$\text{Hopsize}_{\text{ave}}=\frac{\sum_{j\neq i}\sqrt{(x_i-x_j)^2+(y_i-y_j)^2}}{\sum_{j\neq i}h_j} \tag{3-12}$$

式中，(x_i,y_i)和(x_j,y_j)分别是信标节点 i、j 的坐标；h_j是信标节点 i 与$j(j\neq i)$之间的跳段数。

然后，信标节点将计算的每跳平均距离用带有生存期字段的分组广播到网络中，未知节点只记录接收到的每跳平均距离，并转发给邻居节点。这个策略保证了绝大多数节点仅从最近的信标节点接收平均每跳距离值，未知节点接收到每跳平均距离后，根据记录的跳段数来估算它到信标节点的距离：

$$D_i=\text{hops}\times\text{Hopsize}_{\text{ave}} \tag{3-13}$$

（3）利用三边测量法或极大似然估计法计算自身的位置

估算出未知节点到信标节点的距离后，就可以用三边测量法或极大似然估计法计算出未知节点的自身坐标。

将 1，2，3，…，n 个节点的坐标分别设为(x_1,y_1)，(x_2,y_2)，(x_3,y_3)，…，(x_n,y_n)，以上 n 个节点到节点 A 间的距离分别为$d_1,d_2,\cdots,d_n$，此时将节点 A 的坐标设为$(x,\ y)$，可得

$$\begin{cases}(x_1-x)^2+(y_1-y)^2=d_1^2\\ \quad\vdots\\ (x_n-x)^2+(y_n-y)^2=d_n^2\end{cases} \tag{3-14}$$

将式（3-14）中的前 $n-1$ 个方程分别减去最后一个方程，可得

$$\begin{cases}x_1^2-x_n^2-2(x_1-x_n)x+y_1^2-y_n^2-2(y_1-y_n)y=d_1^2-d_n^2\\ \quad\vdots\\ x_{n-1}^2-x_n^2-2(x_{n-1}-x_n)x+y_{n-1}^2-y_n^2-2(y_{n-1}-y_n)y=d_{n-1}^2-d_n^2\end{cases} \tag{3-15}$$

此时的线性方程组表示为 $\boldsymbol{AX}=\boldsymbol{b}$，其中

$$\boldsymbol{A}=\begin{pmatrix} 2(x_1-x_n) & 2(y_1-y_n) \\ \vdots & \vdots \\ 2(x_{n-1}-x_n) & 2(y_{n-1}-y_n) \end{pmatrix}$$

$$\boldsymbol{b}=\begin{pmatrix} x_1^2-x_n^2+y_1^2-y_n^2-d_1^2+d_n^2 \\ \vdots \\ x_{n-1}^2-x_n^2+y_{n-1}^2-y_n^2-d_{n-1}^2+d_n^2 \end{pmatrix}$$

$$\boldsymbol{X}=\begin{pmatrix} x \\ y \end{pmatrix} \tag{3-16}$$

对上式用最小二乘法求解，即

$$\boldsymbol{X}=(\boldsymbol{A}^{\mathrm{T}}\boldsymbol{A})^{-1}\boldsymbol{A}^{\mathrm{T}}\boldsymbol{b}$$

从而得出向量 $\boldsymbol{X}$ 所代表的未知节点的坐标。

DV-Hop 算法对硬件的要求很低，能够轻易地在无线传感器网络平台上实现；缺点在于用每跳平均距离来估算未知节点到信标节点距离的做法本身就存在明显的误差，定位精度难以保证。

3. APIT 算法

近似三角形内点测试法（Approximate Point-In-Triangulation Test，APIT）本质上是对质心算法的一种改进，其基本原理是：未知节点先得到所有邻近信标节点的位置信息，然后随机选取三个信标节点组成一个三角形，测试该三角形区域是否包含该未知节点，如果包含则保留，不包含则舍弃；不断地选取测试，直至所选取的包含该未知节点的三角形区域可以达到定位精度要求时才停止；再计算出选取到的三角形重叠后所形成的多边形的质心，并将此质心的位置作为该未知节点的位置坐标。APIT 算法的原理示意图如图 3-8 所示。

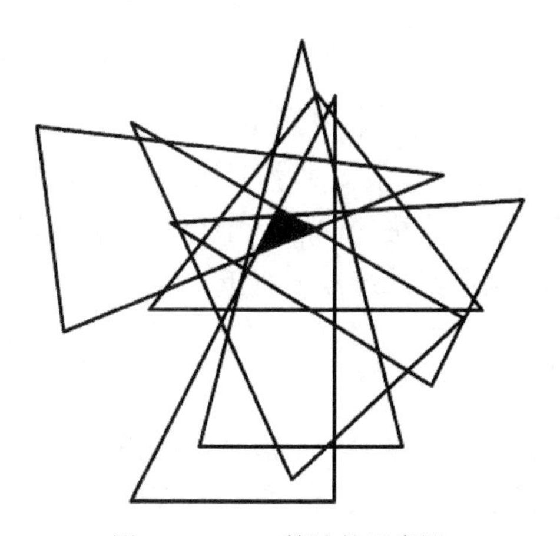

图 3-8　APIT 算法的示意图

算法中，需要测试未知节点是否包含于三角形，这里介绍一种十分巧妙的方法，其理论基础是最佳三角形内点测试法：如果存在一个方向，一点沿着该方向移动会同时远离或接近三角形的三个顶点，则该点一定位于三角形外，否则该点位于三角形内。将该原理应用于静态环境的 APIT 定位算法时，可通过利用该节点的邻居节点来模拟节点的移动，这要求邻居节点距离该节点较近，否则测试将出现错误。

APIT 定位算法的优点是：当信标节点发射的无线信号传播有明显的方向性且信标节点位置较为随机时，算法定位更加准确。其缺点在于需要无线传感器网络中有大量的信标节点。

4. 凸规划定位算法

加州大学伯克利分校的 Doherty 等人将节点间点到点的通信连接视为节点位置的几何约束，把整个模型化为一个凸集，从而将节点定位问题转化为凸约束优化问题，然后利用半定规划和线性规划得到一个全局优化的解决方案，从而确定节点位置，同时也给出了一种计算传感器节点有可能存在的矩形空间的方法。凸规划定位算法示意图如图 3-9所示，根据传感器节点与信标节点之间的通信连接和节点无线通信射程，估算出节点可能存在的区域（图中阴影部分），得到相应矩形区域，然后以矩形的质心作为传感器节点的位置。

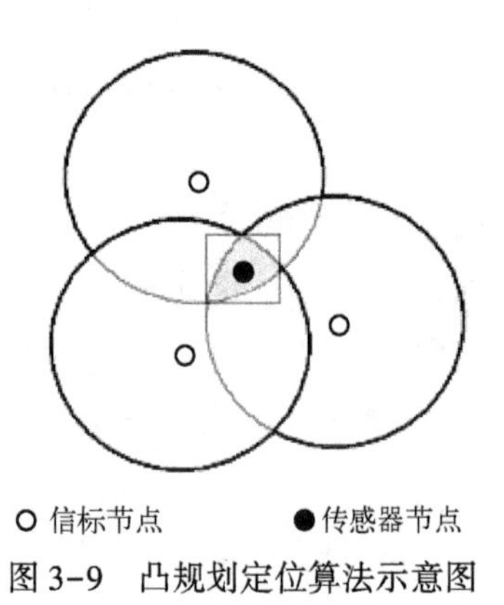

图 3-9　凸规划定位算法示意图

凸规划是一种集中式定位算法，定位误差约等于节点的无线射程（信标节点比例为 10%）。为了高效工作，信标节点需要部署在网络的边缘，否则外围节点的位置估算会向网络中心偏移。凸规划定位算法的优点在于定位精确性得到了很大提高，但缺点是信标节点在整个无线传感器网络区域中需要靠近边缘，且分布密度要求也较高。

3.2.4 分布式定位算法

在一些应用中，可能会部署成百上千个节点，规模较大，并且在实际应用中随着时间的变化，可能出现某些节点功能失效需要重新补充节点，构成新的网络拓扑，新加入节点也需确定自身位置，且不可能重新收集全网络信息等情况。对于这些情况，集中式算法无法很好应用，需要设计更通用的定位机制。本节针对上述问题，介绍基于混合禁

忌搜索的二阶段分布式定位算法，其执行过程可以分布到各个普通节点，普通节点仅通过与一跳或者多跳邻居节点通信，就可获取局部网络信息进行位置估计。

1. 问题分析

这里考虑的网络模型为随机生成的网络拓扑，各节点同构，全向通信，通信半径为 R，网络中具有一定比例的、预先获取位置的信标节点$A_1,A_2,\cdots,A_m$，普通节点$X_1,X_2,\cdots,X_n$到信标节点的测量距离d_i使用 DV-distance 方法获取。各信标节点首先广播位置信息包，包含标识 ID、位置、累积距离、跳数等信息，其他节点接收位置包后使用测距技术进行距离估计，若接收到新的信标节点 ID，则直接存储；若此次接收包中的距离值小于已存储的，则进行更新。若传输的跳数小于最大跳数，进行距离累加，跳数增 1 后转发收到的位置信息包，否则删除。当节点等待一定时间后，使用获取的信标节点信息进行位置估计。假定普通节点X_i的估计位置为$(\bar{x},\bar{y})$，则节点定位可归结为使式（3-17）最小的无约束优化问题。

$$F=\sum_{i=1}^{m}\left[\sqrt{(\bar{x}-x_i)^2+(\bar{y}-y_i)^2}-d_i\right]^2 \tag{3-17}$$

式中，(x_i,y_i)为信标节点的位置。针对此优化问题，运用二阶段定位算法：首先，根据信标节点信息获取初始位置，接着以此初始位置为初始解，以式（3-17）为适配值函数，采用禁忌搜索和模拟退火结合的混合策略进行最优解搜索；同时，考虑信标节点位置对定位误差的影响，设计了一个选择算子，仅选出三个合适的信标节点参与位置估计。以下给出详细介绍。

2. 选择算子

通过分析信标节点位置对定位精度的影响，指出如果信标节点共线或接近共线，测距误差对定位精度的影响较大；若信标节点均匀分布在普通节点周围（即构成以普通节点为中心、信标节点为顶点的正多边形），就能够有效地减小定位误差。为了提高定位精度、减少计算开销，利用三角形相关性质设计信标节点选择算子，选出三个呈相对均匀分布的信标节点参与定位。由于在定位算法中，基于信标节点信息来生成搜索区域，若使用均匀分布的信标节点的信息来构建，那么邻域解能够很好地分布在节点真实位置周围，增加获取最优解的可能性。再者，定位只是应用的基础，如果仅使用选出的相对均匀分布的节点进行数据的转发，既能保证很好的感知覆盖，又能节约传输能耗。图 3-10 为参考点构成的不同情形的三角形。$\triangle ABC$ 是正三角形，为理想分布，$\triangle ABD$ 的顶点相对接近共线。显然，若三点接近共线则必然存在某个角度较小。设$\triangle ABD$ 的内角为 r_1，若 r_1 变化到 r_2，由于三角形内角和不变，三内角的差别将相对变小，分布也相对均匀，最好的情况是呈正三角形分布。因此，在进行信标节点的选择时，可选择信标节点所形成的三角形中具有最大的最小内角者。

根据三角形性质可知，三角形中最小内角小于 60°，正弦值为单调增，因此可使用正弦值代替角度作为选择标准。由三角形正弦定理可知，最小内角必定对应最小边，结

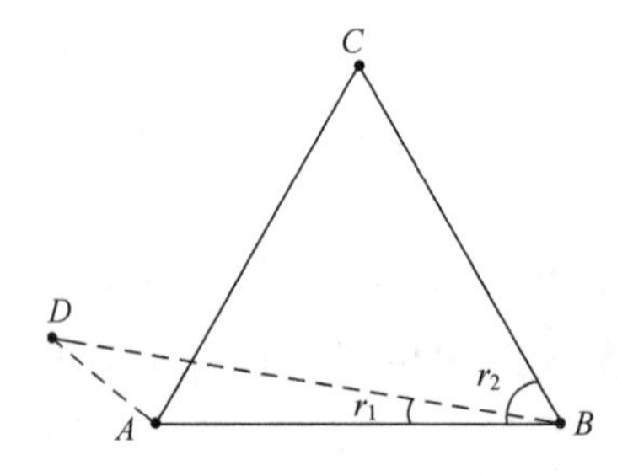

图 3-10　信标节点构成三角形的示意图

合余弦定理，可定义一个节点选择算子 ΔE（最小角度所对应的正弦值），其中 q 表示信标节点构成的三角形中的最短边，s 和 t 是另外的两个较长边：

$$\Delta E=\sqrt{1-(\cos\alpha)^2}=\sqrt{1-\left(\frac{s^2+t^2-q^2}{2st}\right)^2} \tag{3-18}$$

若信标节点距离普通节点较近，将有助于提高定位精度，因此可加入距离因素，得到选择算子：

$$\Delta E'=\Delta E/[(d_1+d_2+d_3)/(3\cdot \text{maxHop}\cdot R)] \tag{3-19}$$

式中，d_1、d_2、d_3为到三个信标节点的测量距离；maxHop 表示位置信息的最大传输跳数，它与传输半径的乘积用来对到信标节点的平均距离进行标准化。当信标节点位置信息的转发完成后，根据接收的信标节点信息，利用式（3-19）进行节点选择，选择使得 $\Delta E'$值最大的三个信标节点参与定位，式（3-17）可改为

$$F=\sum_{i=1}^{3}\left[\sqrt{(\bar{x}-x_i)^2+(\bar{y}-y_i)^2}-d_i\right]^2 \tag{3-20}$$

3. 混合禁忌搜索定位算法

禁忌搜索算法具有较强的“下山”能力，易陷入局部最优解，可融入模拟退火算法，以一定概率方式接受劣解，跳出局部最优解，从而收敛到全局最优解。而单纯的模拟退火算法具有一定的随机性，可能陷入循环搜索，结合禁忌搜索算法，可大大消除陷入循环的可能，从而扩大搜索范围，提高搜索效率。因此，运用了一种模拟退火和禁忌搜索相结合的混合禁忌搜索定位算法（简称 TSAS），并且使用修改的 BoundingBox 方法给出初始解，限定了邻域解区间，可进一步提高搜索效率。

（1）初始解

信标节点位置信息的转发完成后，若接收到的信标节点数目小于 3，等待一定时间后检测邻节点定位状态，若邻节点定位成功，则邻节点可作为新的信标节点；若信标节点数大于 3，则使用式（3-19）在信标节点的所有组合中，选出使式（3-19）取最大值的三个信标节点 S_1、S_2、S_3；若信标节点数小于 2，定位失败；等于 2 或 3 直接进入下一步骤，使用修改的 BoundingBox 方法获取初始解，分别以三个信标节点为中心，以定位节点到各信标节点的测量距离的二倍为边长作正方形，得到三个方形区域的交集 S_{area}，如图 3-11 所示。

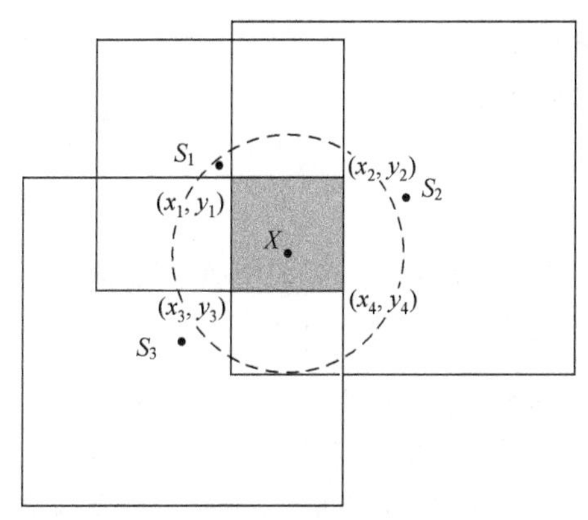

图 3-11　信标节点的交集

假定 S_{area}的顶点坐标分别为$(x_1,y_1),(x_2,y_2),(x_3,y_3),(x_4,y_4)$，则普通节点 X 的估计位置为$(\bar{x},\bar{y})=((x_2-x_1)/2,(y_3-y_1)/2)$，以此估计位置作为混合算法的初始解，即对搜索算法中的当前解 S_{cur}进行初始化。为了避免遗失最优解，在搜索过程中记录中间最优解 S_{best}，S_{best}也以此值进行初始化，加入禁忌表。

（2）邻域解的生成

邻域解的产生在搜索算法中是个关键问题，常用的方法有对当前解进行随机扰动或定步长扰动，使用动态步长的随机扰动方法，步长按照 $\Delta d=\text{JitFactor}\cdot\Delta d$ 进行变化，以均匀概率分布方式在以当前解为中心、以 $2\cdot\Delta d$ 为边长的方形区域 R_{area}内随机生成长度为 Num 的邻域解集 $N(S_i)$，其中 JitFactor 为扰动因子，且 JitFactor<1，Δd 的初值为 R。定位开始阶段，Δd 较大，搜索范围也较大，容易跳出局部最优解，随着算法迭代的执行，所获取的当前解也越来越接近最优解。此时再使用较小范围的搜索，加快算法的收敛。为了进一步减少搜索的盲目性，减小搜索空间，提高搜索效率和定位精度，可使用 $R_{area}\cap S_{area}$限定邻域解的产生区间。

（3）接受准则

禁忌搜索仅向着适配函数值降低的方向扰动，具有较强的“下山”能力，易陷入局部最优解，可结合模拟退火算法中经典的 Metropolis 接受准则，提高“爬山”能力，达到全局最优：

$$P_i(S_{cur}\to S_i)=\begin{cases}1, & F(S_{cur})>F(S_i)\\ \exp\{[F(S_{cur})-F(S_i)]/T_k\}, & F(S_{cur})\leqslant F(S_i)\end{cases} \tag{3-21}$$

式中，S_{cur}表示当前解；S_i 表示新的邻域解；T_k 表示当前温度，$T_{k+1}=\lambda T_k$ 为退温函数。具体描述为：当产生邻域解集后，以式（3-20）为适配置函数计算每个解的适配值，并以适配值递增排序，依次遍历各邻域解，若此邻域解适配值小于目前最优解的适配值（或者小于当前解的适配值且此邻域解为非禁忌解），则替换为当前解；如果小于目前最优解适配值，则同时更新目前最优解；若此邻域解为非禁忌的，但此邻域解的适配值大于当前解的适配值，即 $\exp\{[F(S_{cur})-F(S_i)]/T_k\}\geqslant\text{random}[0,1]$，则接受此邻域解为当前解。

产生新的当前解后，更新禁忌表，禁忌表使用长度为 L 的队列结构；当链表已满时，删除最早的禁忌对象，遵循先进先出原则。当温度大于最小温度时，迭代此过程。

3.2.5 未来的研究方向

随着刚性理论的引入，定位理论迅速形成并逐步完善，目前已经形成了较为完整的理论体系，并在指导定位算法设计的过程中发挥了巨大的作用，成为一个新的研究热点。未来定位理论和算法还有极大的研究空间，总结如下。

1）定位理论方向。定位理论仍然存在很多开放问题，比如对于非可定位网络中哪些节点是可定位的判别，定位理论只能给出充分不必要条件；此外，对于高维空间的可定位性问题，定位理论还不能给出充要的结论；最后，对于存在测距误差的情况，定位理论的相关研究还很缺乏。

2）定位算法方向。首先，找出能够达到理论极限的定位算法；其次，找到定位算法复杂度和定位能力的折中，在多项式时间复杂度约束下尽可能地提高定位性能。

3）误差处理方向。首先，需要研究在保证定位结果鲁棒性的情况下最大化定位性能；其次，是定量地分析结果误差同测距误差的关系，进而能够提供有误差保障的定位服务。

3.3 数据管理

基于无线传感器网络的任何应用系统都离不开感知数据的管理和处理技术，无线传感器网络数据管理和处理技术是确定其可用性和有效性的关键技术，关系到传感器网络的成败。对于观察者来说，传感器网络的核心是感知数据，而不是网络硬件。观察者感兴趣的是传感器产生的数据，而不是传感器本身。观察者不会提出这样的查询：“从 A 节点到 B 节点的连接是如何实现的?”，他们经常会提出如下的查询：“网络覆盖区域中哪些地区出现有毒气体?”。在传感器网络中，传感器节点不需要地址之类的标识，观察者不会提出查询：“地址为 27 的传感器的温度是多少?”，他们感兴趣的查询是，“某个地理位置的温度是多少?”。综上所述，传感器网络是一种以数据为中心的网络。

以数据为中心的无线传感器网络的基本思想是，把传感器视为感知数据流或感知数据源，把传感器网络视为感知数据空间或感知数据库，把数据管理和处理作为网络的应用目标。传感器网络以数据为中心的特点使得其设计方法不同于其他计算机网络，其设计必须以感知数据的管理和处理为中心，把数据库技术和网络技术紧密结合，从逻辑概念和软、硬件技术两个方面实现一个高性能的、以数据为中心的网络系统。为用户或观察者提供一个有效的感知数据空间或感知数据库管理和处理系统，使用户如同使用通常的数据库管理系统和数据处理系统一样自如地在无线传感器网络上进行感知数据的管理和处理。

感知数据管理与处理技术是实现以数据为中心的无线传感器网络的核心技术，包括传感器网络数据的存储、查询、分析、挖掘、理解以及基于感知数据决策和行为的理论

和技术。传感器网络的各种实现技术必须与这些技术密切结合，融为一体，而不是像目前其他网络设计那样分而治之。只有这样，我们才能够设计并实现高效率的、以数据为中心的传感器网络系统。

显然，感知数据管理和处理技术的研究是一项实现高效率无线传感器网络的重要和关键的任务，到目前为止，尚存在大量的问题需要解决。

3.3.1　数据管理概述

无线传感器网络的特点要求数据管理算法的设计以能量、时间和空间复杂性最小化为目标，充分考虑系统的分布式特性、鲁棒性、自适应特性等。相对于传统数据库，传感器网络的数据管理技术面临更多的挑战，其与传统的分布式数据库管理的区别主要体现在以下几个方面。

1）无线传感器网络的感知数据是连续无限流数据，数据分布的统计特征是不确定的，而传统的分布式数据库的数据往往是间断有限的，且数据分布特征已知。因此，无线传感器网络需要新的数据管理系统来实现感知数据的存储和查询等。

2）传感器网络拓扑结构具有不确定性，传感器节点的存储容量、计算能力和电池能量都非常有限，节点的能源优化管理是数据管理系统的一个重要研究课题。

3）传感器节点的感知数据存在误差。为了使感知数据可靠有效，无线传感器网络数据管理系统需要提供处理数据误差的机制。

由于无线传感器网络的数据量极其庞大，同时受到节点通信带宽、存储容量、计算能力和能源等限制，传统的数据管理系统采用的集中式处理方式并不适用于传感器网络。为了有效地利用节点能源，延长网络寿命，无线传感器网络数据管理需要能源有效的网内处理算法，以实现高效的查询处理和数据管理。

3.3.2　系统结构

无线传感器网络的体系结构主要由节点本身的资源（通信能力、存储容量和电源等）限制和目标应用的功能决定，目前网络系统结构主要有集中式结构、分布式结构和半分布式结构三种类型。

（1）集中式结构

在集中式结构中，感知数据经过节点预处理后，被传送到离线的中心服务器聚集、存储，然后利用传统的查询方法在中心服务器中进行数据查询，这种结构容易部署，因此目前大多数的实际监测应用网络采用集中式结构的数据管理系统。但是，这种结构主要存在两个缺点：一是结构适应性不高，用户不能根据需求改变其动态性能要求，因此该结构被称为 dumb㊀系统；二是数据集中过程中的通信开销会极大地消耗节点能量，

㊀ 中文意思：哑的，无说话能力的。——编辑注

网络寿命较短。

（2）分布式结构

分布式结构假设传感器节点有着和普通计算机相同的计算和存储能力，并将计算和通信全部集成到传感器节点上。该结构只适用于基于事件的查询，系统通信开销大。由于目前的硬件水平尚不能达到其假设的要求，因此这类结构仅处于仿真阶段。

（3）半分布式结构——层次式结构

典型传感器网络的系统结构包括资源受限的传感器节点群组成的多跳自组织网络、资源丰富的汇聚节点、互联网和用户界面等，半分布式结构的示意图如图 3-12 所示。

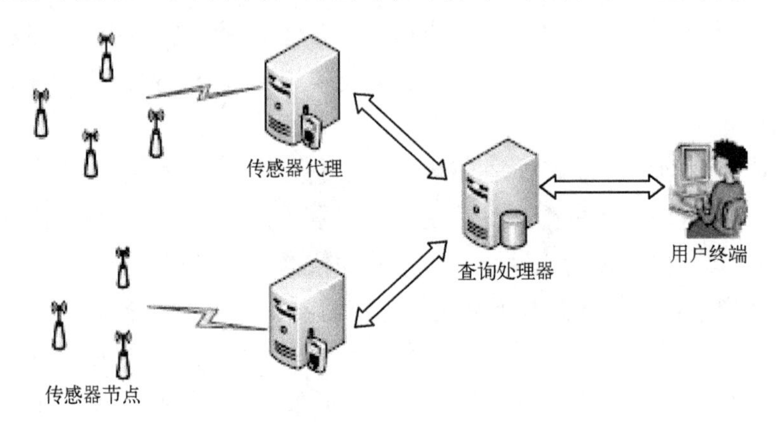

图 3-12　半分布式结构的示意图

在传感器网络层，每个传感器节点都需要完成以下三项任务：

1）从代理网络层接收命令。

2）在本地节点进行计算。

3）将处理后的数据传送到代理网络层。

网络代理完成以下五项任务：

1）从终端接受用户输入的查询命令并解析优化查询命令。

2）向网络层发送解析优化后的查询请求。

3）从网络层接收查询请求所返回的感知数据。

4）处理查询到的数据。

5）对查询结果做最后的处理，并将最终结果返回给终端用户。

层次式结构将计算和处理数据的开销分摊到各个代理节点上，使得多个代理节点共同承担计算、通信的开销，从而延长网络的生存期。

3.3.3 数据存储与索引技术

为了将无线传感器网络的外部逻辑与内部物理实现分离开，使用户可以不用了解网络的内部硬件实现与物理逻辑便可以方便有效地对网络的数据进行访问，需要对无线传

感器网络数据进行有效的管理，内容涉及数据模式、查询语言、数据存储、数据查询的分发与优化、数据融合等，其中数据存储、数据查询这些方面直接影响到传感器网络的效率、系统的性能等。

1. 无线传感器网络数据

（1）数据类型

1）观测值（Observation）：由传感器节点直接感知到的数据读数，如温度值和压力值，观测值一般情况下不能直接与网络外部进行通信操作。

2）事件（Events）：由一系列观测值构成，通常是提前定义好的，如动物监测。在无线传感器网络中，通过对低级的观测值的操作处理可以得到事件，事件也可以由其他一些事件构成，如高级事件可由几个低级事件组成，用户可以直接查询事件。

（2）数据存储方法

根据监测节点感知到的数据在网络中的存储位置的不同，无线传感器网络数据存储的方法可以分为以下三种：本地存储、外部存储、以数据为中心的存储方法。

1）本地存储：即传感器监测数据存储在产生数据的本地节点中。存储感知数据时节点不需要消耗额外的通信能量，但是当用户查询时，网络需要消耗大量的能量将分布在网络中的各类数据传送给用户，此时这种方法不仅会消耗大量的通信能源，而且会延长查询时延，增加了查询的困难。

2）外部存储：即将所有监测节点感知到的数据传送到网络外部的数据库节点上保存。当监测节点频繁感知到大量数据时，需要频繁地传送大量的数据到外部的数据库节点，这将消耗许多能量，造成不必要的冗余数据传输；与外部数据库节点邻近的节点可能因为频繁传送数据而消耗太多的能量，导致过早失效或损坏；当感知数据的访问频率远远高于数据存储的频率时，或者用户关心的只是少部分数据时，外部存储方法就不适用了，因为大部分传送的数据都是冗余的；且当查询频率高于数据存储频率时，用户可能无法查询到他想要的数据，比如“用户每5 min查询一次温度值”，而网络中的感知数据每10 min才将数据传送到外部传感器节点，此时无法保证用户查询的准确性。

3）以数据为中心的存储：即将网络中监测节点感知到的数据根据数据所属的事件类型，通过某种映射方法存储到对应映射地理位置的传感器节点上，使得同一节点存储的数均为同一类型的数据，查询时可以很方便地通过对应的映射方法从相应的节点中获取对应的感知数据。以数据为中心的存储方法不仅没有本地存储带来的查询困难和外部存储带来的存储能耗浪费等问题，而且有效地避免了查询命令的泛洪和广播，减少了数据传输的盲目性，如今大多数研究学者们都更加倾向于研究以数据为中心的存储方法。

（3）数据处理操作

1）任务（Task）：用于发出指令，要求节点完成本地认证操作。有些任务比较简单，如获取温度值；有些任务比较复杂，如由一系列的读数值中识别一个动物。

2）操作（Action）：识别事件后，节点可以对事件信息执行三种操作：将信息存储

在网络外部、存储在网络内及使用以数据为中心的存储方式，这三种操作分别对应三种类型的数据存储方式。

3）查询（Query）：从无线传感器网络中提取出事件信息。查询方式与操作方式有关，即不同的存储方式需要不同的查询方法。

2. 以数据为中心的存储技术

以数据为中心的存储技术（Data-Centric Storage，DCS）使用数据名来存储和查询数据。数据命名的方法很多，如层次式命名法和“属性-值”命名法，具体的应用可根据需求采用不同的命名方法。数据存储通过数据名到传感器节点的映射算法实现。

DCS 按照事件的命名存储数据，这个命名为键。DCS 提供一个基于键-值对的存储形式，事件的存储和索引都利用键完成。DCS 是一种与命名无关的存储方式，即任意命名方式都能满足用于区分不同事件的需求。DCS 支持以下两种操作：Put 和 Get。Put(k,v)根据键 k（数据的名字）存储观测值 v；Get(k)表示索引与 k 有关的数值。

无线传感器网络是一个分布式网络，DCS 设计的首要标准是可适用性和鲁棒性，无线传感器网络的一些特性给 DCS 的设计带来了一些挑战，如节点故障、网络拓扑结构的变化和节点的能源有限等，这些特点使得 DCS 的设计必须满足以下标准。

1）持久性：存储在系统中的键-值对必须对查询有效，即使在某些恶劣的环境下，如节点发生故障或系统拓扑结构发生改变，键-值对也必须对查询有效。

2）一致性：对键 k 的查询必须对应到目前存储该键的节点上，如果存储该键的节点发生改变（如出现故障），则查询和存储也必须更新到一个新的节点，以保证一致性。

3）数据库大小可扩展性：随着系统的增加，不能将其集中存储于同一个节点。

4）节点数量可扩展性：随着系统中节点数目的增加，系统的存储容量也必须相应增加。然而，对通信开销必须有所限制，防止出现通信热点。

5）拓扑结构适用性：要求系统在不同的网络拓扑结构下工作时性能良好。

地理散列函数算法是一种能满足上述要求，且目前使用较为广泛的、以数据为中心的数据存储方法，该方法主要有两个步骤：第一步为使用地理位置散列表（Geographic Hash Table，GHT）将一个数据的键映射为一个地理位置，具有相同散列地理位置的数据将被存储在同一个传感器节点上。因此，键的选取对系统的性能有很大的影响，也决定了地理散列方法所支持的查询类型；第二步利用贪婪周边无状态路由（Greedy Perimeter Stateless Routing，GPSR）算法，将数据存储到距离散列位置最近的传感器节点上，存储感知数据的某个传感器节点成为该数据的主节点。GHT 采用简单的周边更新协议（Perimeter Refresh Protocol）来保持主节点和周围传感器节点的联系，增强了算法的鲁棒性，避免因主节点失效和新节点的加入导致主节点发生改变而产生的误差。

3. 索引技术

由于传感器节点规模庞大，感知的数据量也是非常繁多，若是将所有节点中的感知

数据都传递到存储节点保存将会消耗大量的能源，而且大量的数据也增加了数据检索的困难。为了减少网络存储数据消耗的能源，提高数据检索的效率，可以采用索引技术将繁多的感知数据用更小数据量的索引表示，并对索引进行排序，因此索引有效地降低了数据检索的困难，提高了数据查询的效率，减少了保存繁多感知数据的能源消耗。索引的设计需要根据数据存储方法和系统的应用需求，表示为根据查询请求检索数据的算法，检索数据时可以通过查询索引来寻找所需要的数据。

DIMENSIONS 系统采用以数据为中心的存储概念，构建存储层次，采用空间分解技术对数据建立索引，该索引技术利用数据的小波系数来处理大规模数据集上的近似查询，支持给定时间和空间范围的多分辨率查询。无线传感器网络用户除了时空聚集和精确匹配查询外，也需要进行区域查询。

DIFS（Distributed Index for Features in Sensor Network）是一种支持区域查询的一维索引结构，它综合利用 GHT 技术和空间分解技术构造了多根层次结构树。该索引方法具有两个特点：第一，层次结构树具有多个根，解决了 DIMENSIONS 系统的单根造成的通信瓶颈问题；第二，数据沿层次结构树向上传播聚集，减少了不必要的数据发送。DIFS 仅支持两个属性上的具有区域约束条件的查询，即二维查询。

DIM（Distributed Index for Multi-dimensional Data）是支持多维查询处理的分布式索引结构，它使用局部保持的地理散列函数来实现数据存储的局限性。无线传感器网络中每个节点都为自己分配一个子空间，每个子空间的感知数据存储在该子空间内的节点上。DIM 的缺陷是仅适用于节点和感知数据都是均匀分布的情况，当感知数据在其取值范围内非均匀分布时会产生热点问题。采用直方图的设计思想，调整多维数据各个维的划分点，由此来平衡每个节点的数据存储量，达到负载平衡，可以有效地解决热点问题。

3.3.4 查询处理技术

数据查询主要是指结合有效的存储方法，高效、节能地实现查询处理。在无线传感器网络中，用户通过对感知数据的查询和分析检测各种物理现象。目前对无线传感器网络的数据查询主要分为两类：动态数据查询和历史数据查询。在动态数据查询中，数据仅在一个小的时间窗内有效；而历史数据查询则是对检测到的历史数据进行检测、分析走势等，此类查询通常认为每个数据都是同等重要的，是不可缺少的。

1. 动态数据查询

大量的数据管理系统和技术都支持动态数据查询，如 TinyDB、Cougar 和 Directed Diffusion 都为连续查询提供了数据下推过滤技术，使得查询过程中的数据处理在感知节点处进行，并且只传输最终结果。这种查询方式减少了通信次数，延长了网络寿命。具体的查询过滤技术不仅支持基于事件的查询，也适用于基于生命周期的查询。采集查询处理（AQP）技术同样支持动态数据查询。根据查询的需求，AQP 技术可以决定查询节点、采样属性和采样时间，避免不必要的数据采集。在 TinyDB 中，节点可以决定回复查询的采样顺序，且消耗最少的能量。

2. 历史数据查询

相对于动态数据查询，关于历史数据查询的相关研究较少，主要分为两类：第一类是集中式查询，它将网络内的所有感知数据聚集并存储到网外的中心数据库中，应用传统的数据库查询方式从中心数据库中查询所需的数据。由于易于布置实施，实际监测系统大多采用集中式存储和查询，但是这种方式容易产生热点，影响网络性能和寿命，集中式查询方式仅适用于传感器能量充足且数据采集周期长的应用环境。第二类是分布式查询，查询请求被传送到网络中，甚至直接传送到存储所需查询数据的主节点。由于是在传感器节点上进行数据处理，且只有相关数据被传送给用户，减少了通信量，因此分布式查询被认为更节能，但是由于传感器节点计算能力、存储容量等方面的限制，使得该类方法未能真正实现，目前还只是停留在仿真阶段。

3.3.5 未来的研究方向

随着物联网和云计算技术的应用，传感器数据、网站点击流量数据、移动设备数据、RFID 数据等应用数据的数据量从 TB 级向 PB 级乃至 ZB 级快速增长。当前许多大数据技术（如 Hadoop、MapReduce）都来自开源社区（如 Google 和 Yahoo），并且由致力于大容量信息高效处理研究的互联网志愿者进行开发。这些技术在成熟度、安全性和可访问性方面都不及传统数据库和数据管理套件，且用于协助数据仓库和分析人员熟悉这些软件环境的补充分析工具也很有限。当前大数据技术的局限使得无线传感器网络累积的大量数据无法形成良好的用户体验，传感数据处理的实时性、先验知识的设计、动态变化环境中索引的设计，以及如何在大规模、多类型的数据中探寻可能的目标价值数据并进行分析等系列技术问题都面临着挑战。

3.4 目标跟踪

目标跟踪问题可以追溯到第二次世界大战前夕，即从 1937 年世界上出现第一部跟踪雷达站开始。之后，各种雷达、红外、声呐和激光等目标跟踪系统相继出现、发展并且日趋完善，由传统的单传感器、单目标跟踪逐渐发展到单传感器、多目标跟踪，直到现在的多传感器、多目标跟踪。目标跟踪技术无论是在军事还是在民用领域都有着重要的应用价值：在军事上，它可以应用于导弹系统、空防、海防、区域防御和作战监视等；民用方面，可以用于动物迁徙监测研究、生物习性研究、医疗监测、智能玩具、汽车防盗、城市交通管制系统等。

目标跟踪是指为了维持对目标当前状态的估计，同时也是对传感器接收的量测进行

处理的过程。目标跟踪处理过程所关注的通常不是原始的观测数据，而是信号处理子系统或者检测子系统的输出信号。和目标定位技术相比，目标跟踪是一个动态过程，其核心的滤波算法可以看作一个时间和空间上的数据融合过程，能有效利用历史和当前量测数据，因此目标跟踪比目标定位具有更强的抗干扰性及更优的估计性能，尤其是在对运动目标的监控中具有很大的优势。

3.4.1　目标跟踪概述

由于传感器节点体积小、价格低廉，传感器网络采用无线通信方式，可随机部署，具有自组织性、鲁棒性和隐蔽性等特点。因此，无线传感器网络非常适合于移动目标的定位和跟踪。随着研究的深入，无线传感器网络在目标跟踪应用中的优势越来越明显，归纳起来，包括以下几点。

1）跟踪更精确。密集部署的传感器节点可以对移动目标进行精确传感、跟踪和控制，从而可以更详细地显示移动目标的运动情况。

2）跟踪更可靠。由于无线传感器网络的自治、自组织和高密度部署，当节点失效或新节点加入时，可以在恶劣的环境中自动配置与容错，使得无线传感器网络在跟踪目标时具有较高的可靠性、容错性和鲁棒性。

3）跟踪更及时。多种传感器的同步监控，使得移动目标的发现更及时，也更容易。分布式的数据处理、多传感器节点协同工作，使跟踪更加全面。

4）跟踪更隐蔽。由于传感器节点体积小，可以对目标实现更隐蔽的跟踪，同时也方便部署应用。

5）成本低。单个传感器节点的成本低，从而降低了整个跟踪的成本。

6）耗能低。传感器节点的设计和无线传感器网络的设计都以低耗能为主要目标，这使得在野外工作等没有固定电源或更换电池不便的跟踪应用更加便捷。

1. 基本原理

无线传感器网络由大量体积小、成本低，具有感测、通信、数据处理能力的传感器节点构成，自组织成网络后，经过多条路由将数据传输到数据中心，供用户使用。在不同的应用中，传感器节点的组成不同，但传感器节点都配有传感器模块、处理器模块、无线通信模块和能量供应模块，其中处理器大都选用嵌入式 CPU，通信模块采用休眠/唤醒机制，各模块由一个微型操作系统控制。

当有目标进入监测区域时，由于目标的辐射特性（通常是红外辐射特征）、声传播特征和目标运动过程中产生的地面振动特征，传感器会探测到相应的信号。下面定性地讨论现有的三种跟踪策略，以比较其跟踪目标的有效性、节能性及网络寿命。

1）完全跟踪策略：网络内所有探测到目标的传感器节点均参与跟踪。显然，这种策略消耗的能量很大，造成了较大的资源浪费，为数据融合与消除冗余信息增加了负担，但同时这种方法也提供了较高的跟踪精度。

2）随机跟踪策略：网络内每个节点以其概率参与跟踪，整个跟踪以平均概率进行跟踪。显然，这种策略对参与跟踪的节点数目进行了限制，因而可以降低能量消耗，但是无法保证跟踪精度。

3）协作跟踪策略：网络通过一定的跟踪算法来适时启动相关节点参与跟踪。通过节点间相互协作进行跟踪，既能节约能量又能保证跟踪精度，显然，协作跟踪策略是跟踪算法的最好选择。

为了对跟踪策略有一个基本的理解，首先简单说明一个目标被跟踪的情况。假定一个物体进入了事先布置和组织好的无线传感器网络监测区域，如果感测信息超出了阈值，这时每一个处于监测状态的传感器节点都能探测到物体，然后把探测信息数据包发送给汇聚节点；汇聚节点从网络内收集到数据后对信息进行融合，得出物体是否需要被跟踪的结论，如果目标的确需要被监控，传感器网络在监测区域内将使用一个跟踪运动目标的算法，随着目标的运动，跟踪算法将及时通知合适的节点参与跟踪，简要过程如下。

1）网络内节点以一定的时间间隔从休眠状态转换到监测状态，监测是否有目标出现。

2）传感器节点检测到目标进入探测范围后，通过操作系统唤醒通信模块并向网络内广播信息包，记录目标进入区域所持续的时间，信息包中含有传感器节点 ID 和传感器位置坐标以及目标在探测范围内持续的时间。

3）当汇聚节点接收到 K 个节点发送的信息后，由目标跟踪公式计算出目标位置。

4）汇聚节点根据接收到的信息和融合信息，通过使用跟踪算法启动相应的节点参与跟踪。

5）当目标离开监测区域时，节点向汇聚节点报告自己的位置信息以及目标在节点探测范围内所持续的时间，汇聚节点综合历史数据和新信息形成目标的运动趋势。

2. 跟踪策略设计要素

无线传感器网络目标跟踪涉及目标探测、目标定位、通信、数据融合、跟踪算法的设计等。在跟踪过程中，如果选择不合适的节点参与跟踪，不但跟踪精度较低甚至有可能丢失目标，而且会过多地消耗不必要的能量。同时，算法的优劣也直接影响着跟踪的效果。衡量一个跟踪策略是否具有较好的跟踪效果，需要考虑以下问题。

1）跟踪精度。跟踪精度是目标跟踪中首先要考虑的问题，当然并不是跟踪精度越高就越好，精度越高意味着算法融合的数据越多，这样会增加能量消耗，所以还要结合能量消耗，综合评价跟踪算法的优劣。

2）跟踪能量消耗。由于用无线传感器网络跟踪的目标大都应用于实际环境，节点的能量消耗是一个非常关键的问题，因而要求传感器节点最好不但能储备能量（电池），而且还能根据实际情况进行现场蓄能（太阳能）。跟踪过程中选择合适的节点参

与跟踪时，需要考虑该节点的通信能量消耗、感测能量消耗和计算能量消耗，其中通信能量消耗是最主要的部分。在设计跟踪算法时要综合衡量这几种能量消耗，找到合适的比重，以满足较低的能量消耗，从而延迟节点和网络的寿命。

3）跟踪的可靠性。网络的可靠性对目标跟踪的质量有很大的影响。当前应用于目标跟踪的方法主要有集中式和分布式：集中式方法要求所有节点在探测到目标后都要向汇聚节点发回探测结果，不但通信开销大，而且计算开销也增加很多，网络的可靠性下降很快；分布式方法是一种较好的选择，但是也要充分考虑跟踪算法的鲁棒性，使其能够适应环境的变化，以增强网络的可靠性。

4）跟踪的实时性。在实际应用中跟踪的实时性是一个很重要的指标，实时性主要由硬件性能、算法的具体设计以及网络拓扑等多方面决定，在硬件技术飞速发展的今天，算法的实时性与网络拓扑结构的选择便越发显得重要。

3.4.2　目标跟踪的主要技术

由于无线传感器网络具有很多独有的特性，因此，传统的跟踪算法并不适用于传感器网络。许多研究者开始从无线传感器网络的分布式特点着手，致力于减少网络能耗，提高跟踪精度，图 3-13 所示为目标跟踪系统的五大关键技术。

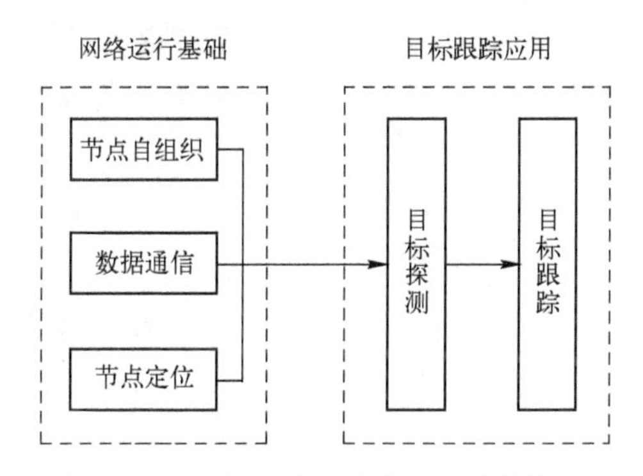

图 3-13　目标跟踪系统的五大关键技术

1. 节点自组织

传感器节点采用随机布置的方式，无法事先确定节点的位置和相互联系，所以传感器网络需要通过自组织的方式，形成一个功能完备的网络系统。节点自组织就是要采取有效的方式进行自我管理，同时确保网络稳定性，具有可扩展性，为目标跟踪系统提供运行基础。这些节点的自我管理方法、节点分簇的依据以及簇头的选举方法也是科研工作者研究的重点。

目前最流行的组织形式是把整个网络划分为多个子网，每个子网称为一个簇，由一个簇头节点负责管理，所有成员节点只向本簇头汇报数据；簇头把这些数据融合后再向汇聚节点上报，这样就避免了大量的远程通信。

2. 数据通信

信息传输是节点交换信息的过程，探测区域内的传感器节点需要把目标信息上报到汇聚节点。目标感知消息中通常包含节点 ID、节点自身位置以及该节点探测到的目标信号强度。邻居节点对收到的数据包进行转发，保证数据传输畅通。及时地把目标信息上报到汇聚节点，是通信系统的主要工作。根据不同的网络结构和数据传输模型，目前的路由算法可以分成以下四类。

1）泛洪方式（Flooding），这一类的代表为 SPIN 协议，该协议注意到邻节点所感知的数据具有相似性，所以通过节点间协商（Negotiation）的方式，只广播其他节点所没有的数据以减少冗余数据，从而有效减少能量消耗。同时，SPIN 还提出使用元数据（meta-data，是对节点感知数据的抽象描述）而非原始感知数据来交换节点感知事件的信息。

2）集群方式（Clustering），这一类的代表为 LEACH 协议，该协议主要是根据节点接收到的信号强度进行集群分组，LEACH 算法是完全分布式的，数据的传输延迟小；然而，因为假设所有簇头节点都能直接与汇聚节点通信，所以不适合大范围的应用，同时集群分组方式带来了额外开销以及覆盖问题。

3）地理信息方式（Geographic），这一类的代表为 GEAR 协议，该协议在 Directed Diffusion 算法的基础上做了一系列改进，考虑到传感器节点的位置信息，在 interest 报文添加地址信息字段，并根据地址信息字段将 interest 向特定方向传输以替代原泛洪方式，从而显著节省能量消耗。

4）基于服务质量方式（QoS），这一类的代表为 SAR 协议，该协议第一次在路由算法层次引入了 QoS 的概念。算法以汇聚节点的邻节点为根，生成多个树状结构，到达远端传感器节点。数据包传输的时候，SAR 协议根据 QoS 参数、能量情况和数据包的优先级，在所有的生成树中选取一条路径。通过 downstream 和 upstream，在局部范围内自动维护路由状态表，但是维护节点的路由表和状态开销很大，故该算法不适用于具有大量传感器节点的应用。

3. 节点定位

节点的自身定位是目标跟踪的基础，只有在节点知道自身位置的情况下，才能以自身为参考，计算目标位置，为目标跟踪系统提供坐标系基础。目前在自组网的定位系统中，大部分依赖 GPS，这些系统因而也受到 GPS 带来的诸多限制，如费用、功耗、信号干扰以及地形制约等；另外，微小的传感器节点能量有限，全部利用 GPS 设备定位也是不切实际的。一种可行的方法是将网络中少量携带 GPS 装置的节点作为信标节点，其他节点则以这些信标节点为参考计算自身位置。如何利用少量的信标节点定位其他节点成为研究重点，总的来说现存的节点定位算法主要分为如下两大类。

（1）基于距离的定位算法

基于距离的定位算法包括测量、定位和修正等步骤，常用的测量手段包括 TOA、

TDOA、AOA、RSSI。当测出以上参数之后可以利用相应的算法计算节点位置。

(2) 免测距的定位算法

免测距定位算法是对节点间的距离进行估计，或者确定包含未知节点的可能区域，通过这种方法来确定未知节点的位置。目前，免测距定位算法主要有质心算法、DV-Hop 算法、APIT 算法等。

4. 目标探测

目标探测是通过传感器节点感知的环境信息来判断附近是否有目标出现，目标探测是目标跟踪的前提，它涉及监测区域覆盖和节点调度两方面的内容。

有的算法利用周期性的探测机制，实现对覆盖区域的监测，即活动节点在一定范围内广播探测信息并等候一定时间，如果在等待时间内收到其他节点的信息，该节点进入休眠状态；否则，节点就进行监测，直到能量耗尽。Mc-MIP 也是通过对节点工作状态的调节来达到延长网络使用寿命的目的，在监测过程中，某些区域的覆盖质量和传感器采集频率要根据具体情况进行调整。

5. 目标跟踪

发现目标以后，需要在一定时间内计算出目标的位置、速度、运行角度等特征量，要根据目标位置的历史数据来估计目标的运动轨迹，推断目标下一时刻可能出现的位置，提前激活该位置附近的节点，使它们进入工作状态。这不仅要求传感器节点对感知数据进行处理，还要根据不同的任务需求和有限资源选择合适的算法完成目标跟踪。这个过程需要网络中的多个节点协同工作，通过交换感知信息共同确定目标的运动轨迹，并将跟踪结果发送给用户。

3.4.3 几种目标跟踪算法中的节点调度策略

如何在达到指定跟踪精度的条件下最大限度地节约能量是无线传感器网络目标跟踪的主要目的之一。网络的能量消耗主要由监测能耗、通信能耗和处理能耗组成，传感器节点主要有五种工作状态：簇头状态、簇成员状态、等待状态、睡眠状态和死亡状态，其中簇结构内的节点都处于工作状态，这些节点需要进行数据传送，因此消耗的能量最多。节点之间的通信距离和处于通信状态的节点数目共同决定了通信能耗的大小，所以要减少每一时刻处于工作状态的传感器节点的数目或者缩短需要通信的传感器节点之间的距离，以降低无线传感器网络的能耗。

下面将具体介绍几种主要的无线传感器网络目标跟踪算法中跟踪节点的组织方法。

1. 双元检测协作跟踪

(1) 双元检测目标跟踪算法

双元检测目标跟踪算法中的节点只有两种工作状态：节点检测到了目标和节点未检测到目标，这种传感器节点的模型如图 3-14 所示。图中圆心 O 表示传感器节点，圆的半径 R 代表节点的检测半径，e 代表节点的检测误差。当运动目标与节点 O 的距离大于

$R+e$ 时，目标不会被节点 O 检测到；当距离小于 R 时，目标会被节点 O 检测到；而当目标与节点的距离介于两者之间时，节点有可能监测到目标，也有可能监测不到目标。

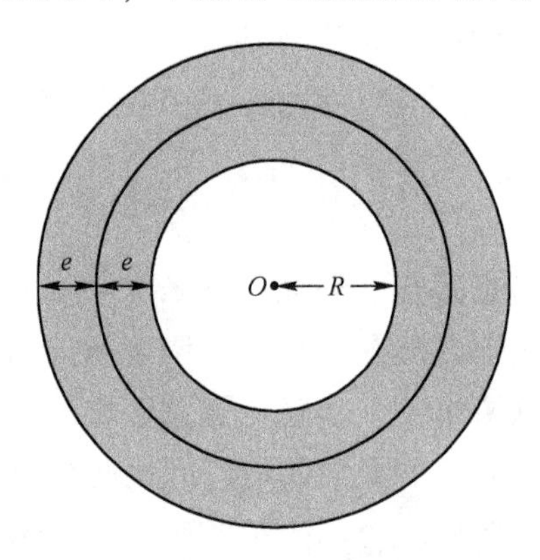

图 3-14　双元检测传感器节点的模型

（2）双元检测目标跟踪算法的过程

双元检测目标跟踪算法中使用的节点可以判断移动目标是否在其有效的监测范围内，但这些节点不具备测距功能，因此双元检测算法中的运动目标位置是通过多个节点共同确定的。若监测区域内的节点足够密集，则当移动目标进入监测区域后，会被多个节点检测到，这些节点的检测范围的重叠区域即是移动目标的位置。由此可以看出，监测区域中传感器节点的密度决定了测量得到的移动目标的位置是否准确，即密度越大，测出的位置越准确。双元检测协作目标跟踪的主要步骤如下。

1）当移动目标进入监测区域时，监测到目标的传感器节点唤醒自身的无线通信模块并向自己的相邻节点广播一个消息，告诉相邻节点该节点监测到了目标，消息中包含该节点所处的位置信息和 ID 号；与此同时，此节点记录并储存自身监测到目标的时间。

2）若节点检测到目标出现的同时收到多个节点发送来的消息，则该节点计算目标所处的位置。为了使所得目标位置更加准确，可以把目标在传感器节点内持续的时间当作对应传感器的权值引入计算过程。

3）当移动目标脱离传感器网络的监测范围时，该节点把自身所处的位置信息和检测到目标的时间发送给汇聚节点。汇聚节点根据自身得到的数据进行拟合，从而得出目标的轨迹。

双元检测目标跟踪的优点是跟踪过程中所使用的传感器节点结构简单，缺点是需要在检测区域分布大量节点才可以实现有效跟踪。

2. 信息驱动协作跟踪

无线传感器网络对目标的跟踪通常需要多个节点共同协作，通过选取比较合适的节点进行协同工作能有效减小节点之间的数据通信量，进而降低节点的能耗，延长网络寿命。协同工作的关键在于怎样通过传感器节点之间相互交换跟踪数据信息来实现对运动目标轨迹的有效跟踪，与此同时，尽量降低传感器节点的能耗。要想达到这样的目的，

必须确定以下三点：首先，需要确定对运动目标进行跟踪的节点；其次，确定节点需要监测并获得的数据信息；最后，必须确定协作节点之间需要交换哪些数据信息。信息驱动协作跟踪的本质是参加跟踪的节点充分结合自身获得的监测数据和接收到的网络中其他节点的信息来预测目标可能的运动路径，然后唤醒最佳的节点参加下一时刻的跟踪过程。

（1）信息驱动协作跟踪算法

在实际应用中，移动目标的运动轨迹是没有规律的，此外被跟踪的目标还有可能做减速或加速运动。因此，通过提前选择的一些节点对目标进行跟踪而得到的结果可能并不理想。因此，部分研究者提出了基于信息驱动的无线传感器网络协作跟踪算法，该算法中参加跟踪的传感器节点可以通过交换监测数据来选取合适的传感器节点，进而监测运动目标并传递测得的数据。

（2）选择跟踪目标的节点

信息驱动协作跟踪算法的关键是研究怎样选择下一时刻用来跟踪目标的节点，如果在跟踪过程中选择了不适宜的传感器节点，则传感器网络有可能会产生不必要的通信代价，甚至可能会丢失运动目标。下一时刻用来跟踪目标的节点的选取要综合考虑多方面的因素。首先，需要考虑节点测量得到的数据对目标跟踪结果所造成的影响；其次，需要考虑怎样用较低的能耗来降低对运动目标位置估计的不确定性。

1）对目标监测精度的评估。综合考虑附近多个传感器节点的测量数据，可以有效降低对运动目标位置估计的不确定性。传感器节点提供的数据可能是冗余的，或者提供的信息可能并不可靠，所以需要找到一个较优的传感器节点子集，然后需要对该子集中的数据进行排序并加入目标位置估计过程。

2）通信代价评估。下一时刻跟踪节点的选取需要充分考虑该节点的通信能耗、计算能耗以及感应能耗，其中通信能耗是最重要的部分。一般来说，节点之间的通信能耗随距离的减小而降低。因此，为了提高运动目标位置估计的准确性，同时又降低传感器节点的能耗，应选取使运动目标位置估计的不确定性椭圆面积最小的节点作为下一步的跟踪节点。

信息驱动目标跟踪算法的优点是：可以在不降低跟踪精确度的同时提高传感器节点之间有效通信的效率。节点的跟踪精度是节点是否选为跟踪节点的主要依据，在保证节点跟踪精度的同时，也要尽可能地提高节点的能量利用效率。怎样更好地综合考虑节点的跟踪精度和节点能量利用率是基于信息驱动的跟踪算法的发展趋势。在信息驱动目标跟踪算法中，传感器节点能够自主选取下一个跟踪节点，所以该方法可以减少跟踪运动目标的传感器节点数量。

3. 动态簇结构目标跟踪算法

无线传感器网络中的动态簇结构是指在监测目标附近形成的一个传感器节点集合，对于形成的每个局部簇结构来说，它包括一个簇头节点（仅此一个），其余簇内节点以簇成员的身份连接至簇头，由此形成的一个结构即为簇。

（1）动态簇结构

动态簇的簇头节点负责收集簇内所有成员感测到的信息，同时进行数据融合；簇内成员节点负责监测目标，并将所采集到的运动目标的数据信息发送到簇内的簇头节点。在每一时间段内，无线传感器网络中只有当前簇内的节点处于工作状态，该动态簇负责运动目标的跟踪。随着目标的移动，动态簇结构可以根据指定的方式自动调整，即动态簇会根据目标的移动动态添加或删除簇内的节点，且在满足一定条件时重新组织簇结构，以达到簇内节点最优的目的。网络中其余的节点则可以处于休眠状态，以利于网络节能，延长网络工作时间。由于在任一时刻，只有运动目标所处位置附近的节点是有效的跟踪节点，所以由这些节点组成的动态簇结构就非常适合于无线传感器网络。

基于动态簇结构的无线传感器网络目标跟踪算法是典型的分布式跟踪算法。其特点是，网络中的传感器节点在收集到监测所得的数据后会通过对局部节点（基于动态簇结构的算法中即指簇内的节点）交换测量信息进行处理来达到目标跟踪的目的。相对而言，在集中式目标跟踪算法中，传感器节点需要把监测到的信息传送给数据中心来处理。

（2）基于动态簇结构的目标跟踪算法

基于动态簇结构的目标跟踪算法的过程如下。

1）初始化无线传感器网络。

2）当运动目标进入网络监测区域时，构造初始动态簇结构。

3）动态簇结构随目标的运动调整。

4）当动态簇结构满足重组条件时，重新构造动态簇。

上述步骤是算法的主要过程，具体每一步如何操作，因实现方案不同而不同。

4. 传送树目标跟踪算法

与基于动态簇结构的跟踪算法一样，传送树跟踪算法也是一种典型的分布式算法。传送树是一种树形结构，它由运动目标周围的节点组合而成，可以根据运动目标的运动方向动态地删除或添加一些传感器节点。

为了达到降低传感器节点能量消耗的目的，网络采用网格状分簇结构，如图3-15所示。各个簇内节点周期性地担任簇头节点；当传感器网络中没有运动目标时，只有担任簇头的节点处于工作状态，其余传感器节点则处于睡眠状态；当移动目标进入传感器网络时，簇头节点负责唤醒自身网络中的其他传感器节点。

传送树目标跟踪算法的过程如下：当运动目标刚进入监测范围时，需要创建一个初始传送树结构；传送树结构随着运动目标位置的改变进行动态调整；若根节点与运动目标的距离偏离设定的阈值时，需要重新选择传感器节点担任传送树的根节点，并重新构造传送树结构。

（1）构造初始传送树结构

当运动目标刚进入无线传感器网络的监测区域时，距离目标比较近的簇头节点会检

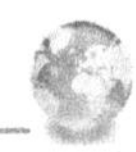

测到运动目标，随后，簇头会唤醒自身网络中的其他传感器节点；被唤醒的传感器节点之间相互交换自身到运动目标的距离，选取距离目标最近的节点担任传送树的根节点；若多个节点到运动目标的距离相同，则可以选择传感器节点编号较小的担任传送树的根节点。

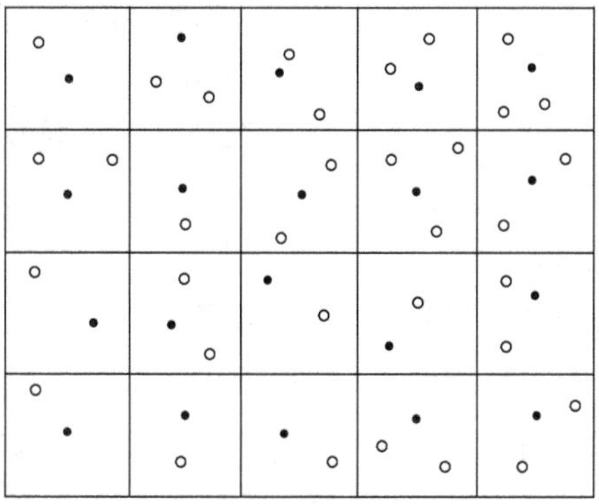

图 3-15　网络划分示意图

根节点的选择过程如下：首先，处于工作状态的传感器节点都会广播一个选举消息给邻居节点，消息中包括本节点的节点编号和本节点离目标的距离；若某个传感器节点在所有邻居节点中离运动目标的距离最短，则选择该节点为传送树根节点的候选节点，剩余处于工作状态的传感器节点放弃根节点竞选，同时选择相邻节点中离运动目标最近的传感器节点作为自己的父节点；然后，选出的多个根节点候选者广播胜利者消息，该消息中仍然包括自身到运动目标的距离和节点编号，假如一个候选节点收到一个胜利者消息，而且该消息中的信息显示到运动目标的距离比自身节点到目标的距离短，则该节点主动竞选传送树的根节点，与此同时，该节点选择发来消息的节点为自己的父节点。如此不断进行此过程，最终剩余一个距运动目标距离最近的传感器节点作为传送树结构的根节点，其他检测到运动目标的传感器节点此时已经连接至传送树，形成的初始传送树如图 3-16 所示。

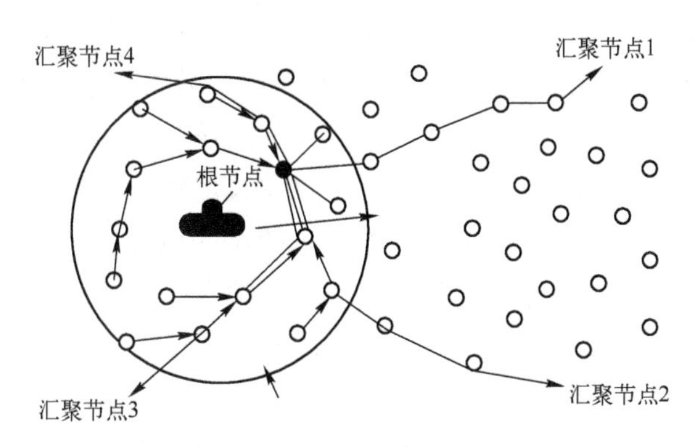

图 3-16　基于传送树结构的目标跟踪

(2) 传送树结构的调整

随着运动目标的移动，传送树上的部分节点无法继续监测移动目标，而处在运动目标移动方向上的一些传感器节点却能够检测到目标的存在。因此，这些传感器节点需要加入传送树跟踪结构。当传送树上的节点不能检测到运动目标时，它们会向自己的父节点发出通告信息，父节点在接收到此信息后会将对应的子节点从传送树结构中删除。怎样确定加入传送树上的节点是一个需要考虑的重要问题，目前学术界已经存在两种方法：预测机制和保守机制，这两种方法的共同点是都需要传送树的根节点计算并得出需要加入传送树的传感器节点。

(3) 传送树结构的重新构造

当传送树的根节点距离运动目标超过指定阈值时，传送树结构需要重新构造，这样才能保证对运动目标的有效跟踪，这个阈值取为 $d_m+a\cdot v_t$，其中 a 表示一个 0~1 之间的数；v_t代表运动目标在 t 时刻的速度；d_m是传送树最小的重构距离。

重新构造传送树时，仍然按照上述方法选出距运动目标最近的传感器节点担任新的根节点，新的传送树根节点选出后，需要进行根节点的迁移。当前传送树的根节点只是知道新选出的根节点离运动目标较近，所以当前根节点首先要找到运动目标当前的网络单元格，随后向该网络单元格的簇头节点发送信息，提出迁移。簇头节点收到迁移请求消息后，把这个消息转发给新选出的根节点。传送树根节点的变动，促使传送树的重新构造，以便使新的传送树结构的能量消耗最小。具体过程如下所述：新的传送树根节点广播一个重组消息给自己的邻近传感器节点，接收到消息的节点在重组消息中加入自己的位置信息和与根节点之间的通信代价，然后继续广播消息；其余传感器节点接收到重组消息后，等待一段时间以便接收到发送给自己的所有重组消息；接着，每个传感器节点选择与新的根节点通信代价最小的相邻节点担任自己的父节点，此过程完成后，新的传送树结构就形成了。

3.4.4 未来的研究方向

随着电子制造工艺和机械制造技术的发展，搭载有传感器设备的移动传感器得到了越来越广泛的应用，相比固定传感器，移动传感器在目标跟踪应用中具有天生的优势。首先，当目标出现在区域内时，移动传感器可以利用自身移动性向目标地点移动，提高监测质量。相比固定传感器网络，少量移动传感器节点就能达到原本需要大量固定传感器节点才能实现的监测强度，如果能够预测目标的运动轨迹，移动传感器甚至能以较低的移动速度对目标实施跟踪；另外，即使少量节点消亡了，其他移动节点依然能够通过移动性来保证网络的鲁棒性，保持对目标区域的有效监测。因此，相比传统的固定传感器网络目标跟踪方法，使用移动传感器节点的移动式目标跟踪方法能够更好地监测目标，提高跟踪质量，同时减少节点的能量消耗，延长整个网络的生存期。下面列出的是几个研究方向，仅供参考。

1. 考虑更实际的探测模型

大部分传感网中使用的感知模型都是 0—1 模型，这种模型简单、易实现，但是不贴近实际情况。有一部分方法使用了衰减模型，但是移动传感器节点的移动又使其与普通的衰减模型可能并不完全相同，这是因为节点的移动会对监测产生扰动，因此如何对移动节点建立更完善的感知模型是需要解决的问题。

2. 考虑对网络进行分层

对于无线传感器网络的其他研究领域，例如路由、数据收集等，分层型网络相比平面型网络都表现出了更大的优势。目前，关于移动式目标跟踪的分层型网络研究较少，分层型网络可能给移动节点的调度带来新的启发，因此这也将成为未来一个新的研究趋势。

3. 考虑组成混合型网络

实际上，固定传感器的使用非常普遍，如果能够将固定节点加入到移动无线传感器网络中，就能组成新的混合传感器网络，运用于新的场景中。在现有研究中，采用全移动和采用混合网络的研究基本持平，但在全移动网络中，节点的移动会导致网络不稳定、网络能耗增加、移动控制数据增多等现象的产生；而在混合型网络中采用的移动节点数目较少，目标跟踪一般使用固定节点，只有当固定节点无法跟踪到目标时才调度移动节点，这样既可以减少节点移动产生的能耗，又能最大限度地保证网络的稳定性，因此，混合型网络成为目标跟踪研究的发展趋势。

4. 考虑移动节点自身的能耗

能耗问题是无线传感器网络研究中普遍关注的问题，对于如何节约固定节点的能耗，研究者们已经提出了许多方法，但是对于移动式目标跟踪来说，大部分方法还没有考虑移动节点的能量消耗问题，而是假设移动节点本身具有无限能量，可以在监测区域内任意移动。随着研究的深入，考虑移动节点的能耗并探讨如何有效地节约移动节点的能耗将会是不可回避的问题。

5. 考虑对多目标进行跟踪

目前大部分方法都只适用于单目标跟踪，相比于单目标跟踪，多目标跟踪可以应用到更广泛的场景中。不过，多目标跟踪需要考虑如何更好地分配移动传感器节点以及节点之前的相互配合，单独将单目标跟踪方法应用到多目标场景并不能很好地解决问题，因此未来还需要做更为深入的研究。

3.5　拓扑控制

在无线传感器网络中，节点的部署可能很密集，如果节点采用比较大的发射功率进行数据的收发，会带来很多问题。首先，高发射功率需要消耗大量的能量，在一定的区域内，众多邻近节点的接入对 MAC 层来说是很大的负担，很可能使得每个节点的可用信道资源降低；其次，当节点失效或者移动时，过多的连接会导致网络拓扑的巨大改变，从而严重影响到路由层的工作。为了解决上述问题，需要采用拓扑控制技术来限定给定节点的邻近节点数目，良好的拓扑结构能够有效提高路由协议和MAC协议的效率，为网络的多方面工作提供有效支持。

3.5.1 拓扑控制概述

拓扑控制研究的问题是：在保证一定的网络连通质量和覆盖质量的前提下，一般以延长网络的生命期为主要目标，通过功率控制和骨干网节点选择，剔除节点之间不必要的通信链路，兼顾通信干扰、网络延迟、负载均衡、简单性、可靠性、可扩展性等性能，形成一个数据转发的优化网络拓扑结构。无线传感器网络主要用来感知客观物理世界，获取物理世界的信息。客观世界的物理量多种多样，不可穷尽，不同的传感器网络应用关心的物理量不同，而不同的应用背景对传感器网络的要求也不同，其硬件平台、软件系统和网络协议必然会有很大差别。下面介绍拓扑控制中一般要考虑的设计目标。

（1）覆盖

覆盖是对无线传感器网络服务质量的度量，即在保证一定服务质量的前提下，使得网络覆盖范围最大化，提供可靠的区域监测和目标跟踪服务。根据传感器节点是否具有移动能力，无线传感器网络覆盖分为静态网络覆盖和动态网络覆盖两种形式。

（2）连通

传感器网络一般是大规模的，所以传感器节点感知到的数据一般以多跳的方式传送到汇聚节点，这就要求拓扑控制必须保证网络的连通性。有些应用可能要求网络配置要达到指定的连通度；有时也讨论渐近意义下的连通，即当部署的区域趋于无穷大时，网络连通的可能性趋于1。

（3）网络生命期

一般将网络生命期定义为死亡节点的占比低于某个阈值所持续的时间，也可以通过对网络的服务质量的度量来定义网络的生命期。网络只有在满足一定的覆盖质量、连通质量、某个或某些其他服务质量时才是存活的，最大限度地延长网络的生命期是一个十分复杂的问题，它一直是拓扑控制研究的主要目标。

（4）吞吐能力

设目标区域是一个凸区域，每个节点的吞吐率为 λ（单位：bit/s），理想情况下，有下面的关系式：

$$\lambda \leqslant \frac{16AW}{\pi\Delta^2 L} \cdot \frac{1}{nr} \tag{3-22}$$

式中，A 是目标区域的面积；W 是节点的最高传输数量；π 是圆周率；Δ 是大于0的常数；L 是源节点到目的节点的平均距离；n 是节点数；r 是理想球状无线电发射模型的发射半径。由式（3-22）可知，通过功率控制来减小发射半径和通过睡眠调度来减小

工作网络的规模（即节点数），可以在节省能量的同时，在一定程度上提高网络的吞吐能力。

（5）干扰和竞争

减小通信干扰、减少 MAC 层的竞争和延长网络的生命期基本上是一致的。对于功率控制，网络无线信道竞争区域的大小与节点的发射半径 r 成正比，所以减小 r 就可以减少竞争；对于睡眠调度，可以使尽可能多的节点处于睡眠状态，从而减小干扰和减少竞争。

（6）网络延迟

功率控制和网络延迟之间的大致关系是：当网络负载较低时，高发射功率减少了源节点到目的节点的跳数，所以降低了端到端的延迟；当网络负载较高时，节点对信道的竞争是激烈的，低发射功率由于缓解了竞争而减小了网络延迟。

（7）拓扑性质

对于网络拓扑的优劣，很难给出定量的度量，除了覆盖性、连通性之外，对称性、平面性、稀疏性、节点度的有界性、有限伸展性等，也都是希望网络具有的性质。除此之外，拓扑控制还要考虑负载均衡、简单性、可靠性、可扩展性等。

在无线传感器网络中，拓扑控制的目的在于实现网络的连通（实时连通或者机会连通），同时保证信息高效、可靠的传输。目前，主要的拓扑控制技术分为时间控制、空间控制和逻辑控制三种。

1）时间控制。通过控制每个节点睡眠、工作的占空比、节点间睡眠起始时间的调度，让节点交替工作，使网络拓扑能够在有限的拓扑结构间切换。

2）空间控制。通过控制节点发送功率改变节点的连通区域，网络将会呈现不同的连通形态，从而达到控制能耗、提高网络容量的效果。

3）逻辑控制。通过邻居表将不“理想的”节点排除在外，从而形成更稳固、可靠和强健的拓扑结构。

3.5.2　功率控制技术

所谓功率控制，即节点通过动态地调整自身的发射功率来调制其邻居节点集，减少不必要的连接，在保证网络的连通性、双向连通和多连通的基础上，使得网络能耗最小，进而延长网络的寿命。

（1）最优邻居节点集

通过调整节点的邻居节点集可优化网络能耗，延长网络寿命，最直接的方法就是每个节点只与离它最近的 K 个邻居节点通信，在保证网络吞吐量和连通性的前提下，确定一个不依赖于实际网络的 K 值，这样的常数 K 称为魔数。

20 世纪 70 年代以来，不少文献都试图证明这样一个数字的存在，其中最著名的是 Kleinrock 和 Silvester 的论文。他们研究了节点均匀分布在一个正方形内的问题，并假设使用 ALOHA MAC 协议，几个数据分组同时发出，尝试使数据分组传送到目的节点的每一跳的距离最大，他们提出当 $K=6$ 时，确实可以使每一跳的前进距离最大。然而，这篇文献提到的优化仅局限于吞吐量，并没有说明连通性的问题。

（2）基于节点度的功率控制

一个节点的度数是指所有距离该节点一跳的邻居节点的数目，算法的核心思想是给定节点度的上限和下限需求，动态调整节点的发射功率，使得节点的度数落在上限和下限之间。算法利用局部信息来调整相邻节点间的连通性，从而保证整个网络的连通性，同时保证节点间的链路具有一定的冗余性和可扩展性。本地平均算法（Local Mean Algorithm，LMA）和本地邻居平均（Local Mean of Neighbors，LMN）算法是两种周期性动态调整节点发射功率的算法，它们之间的区别在于计算节点度的策略不同。

（3）基于方向的功率控制

微软亚洲研究院的 Wattenhofer 和康奈尔大学的 Li 等人提出了一种能够保证网络连通性的基于方向的功率控制算法，其基本思想是：节点 u 选择最小功率 $P_{u,\rho}$，使得在任何以 u 为中心、角度为 ρ 的锥形区域内至少有一个邻居，当 $\rho \leqslant 5\pi/6$ 时，可以保证网络的连通性。麻省理工学院的 Bahramgiri 等人又将其推广到三维空间，提出了容错的功率控制算法。基于方向的功率控制算法需要可靠的方向信息，即节点需要配备多个有向天线，因此对传感器节点提出了较高的要求。

3.5.3 层次型拓扑结构控制

层次型的拓扑把网络中的节点分为两类：骨干节点和普通节点。一般来说，普通节点把数据发送给骨干节点，骨干节点负责协调其区域内的普通节点的通信并进行数据融合等工作，骨干节点的能量消耗相对较大，因而需要经常更换骨干节点。分层型算法又称分簇算法，其网络由若干簇组成，一个簇是一个节点集，包含了簇头和簇内节点，簇头管辖一个簇的工作。

层次型拓扑结构具有很多优点，例如，由簇头节点担负数据融合的任务，减少了数据通信量；有利于分布式算法的应用，适合大规模部署的网络；由于大部分节点在相当长的时间内关闭了通信模块，所以显著地延长了整个网络的生存时间。

1. LEACH 算法

LEACH（Low Energy Adaptive Clustering Hierarchy）算法是一种经典的基于簇的自适应分簇拓扑算法，这是第一个提出数据融合的层次算法，为了平衡网络各个节点的能耗，簇头是周期性按轮随机选择的。LEACH 算法定义了“轮”的概念，每轮循环分为簇的建立阶段和稳定的数据通信阶段。在簇的建立阶段，相邻节点动态地形成簇，随机产生簇头；在数据通信阶段，簇内节点把数据发送给簇头，簇头进行数据融合并把结果发送给汇聚节点。由于簇头需要完成数据融合、与汇聚节点通信等工作，所以能量消耗大，LEACH 算法能够保证各节点等概率地担任簇头，使得网络中的节点相对均衡地消

耗能量。簇头选举算法如下。

1）节点产生一个0~1之间的随机数，如果这个数小于阈值$T(n)$，则该节点成为簇头。

$$T(n)=\begin{cases}\dfrac{p}{1-p[r\bmod(1/p)]}, & n\in G\\ 0, & \text{其他}\end{cases} \tag{3-23}$$

式中，p为网络中簇头数占总节点数的百分比；r为当前的选举轮数；$r\bmod(1/p)$表示这一轮循环中当选过簇头的节点个数；G是最近$1/p$轮未当选过簇头的节点集合。

2）选定簇头后，通过广播告知整个网络，网络中的其他节点根据接收信息的信号强度决定从属的簇，并通知相应的簇头节点，完成簇的建立，最后簇头节点采用TDMA方式为簇中每个节点分配向其传送数据的时间片。

3）稳定阶段：传感器节点将采集的数据传送到簇头，簇头对数据进行融合后再传送至基站。稳定阶段持续一段时间后，网络重新进入簇的建立阶段，进行下一轮的簇头选举。

LEACH算法中，节点等概率承担簇头角色，较好地体现了负载均衡思想，减小了能耗，提高了网络的生存时间。但是由于簇头位置具有较强的随机性，簇头分布不均匀，致使骨干网的形成无法得以保障，不适合大范围的应用；簇头同时承担数据融合、数据发送的“双重”任务，因此能量消耗很快。频繁的簇头选举引发的通信也增加了能量的消耗。

2. 基于能量有效的分簇控制

针对LEACH算法中节点规模小、簇头选举未考虑节点的地理位置等不完善的地方，在LEACH算法的基础上，有学者提出了LEACH的改进算法HEED（Hybrid Energy-Efficient Distributed clustering），它有效改善了LEACH算法中簇头可能分布不均匀的问题。以簇内平均可达能量作为衡量簇内通信成本的标准，节点用不同的初始概率发送竞争消息，节点的初始化概率CH_{prob}根据下式确定：

$$CH_{prob}=\max\left\{C_{prob}\times\frac{E_{residual}}{E_{max}},p_{min}\right\} \tag{3-24}$$

式中，$E_{residual}$是节点的剩余能量；E_{max}是节点拥有的最大能量；C_{prob}是预先设定的簇头在所有节点中的百分比；p_{min}是为了保证算法收敛而设定的一个概率下限。可见，剩余能量越多的节点成为簇头的概率越大。C_{prob}和p_{min}是整个网络统一的参量，它们影响到算法的收敛速度。簇头竞选成功后，其他节点根据在竞争阶段收集到的信息选择加入哪个簇。HEED算法在簇头选择标准以及簇头竞争机制上与LEACH算法不同，成簇的速度有了一定的改进，特别是考虑到成簇后簇内的通信开销，把节点剩余能量作为一个参量引入到算法中，使得选择的簇头更适合担当数据转发的任务，形成的网络拓扑更趋合理，全网的能量消耗更为均匀。

HEED 算法综合考虑了生存时间、可扩展性和负载均衡，对节点分布和能量也没有特殊要求，虽然 HEED 算法执行并不依赖于同步，但是不同步却会严重影响分簇的质量。

3. 基于地理位置的分簇控制

GAF（Geographical Adaptive Fidelity）算法是基于节点地理位置的分簇算法。该算法首先把部署区域划分成若干虚拟单元格，将节点按照地理位置划入相应的单元格，然后在每个单元格中定期选举出一个簇头节点。GAF 算法中，每个节点可以处于三种不同状态：休眠（sleeping）、发现（discovery）和活动（active）状态。GAF 算法中的节点状态转换过程如图 3-17 所示。

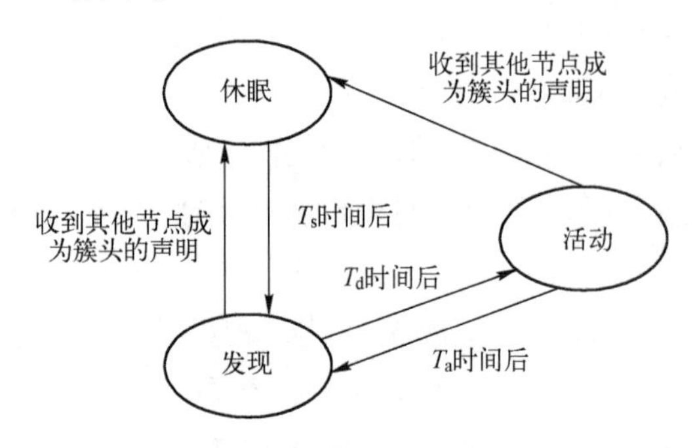

图 3-17　GAF 算法中的节点状态转换图

初始状态下，所有节点处于发现状态，此时节点通过交换 Discovery 消息来获得同一虚拟单元格中其他节点的信息。

当节点进入发现状态时，每个节点设置一个定时器 D，一旦定时器 D 超时 T_d，节点广播 Discovery 消息，同时转换到活动状态。如果在计时器超时之前节点收到其他节点成为簇头的声明，则取消计时器，进入休眠状态。

当节点进入活动状态时，每个节点设置一个计时器 A，表示节点处于活动状态的时间，一旦计时器 A 超时 T_a，节点转换到发现状态。在节点处于活动状态期间，以时间间隔 T_d重复广播 Discovery 消息，以便压制其他处于发现状态的节点进入活动状态。

GAF 算法基于平面模型，以节点间的距离来度量是否能够通信，而在实际应用中距离邻近的节点可能会因为各种因素不能直接通信，此外该算法也没有考虑节点能耗均衡的问题。

3.5.4　制约拓扑控制研究的瓶颈

（1）对拓扑控制问题缺乏明确的定义和实用的算法

无线传感器网络是与应用相关的，不同的应用系统对拓扑控制的要求也不尽相同，所以不太可能给出一个通用的定义。虽然目前大多数的研究以节能作为主要目

标，但是即使在十分理想的情况下，仍然不能判定网络的最小能耗拓扑，即消耗能量最少的骨干网络。虽然在实际应用中不太可能构造最优的网络拓扑，但是对最优网络拓扑的研究对于拓扑控制算法的设计具有重大的指导意义。需要在最小能耗意义、最小干扰意义、负载均衡意义以及在综合网络性能等其他意义下定义并分析或解决拓扑控制问题。

（2）对网络性能缺乏有效的度量

拓扑控制要提高各种网络性能，包括覆盖质量、连通质量、能量消耗、通信干扰、网络延迟、可靠性、可扩展性等，然而目前对这些网络性能却缺乏有效的度量。例如，对覆盖质量的分析，在没有精确位置信息的情况下，分析网络对目标区域的覆盖质量是极其困难的。这些性能之间存在着错综复杂的关系，人们对这些关系的认识还十分模糊，因此对网络性能的度量问题，特别是综合网络性能的度量问题以及网络性能之间的关系与权衡问题，都是拓扑控制研究的重要内容。

（3）拓扑控制在协议栈中的位置尚难明确

拓扑控制直接影响物理层、链路层、网络层和传输层，它使传感器网络的协议栈的层与层之间的界限不如有线网络的协议栈那样清晰。于是就产生这样一个问题，拓扑控制到底应该放在哪里？虽然已有许多关于拓扑控制与其他方面相结合的研究，但是目前对这个问题的回答还没有定论。拓扑控制与介质访问、路由、数据融合、数据存储等其他方面相结合的研究极大地拓宽了拓扑控制的研究领域。

（4）研究结果没有足够的说服力

大多数的研究对拓扑控制算法只做理论上的分析和小规模的模拟，但是理论分析所基于的模型本身就是理想化的；小规模的模拟又不能仿真大规模的网络及其复杂的部署环境，这就使得目前的研究结果普遍缺乏足够的说服力。为了增强研究结果的说服力，需要更加现实的模型，一方面降低了对传感器节点和部署环境的要求，另一方面也增强了建立在模型基础上的理论分析的说服力。此外，对拓扑控制技术验证平台的研究也是十分必要的。

3.6　覆盖技术

网络覆盖是无线传感器网络研究中的基本问题，是指通过网络中传感器节点的空间位置分布，实现对被监测区域或目标对象物理信息的感知，从根本上反映了网络对物理世界的感知能力。网络中节点的感知能力有限，往往需要多节点的合作才能完成对物理世界的信息采集。节点的感知模型和节点空间位置分布是网络覆盖的基本元素，直接影响着网络的感知质量，单个节点的感知模型是传感器感知函数服务质量的量度。同样，网络覆盖问题可以认为是基于传感器节点空间位置分布的网络服务质量的集成量度。

3.6.1 覆盖的评价标准

一个覆盖策略及算法的可用性与有效性主要是根据无线传感器网络覆盖技术的性能来进行评价的，主要包括以下几个方面。

1）覆盖能力：在评价无线传感器网络覆盖算法的好坏时，首先要考虑网络覆盖范围的检测区域或目标点的覆盖程度。

2）网络的连通性：无线传感器网络以数据为中心并协同大量传感器节点工作，用单跳或多跳的方式将环境信息数据及时有效地传送至终端平台，所以算法必须保证传送信道的安全性和稳定性。无线传感器网络感知、监测、通信等各种服务质量的提高以及有效地保证无线多跳通信的完成，都会受网络连通性能的影响。

3）能量有效性：网络使用寿命和网络的持续时间是主要的两方面内容。网络中对整体和个体节点的能量的优化是十分重要的，大部分情况下，节点必须保证持续工作不能间断，这也就意味着一旦节点进入工作状态，除非坏掉或失去能量，否则节点是不能被替换的。所以怎样让节点在完成工作任务的情况下，消耗最小的能量是重中之重。可以从节点工作状态、能量需求、降低数据的传递次数等方面来考虑上述问题，这样整个网络就可以获得最大的效率。

4）算法精确性：无线传感器网络的覆盖在很多情况下是一个 NP 难问题，从建立网络的具体环境不同、网络资源的限制和所覆盖地区差异等多种因素考虑，想要达到完全优化覆盖是不可能的，只能向这个目标接近。如何降低差异，提升算法的准确度是改进覆盖算法的关键。

5）算法复杂度：是衡量算法优劣的重要指标。无线传感器网络中的资源、节点的能量、传递信息和计算保存能力都十分有限，因此算法中就必须将资源问题包含进去。简便、复杂度低、运算量少的算法能克服有限的资源带来的困难，最大效率地利用资源。算法复杂度包括时间、空间和实现，是评价算法的关键指标。

6）网络动态性：在特殊的使用条件下，必须考虑网络节点的移动，将网络作为一个整体或检测目标移动的非静态特征。

7）网络可扩展性：覆盖算法设计的可扩展性是其在一个大型网络中应用的前提条件。网络规模的增加可能导致网络的整体性能明显下降，因此网络在不同的环境和需求下，可以拥有不同的搭建方式。

3.6.2 覆盖的分类

网络覆盖在无线传感器网络设计中与网络连接同样重要，两者均是网络运行必须解决的基本问题，网络覆盖问题分类的依据是节点的具体设置和网络的具体要求。

（1）按配置方式分类

分为确定性覆盖和随机覆盖。

1）确定性覆盖：如果事先知道无线传感器网络将要布置在什么样的环境下或者传感器的状态是不可变更的，那么可以事先考虑各项因素，从而有组织、有结构地布置节点的位置、密度来获得最大效能。

2）随机覆盖：如果环境不理想或不可知，那么对目标区域网络的搭建只能采用随机覆盖，用飞行器或火箭弹等方式将节点投放到目标区域。随机节点覆盖和动态网络覆盖都可以满足上述问题，前者侧重于对未知情况下的节点部署；后者则强调可移动、可转换、可适应不同要求下的工作。

（2）按应用属性分类

分为节能覆盖、栅栏覆盖、连通性覆盖和目标定位覆盖。

1）节能覆盖：传感器网络研究的一个重要方向就是如何减少网络节点的能量消耗以最大化网络的生存周期，目前实现的主要方法是采用节点休眠机制来调度节点的活跃/休眠间隔时间。

2）栅栏覆盖：分为最坏与最佳情况覆盖和暴露穿越，栅栏覆盖一般是从安全方面来考虑的。最坏与最佳情况覆盖问题中，前者是指即使经过了所有节点，传感器节点也没有捕捉到的概率的最低值；后者是指经过了所有节点，所有节点都捕捉到的概率的最高值。暴露穿越更适合真实情况，运动目标由于在网络中的时间加大，所以被传感器捕捉到的机会也就相应变大。

3）连通性覆盖：网络连通是指网络内其所有节点都是可以互相传递信息的，通信过程可通过中间节点作为中介，只有将节点连接起来，无线传感器网络才能实现数据的传输，才能真正实现无线传感器网络的功能。

4）目标定位覆盖：通过判断哪些节点覆盖目标可以检测到目标的位置。

3.6.3 覆盖算法

1. 基于冗余节点判断的覆盖控制算法

由于人们在进行覆盖的时候，可能在一些区域撒播的节点较多，一些区域撒播的节点较少，会造成节点分布不均衡。在收集信息数据时，撒播节点较多的区域上传的信息重复性高，未撒播到的区域根本没有信息上传，这被称为“覆盖冗余”。大量的无用消息给节点造成负担，节点无论是在能量上还是在效率上都因此降低，所以人们有规律地将一些节点人为地设置在非工作状态，可以有效避免能量和效率的损耗。

针对上述问题，Node Self-Scheduling 覆盖控制协议可以有效地、有规律地、完整地控制节点的工作状态，该协议属于确定性区域或点覆盖和节能覆盖类型，并规定节点只有两种状态：活跃、休眠。工作原理是，节点之间轮流工作、休眠，并以此形成周期性运转，每个周期内各包括一个休眠和一个工作状态。当节点要切换工作状态时，会将自身的信息告诉给周边各节点，以备周边各节点调度；同时节点自己也可以根据周边节点返回的信息来判断具体情况，决定是否休眠或继续工作，依此方式搭建可以有效地增加网络的生存时间。

该算法不仅可以避免节点的浪费，也避免了无效信息对网络造成的负担，节约能量。

2. 基于不交叉优势集的覆盖算法

此算法受节点随机部署的启发，强调将节点按集合分组，但是要保证集合与集合之间没有重叠，各集合只负责自己的工作，每次工作的只是同一集合的节点，此算法实际上就是找到最大数量的不交叉优势集合（MDDS）。

在图着色策略的基础上可解决上面的问题：第一步对全部节点按次序进行着色，第二步评判有一样颜色的节点集合是否是不交叉优势集，不是的话，将这个集合中的节点放到优势集合中，直到过程终止。

此算法虽然能够增加网络的生存时间，但是受这种集合组织的影响，一旦某个集合中有一个节点出现故障，那么整个集合都会因为这个故障而无法继续工作。

3. 基于多重 k-覆盖算法

此算法认为网络覆盖的情况是有级别区分的，覆盖的级别越高说明该网络性能越好，这种性能体现在精度、容错力和鲁棒性上，因此规定，如果区域内的每个点都在 k 个传感器的控制下，那么就认为这个网络具有等级为 k 的网络覆盖。

4. 基于采样点覆盖算法

在此算法中，用网格点替换目标区域，全部区域覆盖可相当于点覆盖，从而把区域覆盖问题变为集合覆盖问题。

集合覆盖作为典型的 NP 难问题，通过依次求出含有未覆盖区域采样点最大的节点（贪婪算法）求解近似最小工作节点集。使用网格作为目标区域的近似，采样点的数量与目标区域的大小以及网格面积有关系，网格面积与覆盖精度高度相关，网格面积越大，则采样点的个数越少，对应的预处理时间越短，网络覆盖性能越差。

为了保证网络的可靠性，必须保证节点可以监测到所有的目标，在使用上述方法时，网格不能过大甚至要足够小。

3.6.4 未来的研究方向

由于无线传感器网络对应用场景的针对性较强，上述覆盖机制都或多或少在能量有效性、计算复杂度、通信开销以及工程实现方面存在不足，而随着新的传感器网络模型的出现，网络可能会具有更多不同的应用要求和规模，节点的通信、计算和感知能力也会更为多样化。未来覆盖问题的研究工作将会集中在以下几个方面：

1）尽管现有的覆盖机制已经对能量有效性进行了相当多的研究，但是能量有限始终是无线传感器网络面临的一个主要问题。保证能量有效性，从而最大化网络生存时间仍是覆盖问题研究的一个重点，而且它也是评估覆盖机制的一个重要指标。

2）为了更好地适应普适计算的需求，移动节点开始被引入到无线传感器网络中。

目前移动覆盖机制尤其是事件监测机制的研究工作仍处在起步阶段，如何设计出更为完善的节点移动控制机制，从而进一步提高事件监测率，将成为覆盖问题的一个研究热点。

3）网络管理是无线传感器网络的一项热门研究课题，覆盖信息是网络的重点管理对象之一。把覆盖机制与不同的网络管理模型相结合，将成为下一步覆盖机制研究的趋势。

习　题

1. 无线传感器网络中的时间同步的算法有哪些？简述其思想。
2. 简述 DV-Hop 和 APIT 算法的思想。
3. 无线传感器网络的数据查询有哪几种类型？
4. 简述目标跟踪涉及的五大关键技术。
5. 功率控制技术主要有哪些？简述其原理。
6. 简述覆盖技术的主要评价标准。

第4章 安全技术

在大多数的非商业应用中，如森林防火、候鸟迁徙跟踪和农作物灌溉情况监视等环境监测领域，无线传感器网络的系统安全并不是一个非常突出的问题。而在另外一些领域，如布置在敌控区监视敌方军事部署的传感器网络，商业上的小区无线安防网络以及和个人隐私相关的人体生理多参数医疗监护网络等，这些应用场景要求数据采集、数据传输过程及传感器节点的物理分布，都不应让无关人员或敌方人员知晓。在这种情况下，无线传感器网络安全问题显得尤为重要。

目前，在无线传感器网络协议栈的各个层次上都存在多种攻击手段，例如：在物理层，攻击者可以使用频段干扰和节点破坏等攻击手段；在链路层，攻击者可以利用数据包碰撞攻击来耗尽节点资源；在网络层，攻击者可以通过伪造路由信息、数据包选择性转发等手段，来破坏数据包的正常传输；在传输层，攻击者可以利用泛洪攻击来阻止节点接受正常的链接请求。当无线传感器网络面临这些攻击时，它将无法向用户提供正确的感知数据。

安全性是无线传感器网络应用的一个重要保障，判断一个应用是否安全的标准是当网络遭受可能的攻击时，它是否依然能够提供给用户可接受的服务。

越来越多的无线传感器网络应用对网络的安全性提出了更高的要求，例如金融场所保护、水资源污染、森林火灾、军事战场上敌方情况异常等，它们都要求感知的数据能够安全而实时地传送到基站，以便让监测方根据感知信息，精确、快速地做出决策，采取行动。网络的安全性直接影响到无线传感器网络的监测性能，对系统的可用性、准确性、可扩展性等方面都有着重要的影响。

与传统的 Ad hoc 网络相比，无线传感器网络具备一些独有的特征，最大的区别在于网络规模大、能量极度受限，导致 Ad hoc 网络中的安全协议无法直接应用到无线传感器网络中。此外，无线传感器网络的诸多特点也导致了保证网络的安全性成为一个困难的问题。

首先，节点的通信带宽、计算能力和能量受限，无法执行通信负载、计算负载大的安全算法；其次，无线通信不稳定，容易受周围环境、传输距离、传输速率等多方面的影响；第三，网络动态性强，节点间存在竞争和干扰，严重的时候甚至会引发丢包，导致数据无法可靠地传输到基站；第四，被俘节点和失效节点难以区别；第五，数据源将产生的数据包转发到基站需要经过多跳路由，数据安全的概率是每跳节点安全传输数据

概率的累积，路径越长，安全性越低；第六，无线传感器网络经常部署在物理上不受保护的地方，甚至敌方区域，节点本身的安全无法得到保证。攻击者可以获得保存在被俘节点中的所有信息。因此，无线传感器网络的安全性是一个亟待解决而又具挑战性的问题。针对无线传感器网络的内在特点，研究有效的可靠数据传输方案，在实际应用中具有重要意义。

4.1　无线传感器网络安全问题概述

无线传感器网络的开放性分布和无线广播通信特征决定了它存在着安全隐患，而不同应用背景的无线传感器网络对信息提出了不同的安全需求。无线传感器网络和传统计算机网络一样有安全需求，主要表现为以下几个方面。

（1）机密性（Confidentiality）

要求确保网络节点间传输的重要信息是以加密方式进行。在信息传递过程中，只有授权用户（即通信中合法的收发双方）才有权利用私钥进行解密，非授权用户因无密钥将无法得到正确数据。

（2）完整性（Integrity）

网络节点收到的数据包在传输过程中应该未被恶意插入、删除和篡改，保障数据的完整性。

（3）真实性（Authentication）

能够核实消息来源的真实性，即恶意攻击者不可能伪装成一个合法节点而不被识破。

（4）可用性和鲁棒性（Availability & Robustness）

即使部分网络受到攻击，攻击者也不能完全破坏系统的有效工作以及导致整个网络瘫痪。

（5）新鲜性（Freshness）

要求接收方收到的数据包都是最新的而非重放或过时的，保障数据的时效性。

（6）授权（Authorization）和访问控制（Access Control）

要求能够对访问无线传感器网络的用户身份进行确认，确保其合法性，即保证只有合法用户才有权访问无线传感器网络相关的服务和资源。

（7）不可否认性（Non-repudiation）

要求节点具有不能否认已经发送数据包的行为。

（8）保持前向秘密（Forward secrecy）和后向秘密（Backward secrecy）

当一个节点离开网络后，它将不再知晓网络今后发生的相关信息，此为保持前向秘密；而当一个新节点加入传感器网络后，它不应知晓网络以前发生的信息，此为保持后向秘密。

通信安全是信息安全的基础，通信安全保证无线传感器网络数据采集、数据融合和数据传输等基本功能的正常进行，是面向网络基础设施的安全。通信安全从以下三方面提出了安全需求：

（1）节点安全保证

传感器节点构成了网络的基本单元，由于传感器节点分布密度大，有些应用场景可能是军事上的敌占区或无人值守区域，节点容易被俘获。节点的安全性包括节点不易被发现和节点不易被篡改。为防止为敌所用，在某些特殊的应用场景下要求节点具备一定的抗篡改硬件设施。

（2）被动抵御入侵能力

无线传感器网络安全系统的基本要求是：在网络局部发生入侵的情况下，保证网络的整体可用性。被动防御指的是当网络遭到入侵时，网络具备对抗外部攻击和内部攻击的能力。

（3）主动反击入侵能力

主动反击入侵能力是指网络安全系统能主动限制入侵行为甚至消灭入侵者，为此需具备入侵检测能力、隔离入侵者能力以及消灭入侵者能力。主动反击入侵能力对网络安全提出了更高的要求。

4.2　无线传感器网络安全分析

无线传感器网络是一种大规模的分布式网络，常常部署于无人维护、条件恶劣的环境中，且大多数情况下传感器节点都是一次性使用，从而决定了传感器节点是价格低廉、资源极度受限的无线通信设备。大多数传感器网络在进行部署前，其网络拓扑是无法预知的，在部署后，整个网络拓扑、传感器节点在网络中的角色也是经常变化的，因而不像有线网、无线网那样能对网络设备进行完全配置。由于对传感器节点进行预配置的范围是有限的，因此很多网络参数、密钥等都是传感器节点在部署后通过协商而形成的。无线传感器网络的安全性主要源自两个方面。

1. 通信安全需求

1）节点的安全保证。传感器节点是构成无线传感器网络的基本单元，节点的安全性包括节点不易被发现和节点不易被篡改。无线传感器网络中由于普通传感器节点分布密度大，因此少数节点被破坏不会对网络造成太大影响；但是，一旦节点被俘获，入侵者可能从中读取密钥、程序等机密信息，甚至可以重写存储器将节点变成一个“卧底”。为了防止为敌所用，要求节点具备抗篡改能力。

2）被动抵御入侵能力。对无线传感器网络安全系统的基本要求是，在网络局部发生入侵的情况下，保证网络的整体可用性。被动防御指的是当网络遭到入侵时，网络具备对抗外部攻击和内部攻击的能力，它对抵御网络入侵至关重要。外部攻击者是指那些

没有得到密钥、无法接入网络的节点。外部攻击者虽然无法有效地注入虚假信息，但可以通过窃听、干扰、分析通信量等方式，为进一步的攻击行为收集信息，因此对抗外部攻击首先需要解决保密性问题。其次，要防范能扰乱网络正常运转的简单的网络攻击，如重放数据包等。这些攻击会造成网络性能的下降。最后，要尽量减少入侵者得到密钥的机会，防止外部攻击者演变成内部攻击者。内部攻击者是指那些获得了相关密钥，并以合法身份混入网络的攻击节点。由于无线传感器网络不可能阻止节点被篡改，且密钥可能会被对方破解，因此总会有入侵者在取得密钥后以合法身份接入网络。同时，由于内部攻击者至少能取得网络中一部分节点的信任，因此它所能发动的网络攻击种类更多、危害更大、形式也更隐蔽。

3）主动反击入侵的能力。主动反击能力是指网络安全系统能够主动地限制甚至消灭入侵者而需要具备的能力，包括以下几种：

① 入侵检测能力。和传统的网络入侵检测相似，首先需要准确地识别出网络内出现的各种入侵行为并发出警报；其次，入侵检测系统还必须确定入侵节点的身份或位置，只有这样才能随后发动有效的攻击。

② 隔离入侵者的能力。网络需要具有根据入侵检测信息调度网络的正常通信来避开入侵者，同时丢弃任何由入侵者发出的数据包的能力，这相当于把入侵者和己方网络从逻辑上隔离开来，以防止它继续危害网络的安全。

③ 消灭入侵者的能力。由于无线传感器网络的主要用途是为用户收集信息，因此让网络自主消灭入侵者是较难实现的。

2. 信息安全需求

信息安全就是要保证网络中传输信息的安全性，就无线传感器网络而言，具体的信息安全需求如下：

① 数据机密性——保证网络内传输的信息不被非法窃听。

② 数据鉴别——保证用户收到的信息来自己方而非入侵节点。

③ 数据的完整性——保证数据在传输过程中没有被恶意篡改。

④ 数据的时效性——保证数据在时效范围内传输给用户。

综上所述，无线传感器网络安全技术的研究内容包括两个方面，即通信安全和信息安全。通信安全是信息安全的基础，是保证无线传感器网络内部数据采集、融合、传输等基本功能的正常运行，以及面向网络基础设施的安全性保障；信息安全侧重于保证网络中所传送消息的真实性、完整性和保密性，是面向用户应用的安全性保障。

4.2.1 安全性目标和挑战

在传统网络技术的发展过程中，人们最初关注的是如何实现稳定、可靠的通信，随着网络技术的成熟与发展，网络安全逐渐成为人们关注的焦点。无线传感器网络作为一个新型网络，在发展的最初就应该考虑到网络所面临的安全威胁，考虑到如何在网络设计中加入安全机制来保障无线传感器网络实现安全通信。如果在设计网络协议时没有考虑安全问题，而在后来引入和补充安全机制，付出的代价将是昂贵的。

在无线传感器网络中，无论是哪种应用，安全防护都必不可少。不同的应用需要不同等级的安全防护，如在环境监测、智能小区中所需的安全防护级别要求较低，而在军事应用中需要较高级别的安全防护。虽然无线传感器网络的安全技术研究和传统网络有着较大的区别，但它们的出发点相同，都需要解决网络数据的机密性（Confidentiality）、完整性（Integrity）、安全认证问题（Authentication）、信息新鲜度（Freshness）、可用性（Availability）以及入侵检测和访问控制等问题。由于无线传感器网络区别于传统网络的众多特点，传统网络的安全机制无法有效地在传感器网络中部署并发挥作用。

无线传感器网络的安全目标及实现目标的主要技术见表4-1。

表4-1　无线传感器网络安全目标

目　标	意　义	主要技术
可用性	即使受到攻击（如DoS攻击），也能确保网络能够完成基本的任务	冗余、入侵检测、容错、容侵、网络自愈和重构
机密性	保证机密信息不会暴露给未授权的实体	信息加解密
完整性	保证信息不会被篡改	MAC、Hash、签名
不可否认性	信息源发起者不能否认自己发送的信息	签名、身份认证、访问控制
数据新鲜度	保证用户在指定时间内得到所需要的信息	网络管理、入侵检测、访问控制

要设计适用于无线传感器网络的有效安全机制，就必须针对网络特性及面临的安全挑战进行综合考虑。

（1）网络通信信道的开放性

无线传感器网络使用的无线通信信道是开放式的，任何人都可以通过使用相同频段的通信设备捕获信号，实现对网络通信的监视、窃听甚至哄骗参与，这让攻击者可以轻而易举地对网络发起攻击并进行信息窃取和破坏。

（2）网络协议缺乏安全考虑

大多数无线传感器网络协议在设计之初没有考虑潜在的安全需求，而这些协议在互联网上的公开，使通信协议本身被众所周知，攻击者可以很容易地分析出协议的安全漏洞并加以利用。

（3）网络资源极度受限

由于无线传感器网络资源受到极度限制，使得功能强大的、复杂的安全算法很难应用，例如对于加密技术，在大多数情况下，对称密钥加密技术是设计无线传感器网络安全加密协议的首选，尽管使用非对称密钥加密能够对系统的安全性做出更多的优化。此外，无线传感器网络节点数目众多，这样便要求设计出来的安全机制必须简单、灵活、方便扩展。然而，在网络资源严重受限的条件下设计这样的安全机制非常困难，性能强

大的安全机制必然会提高网络的开销，导致网络应用性能下降。权衡网络应用的性能和安全性，无线传感器网络安全机制的设计必须有所折中，在这种情况下设计出来的安全机制有可能很轻易地被攻击者找到弱点进行突破。

（4）网络部署环境的特殊性

无线传感器网络常常部署在极端恶劣的环境甚至是敌方管辖区域中，没有固定的网络基础设施，缺乏相应的物理保护。节点一旦部署，对网络的监视工作和物理操作很难持续。这样便大大增加了网络出现故障或遭遇攻击的可能性。

网络的安全需求通常源于对攻击的抵御，安全的最大威胁也是网络攻击。攻击者为了达到破坏通信、窃取敏感信息的目的，发明了许多针对无线传感器网络的特有攻击手段。因此，要保障网络安全就必须考虑攻击防御。目前，针对无线传感器网络的路由协议也比较多，在安全路由方面主要是采用对广播的路由信息进行机密性和完整性的认证；使用多径的方法实现路由协议的鲁棒性。

4.2.2 安全体系结构

无线传感器网络容易受到各种攻击，存在许多安全隐患。目前，比较通用的无线传感器网络安全体系结构如图 4-1 所示，网络协议栈由硬件层、操作系统层、中间件层和应用层构成，其安全组件分别为安全原语、安全服务和安全应用，还有各种攻击和安全防御技术存在于上述三层中。

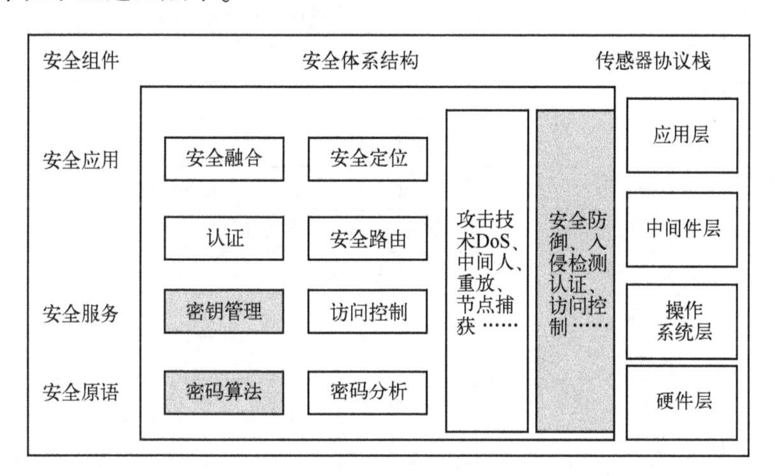

图 4-1　无线传感器网络安全体系结构图

安全路由协议就是抵制攻击方利用路由信息而获取相应的知识来对网络实施攻击，对路由信息要进行相应的认证，必要的时候可采用多径方式来避免攻击，保证网络路由协议的鲁棒性。

安全中间件为网络和应用之间提供中间桥梁，封装了相应的安全组件，为开放的应用提供可信的开发环境，需要保证安全中间件的可靠性。

入侵检测模块也是贯穿各个层次，主要功能是及时发现传感器网络的异常，并给予相应的处理。

4.3　无线传感器网络协议栈的安全

无线传感器网络是由成千上万的传感器节点大规模随机分布而形成的具有信息收集、传输和处理功能的网络，通过动态自组织方式协同感知并采集网络覆盖区域内被查询对象或事件的信息，用于决策支持和监控。

由于无线传感器网络无中心管理点，网络拓扑结构在分布完成前是未知的；传感器网络一般分布于恶劣环境、无人区域或敌方阵地，由于无人参与值守，传感器节点的物理安全不能保证，不能更换电池或补充能量；传感器节点使用的都是嵌入式处理器，计算能力十分有限；无线传感器网络一般采用低速、低功耗的无线通信技术，通信范围、通信带宽均十分有限；传感器节点属于微元器件，有非常小的代码存放空间，因此这些特点对无线传感器网络的安全与实现构成了挑战。目前，传感器网络在网络协议栈的各个层次中可能受到的攻击方法和防御手段如表 4-2 所示。

表 4-2　无线传感器网络攻防手段

网络层次	攻击方法	防御手段
物理层	干扰攻击	宽频、优先级消息、区域映射、模式转换
	物理破坏	破坏感知、节点伪装和隐藏
	篡改破坏	消息认证
链路层	碰撞攻击	纠错码
	耗尽攻击	设置竞争门限
	非公平竞争	使用短帧策略和非优先级策略
网络层	伪造路由信息	认证、监测、冗余机制
	选择性转发	多路冗余传送
	黑洞攻击	认证
	Sybil 攻击	认证
传输层	泛洪攻击	客户端谜题
	异步攻击	认证

4.3.1　物理层的攻击与安全策略

物理层协议负责频率选择、载波频率产生、信号探测、调制和数据加密。无线传感器网络使用基于无线电的介质，所以干扰攻击容易发生，而且节点往往部署在不安全的地区，节点的物理安全得不到保障，因此无线传感器网络在物理层容易遭受攻击。

(1) 干扰攻击

干扰攻击的攻击方式是干扰无线传感器网络中节点所使用的无线电频率，不同干扰

源的破坏力是不同的，既可能影响整个网络，也可能只干扰网络中的一个小区域。即便只使用破坏力较小的干扰源，如果这些干扰源是随机地分布在网络各处的，攻击者依然有可能破坏整个网络。典型的防御干扰攻击的方法包括各种扩频通信方式，例如跳频扩频和编码扩频。

跳频扩频就是根据发送者和接收者都知道的伪随机数列，快速地在多个频率中进行切换。攻击者由于不知道跳频的规律，所以无法一直干扰通信，但由于可用的频率是有限的，所以在实际应用中攻击者可以干扰到所使用的绝大部分的频率带宽。

编码扩频的设计复杂度高，能量开销大，这些缺点限制了它在无线传感器网络中的应用。通常为了降低节点成本和能量开销，传感器节点一般使用单频的通信方式，所以对于干扰攻击的抵抗力很弱。

（2）物理破坏

因为传感器节点往往分布在一个很大的区域内，所以保证每个节点的物理安全是不现实的，敌人很可能俘获一些节点，对其进行物理上的分析和修改，并利用它来干扰网络的正常功能；甚至可以通过分析其内部敏感信息和上层协议机制，破解网络的安全外壳。针对无法避免的物理破坏，需要传感器网络采用更精细的控制保护机制。

1）增加物理损害感知机制。节点能够根据其收发数据包的情况、外部环境的变化和一些敏感信号的变化，判断是否遭受物理侵犯。例如，当传感器节点上的位移传感器感知自身位置被移动时，可以把位置变化作为判断它可能遭到物理破坏的一个要素。节点在感知到被破坏以后，可以采取具体的策略，如销毁敏感数据、脱离网络、修改安全处理程序等，这样敌人将不能正确地分析系统的安全机制，从而保护了网络剩余部分的节点免受安全威胁。

2）对敏感信息进行加密存储。现代安全技术依靠密钥来保护和确认信息，而不是依靠安全算法，所以对通信的加密密钥、认证密钥和各种安全启动密钥需要进行严密的保护。对于破坏者来说，读取系统动态内存中的信息比较困难，所以他们通常采用静态分析系统的方法来获取非易失存储器中的内容，因此敏感信息尽量存放在易失存储器上，如果不可避免地要存储在非易失存储器上，则必须首先进行加密处理。

（3）篡改攻击

由于攻击者可以捕获节点，所以攻击者可以知道节点上所保存的任何信息，例如密钥，利用这些信息，攻击者可以制造出具有合法身份的恶意节点。要识别出这些合法的恶意节点所发出的报文，仅仅使用数字签名机制是不够的，还需要其他方法的配合。

4.3.2　链路层的攻击与安全策略

链路层负责管理数据的多路复用、数据帧的探测、介质存取和纠错控制，它保证网络中点对点、单点对多点的可靠连接。针对链路层的攻击包括有意冲突、节点的资源耗尽和信道的不公平竞争。

（1）碰撞攻击

无线网络的承载环境是开放的，两个邻居节点同时发送信息导致信号相互重叠而不能被分离，从而产生碰撞，只要有一个字节产生碰撞，整个数据包均会被丢弃。

解决碰撞的方法有两种：一是使用纠错编码技术，通过在数据包中增加冗余信息来纠正数据包中的错误位；二是使用信道监听和重传机制，通过监听信道，只有当信道为空闲的时候才发送信息，从而降低碰撞的概率。

（2）耗尽攻击

攻击者可以通过重复的冲突来耗尽节点资源，不断出现的数据发送冲突将引起节点不断地重发数据，从而耗尽节点的能量。耗尽攻击就是利用协议漏洞，通过持续通信的方式使节点的能量资源耗尽，如利用链路层的错包重传机制，使节点不断重复发送上一个数据包，最终耗尽节点的资源。

应对耗尽攻击的一种方法就是限制网络的发送速度，节点自动抛弃那些多余的数据请求，但是这样会降低网络的效率；另一种方法就是在协议实现的时候制定一些执行策略，对过度频繁的请求不予理睬，或者对数据包的重传次数进行限制，避免恶意节点无休止的干扰导致能量耗尽。

（3）非公平竞争

如果忘了数据包通信机制中存在优先级控制，恶意节点或是被俘获节点就可能被用来不断发送高优先级的数据包，从而占据通信信道，使其他节点在通信过程中处于劣势。

这是一种弱 DoS 攻击方式，需要攻击方完全了解传感器网络的 MAC 协议机制，并利用 MAC 协议进行干扰性攻击。一种缓解的办法就是采用短包策略，即在 MAC 层中不允许使用过长的数据包，这样可以缩短每个包占用信道的时间；另一种方法就是弱化优先级之间的差异，或者不采取优先级策略，而采用竞争或时分复用的方式实现数据传输。

4.3.3 网络层的攻击与安全策略

网络层负责数据路由的确定，能量高效是网络层协议设计的首要目标。针对网络层的攻击方式有伪造路由信息、选择性转发、黑洞攻击和 Sybil 攻击。

要进行网络层的攻击，攻击方必须对网络的物理层、链路层及网络层完全了解。网络层的攻击包括丢弃和贪婪破坏、方向误导攻击、汇聚节点攻击和黑洞攻击等。由于网络层攻击的特点，假设攻击方已经通过俘获网络中的物理节点，或通过其他手段获得了网络细节，并制作了一些使用同样通信协议但安插了恶意代码的节点，将这些节点布置在目标网络中，成为网络的一部分。

（1）伪造路由信息

破坏路由协议的最直接方法是针对路由信息本身，攻击者可以伪造路由信息来破坏

网络中数据的转发。伪造路由信息的方式有篡改路由、欺骗路由和重放路由三种，前两种方式可以通过对路由信息加签名来防御，第三种可以通过在消息中加计数值或时间戳来防御。

（2）选择性转发

恶意节点对接收到的报文选择一部分正常转发，剩下的直接丢弃，这种攻击的隐蔽性很强，一般很难发现，不过可以采用多路冗余传送的方式来降低这种攻击的危害。

（3）黑洞攻击

基于距离向量的路由机制通过路径长短进行选路，这样的策略容易被恶意节点利用，通过发送零距离公告，恶意节点周围的节点会把所有的数据包都发送到恶意节点，而不能到达正确的目标，从而在网络中形成一个路由黑洞。通信认证、多径路由等方法可以抵御黑洞攻击。

（4）Sybil 攻击

在 Sybil 攻击中，一个恶意节点可以扮演几个节点，那些容错协议、网络拓扑维护协议和分布存储协议都容易遭受此类攻击。例如，一个分布式存储协议需要保持同一数据的三个副本来保持系统所要求的冗余度，但在 Sybil 攻击下，它可能只能保持一个数据副本。要抵御 Sybil 攻击，必须采用对节点身份进行确认的机制。

4.3.4 传输层和应用层的安全策略

传输层负责管理端到端的连接，泛洪攻击和异步攻击是针对这一层的主要攻击手段。

（1）泛洪攻击

对于需要维持连接两端节点状态的协议，泛洪攻击可以用来耗尽节点的内存空间。攻击者可以重复地发送新的连接请求，一直到被请求节点的资源被耗尽或连接数到了最大值，此时其他的合法请求将被忽略。

解决这个问题可以采用客户端谜题技术，思路是在建立新的连接前，服务节点要求客户节点解决一个谜题，而合法节点解决谜题的代价远远小于恶意节点的解题代价。

（2）异步攻击

异步攻击是指攻击者破坏目前已经建立的连接。攻击者可以反复地向接收节点发送欺骗信息，使得接收节点要求发送节点重传丢失的帧，如果时间标记准确，攻击者可以降低甚至完全破坏接收节点交换数据的能力。

一种防御异步攻击的手段是要求在交换数据包时进行双方节点身份确认，但由于无线传感器网络中节点的物理安全得不到保障，所以节点使用的身份确认机制也可能被攻击者知道，从而无法判断数据的真假。

4.4 无线传感器网络密钥管理

无线传感器网络集传感器技术、通信技术于一体，拥有巨大的应用潜力和商业价值。密钥管理是无线传感器网络安全研究最为重要、最为基本的内容，有效的密钥管理机制是其他安全机制（如安全路由、安全定位、安全数据融合及针对特定攻击的解决方案等）的基础。

无线传感器网络密钥管理的需求分为两个方面：安全需求和操作需求。安全需求是指密钥管理为无线传感器网络提供的安全保障；操作需求是指在无线传感器网络特定的限制条件下，如何设计和实现满足需求的密钥管理协议。

传感器网络密钥管理的安全需求包括机密性、完整性、新鲜性、可认证、鲁棒性、自组织、可用性、时间同步和安全定位等。此外，密钥管理还需满足一定的操作需求，如可访问，即中间节点可以汇聚来自不同节点的数据，邻居节点可以监视事件信号，避免产生大量冗余的事件检测信息；适应性，节点失效或被俘获后应能被替换，并支持新节点的加入；可扩展，能根据任务需要动态扩大规模。

安全管理的核心问题就是安全密钥的建立过程。传统解决密钥协商过程的主要方法有信任服务器分配模型、自增强模型和密钥预分配模型。信任服务器模型使用专门的服务器来完成节点之间的密钥协商过程，如 Kerberos 协议；自增强模型需要非对称密码学的支持，而非对称密码学的很多算法无法在计算能力非常有限的传感器网络上实现；密钥预分配模型在系统部署之前完成大部分安全基础的建立，对于系统运行后的协商工作只需要简单的协议过程，所以特别适合传感器网络的安全引导。

目前，主流的密钥预分配模型包括共享密钥引导模型、基本随机密钥预分配模型、q-composite随机密钥预分配模型和随机密钥对模型。在介绍安全引导模型之前，首先引入一个新的概念——安全连通性。安全连通性是根据通信连通性提出来的，通信连通性是指在无线通信各个节点与网络之间的数据互通性，安全连通性是指网络建立在安全通道上的连通性。在通信连通的基础上，节点之间进行安全初始化建立，或者说各个节点根据预共享知识建立安全通道，如果建立的安全通道能够把所有的节点连成一个网络，则认为该网络是安全连通的。安全连通的网络一定是通信连通的，反过来不一定成立。

评价密钥管理方案的好坏不能仅仅依据方案提供保密能力的程度，还必须满足一定的标准以使它在遭遇敌手攻击时是仍然有效的，这种效能就是传感器网络的三 R 标准：抵抗能力（Resistance）、撤销能力（Revocation）和恢复能力（Resilience）。

（1）抵抗能力

攻击者可能捕获网络中的部分节点，然后复制这些节点重新投放到网络中去。通过这种方式攻击网络，攻击者将复制的节点移植到全部网络，从而获得对整个网络的控制。一个好的密钥管理方案应该能够抵制节点复制从而抵抗这种攻击。

（2）撤销能力

如果某个传感器网络被攻击者入侵，密钥管理技术要能够提供一种有效的方法来废除那些被捕获的节点，这种方法必须是轻量级的，不能占用太多有限的通信容量。

（3）恢复能力

如果传感器网络中的某个节点被捕获，密钥管理方案要能确保其他节点上的秘密信息不被泄露。一个方案的恢复能力可以通过被捕获节点的总数以及网络中被捕获的通信的比例来衡量，网络恢复能力同样可以将新节点加入安全通信。

4.4.1 预共享密钥分配模型

预共享密钥是最简单的一种密钥建立过程，SPINS[⊖]就是使用这种密钥建立的模式。预共享密钥有以下几种模式。

（1）每对节点之间都共享一个主密钥

这种方式保证每个节点之间的通信都可以直接使用这个预共享密钥衍生出来的密钥进行加密，该模式要求每个节点都存放与其他节点的共享密钥。这种模式的优点包括不依赖基站、计算复杂度低、引导成功率为100%；任何节点之间共享的密钥是独享的，其他节点并不知道，所以一个节点被俘获后不会泄露直接建立的任何安全通道。但是这种模式的缺点也是显然的，即扩展性不好、无法加入新节点，除非重建网络；网络免疫力很低，一旦节点被俘，敌人将很容易使用该节点获得与所有节点之间的密钥，并通过这些密钥破坏整个网络；支持的网络规模小，每个传感器节点都必须存储与所有节点共享的密钥，如网络的规模为 n 个节点，每个节点都至少要存储 $n-1$ 个密钥，如果考虑到各种衍生密钥的存储，整个网络的密钥存储的开销是非常庞大的。

（2）每个普通节点与基站之间共享一对主密钥

这样每个节点需要存储密钥的空间将非常小，计算和存储压力全部集中在基站上。该模式的优点包括计算复杂度低，对普通节点的资源和计算能力要求不高；引导成功率高，只要节点能够连接到基站就能够进行安全通信；支持的网络规模取决于基站的能力，可以支持上千个节点；对于异构节点基站可以进行识别，并及时将其排除在网络之外。缺点包括过分依赖基站，如果节点被俘，会暴露其与基站的共享密钥；而基站被俘，则整个网络就会被攻破。所以，要求基站部署在安全的位置；整个网络通信或多或少地都要经过基站，基站可能成为网络的瓶颈，如果基站能够动态更新的话，则网络能够扩展新节点，否则将无法扩展。这种模式对于收集性网络比较有效，因为所有的节点都是与基站直接相连的；而对于协同性网络，如用于目标跟踪的网络，效率会比较低。在协同性网络中，数据要安全地在各个节点之间通信，一种是通过基站，但会造成数据

⊖ SPINS 安全协议框架是最早的无线传感器网络安全框架之一，包括 SNEP（Secure Network Encryption Protocol）和 μTESLA（micro Timed Efficient Streaming Loss-tolerant Authentication Protocol）两个部分。

拥塞；另一种方法是通过基站建立点到点的安全通道。对于通信对象变化不大的情况，建立点到点的安全通道的方式还能够进行正常的工作；如果通信对象频繁切换，安全通道的建立过程会严重影响网络的运行效率。另外一个问题就是在多跳网络环境下，对于DoS攻击没有任何防御能力。在节点和基站之间的通信过程中，中间转发节点没有办法对信息包进行任何认证判断，只能透明转发。恶意节点可以利用这一点伪造各种错误数据包发送给基站，因为中间节点是透明转发数据包，只有到达基站才能够被识别出来。

预共享密钥引导模型虽然有很多不尽如人意的地方，但因其实现简单，所以在一些网络规模不大的应用中可以得到有效的实施。

4.4.2　随机密钥预分配模型

解决DoS攻击的最基本方式就是实现逐跳认证，或者说每一对相邻的通信节点之间传递的数据都能够进行有效性认证，这样一个数据包在每对节点之间的转发都可以进行一次认证过程，恶意节点的DoS攻击包会在刚刚进入网络的时候就会被丢弃。

实现点到点安全最直接的办法是点到点共享安全密钥的模式，不过这种模式对节点资源要求过高。事实上并不要求任何两个节点之间都共享密钥，而是能够在直接通信的节点之间共享密钥就可以了。由于缺乏后期节点部署的先验知识，传感器网络在部署节点的时候并不知道哪些节点会与该节点直接通信，所以这种确定的预共享密钥模式就必须在任何可能建立通信的节点之间设置共享密钥。

1. 基本随机密钥预分配模型

基本随机密钥预分配模型是Eschenauer和Gligor首先提出来的，为了保证在任意节点之间建立安全通道的前提下，尽量降低模型对节点资源的要求，基本思想是：生成一个比较大的密钥池，任何节点都拥有密钥池中的一部分密钥，只要节点之间拥有一对相同的密钥就可以建立安全通道。如果存放密钥池的全部密钥，则基本密钥预分配模型就退化成点到点的预共享模型。

Eschenauer和Gligor提出的密钥预分配模型不但满足实际的可操作性，而且满足分布式传感器网络的安全需求，这个模式包括传感器密钥的选择性分发和注销，以及在不需要充足计算和通信能力前提下的节点密钥的重置。这个模型依赖节点之间随机曲线的概率密钥共享，以及使用一个简单的密钥共享、发现和密钥路径建立的协议，可以方便地进行密钥的撤销、重置和增加节点。基本随机密钥预分配模型的具体实施过程如下：

1）在一个比较大的密钥空间中为一个传感器网络选择一个密钥池S，并为每个密钥分配一个ID，在进行节点部署前，从密钥池S中选择m个密钥存储在每个节点中，这m个密钥称为节点的密钥环。m大小的选择要保证两个都拥有m个密钥的节点存在相同密钥的概率大于一个预先设定的概率p。

2）节点布置好以后，节点开始进行密钥发现过程。节点广播自己密钥环中所有密钥的ID，寻找那些和自己有共享密钥的邻居节点，不过使用ID的一个弊端就是攻击者

可以通过交换的 ID 分析出安全网络拓扑，从而对网络造成威胁。解决这个问题的方法是使用 Merkle 谜题来完成密钥的发现，Merkle 谜题的技术基础是在正常的节点之间解决谜题要比其他节点容易。任意两个节点之间通过谜题交换密钥，它们可以很容易判断出彼此是否存在相同密钥，而中间人却无法判断这一结果，也就无法构建网络的安全拓扑。

3）根据网络的安全拓扑，节点和那些与自己没有共享密钥的邻居节点建立安全通信密钥。节点首先确定到达该邻居节点的一条安全路径，然后通过这条安全路径与该邻居节点协商一对路径密钥，未来这两个节点之间的通信将直接通过这一对路径密钥进行，而不再需要多次的中间转发。如果安全拓扑是连通的，则任何两个节点之间的安全路径总能找到。

基本随机密钥预分配模型是一个概率模型，可能存在这样的节点，或者一组节点，它们和它们周围的节点之间没有共享密钥，所以不能保证通信连通的网络一定是安全连通的。影响基本密钥预分配模型的安全连通性的因素包括密钥环的尺寸 m、密钥池 S 的大小 $|S|$ 以及它们的比例、网络的部署密度（或者说是网络的通信连通度数）、布置网络的目标区域状况。$m/|S|$ 越大，则相邻节点之间存在相同密钥的可能性越大。但 m 太大会导致节点资源占用过多，$|S|$ 太小或者 $m/|S|$ 太大会导致系统变得脆弱，这是因为当一定数量的节点被俘获以后，攻击者将获得系统中绝大部分的密钥，导致系统彻底暴露。$|S|$ 的大小与网络规模也有紧密的关系：网络部署密度越高，则节点的邻居节点越多，能够发现具有相同密钥的概率就会比较大，整个网络的安全连通概率也会比较高。对于网络布置区域，如果存在大量物理通信障碍，不连通的概率会增大。为了解决网络安全不连通的问题，传感器节点需要完成一个范围扩张过程，该过程可以是不连通节点通过增大信号传输功率，从而找到更多的邻居，增大与邻居节点共享密钥概率的过程；也可以是不连通节点与两跳或者多跳以外的节点进行密钥发现的过程（跳过几个没有公共密钥的节点）。范围扩张过程应该逐步增加，直到建立安全连通图为止，多跳扩张容易引发 DoS 攻击，因为无认证的多跳会给攻击者可乘之机。

网络通信连通度的分析基于一个随机图 $G(n,p_1)$，其中 n 为节点个数，p_1 是相邻节点之间能够建立安全链路的概率。根据 Erdös 和 Renyi 对于具有单调特性的图 $G(n,p_1)$ 的分析，有可能为途中的顶点（vertices）计算出一个理想的度数 d，使得图的连通概率非常高，达到一个指定的阈值 c（例如 $c=0.999$）。Eschenauer 和 Gligor 给出规模为 n 的网络节点的理想度数如下式：

$$d=\left(\frac{n-1}{n}\right)\times[\ln n-\ln(-\ln c)] \tag{4-1}$$

对于一个给定密度的传感器网络，假设 n' 是节点通信半径内邻居个数的期望值，则成功完成密钥建立阶段的概率可以表示为

$$p=\frac{d}{n'} \tag{4-2}$$

诊断网络是否连通的一种实用方法是检查它能不能通过多跳连接到网络中所有的基站上，如果不能，就启动范围扩张过程。

随机密钥预分配模型和基站预共享密钥相比，有很多优点，主要表现在以下几个方面。

1）节点仅存储密钥池中的部分密钥，大大降低了每个节点存放密钥的数量和空间。

2）更适合于解决大规模的传感器网络的安全引导，因为大网络有相对比较小的统计涨落。

3）可以独立建立点到点的安全信道通信，减少网络安全对基站的依赖，基站仅仅作为一个简单的消息汇聚和任务协调的节点，即使基站被俘，也不会对整个网络造成威胁。

4）有效地抑制 DoS 攻击。

2. q-composite 随机密钥预分配模型

在基本模型中，任何两个邻居节点的密钥环中至少有一个公共的密钥。Chan、Perrig、Song 提出了 q-composite 模型，该模型将这个公共密钥的个数提高到 q，提高 q 值可以提高系统的抵抗力，网络的攻击难度和共享密钥个数 q 之间呈指数关系。但是要想使安全网络中任意两点之间的安全连通度超过 q 的概率达到理想的概率值 p（预先设定），就必须缩小整个密钥池的大小、增加节点间共享密钥的交叠度。但密钥池太小，会使攻击者通过俘获少数几个节点就能获得很大的密钥空间，因此寻找一个最佳的密钥池的大小是该模型的实施关键。

q-composite 随机密钥预分配模型和基本模型的过程相似，只是要求相邻节点的公共密钥数要大于 q。在获得了所有共享密钥信息以后，如果两个节点之间的共享密钥数量超过 q，为 q'个，那么就用所有 q'个共享密钥生成一个密钥，作为两个节点之间的共享主密钥。由于 Hash 函数自变量的密钥顺序是预先议定的规范，所以这样两个节点就能计算出相同的通信密钥。

q-composite 随机密钥预分配模型中密钥池的大小可以通过下面的方法获得。

假设网络的连通概率为 c，每个节点的全网连通度的期望值为 n'。根据式（4-1）和式（4-2），可以得到任意给定节点的连通度期望值 d 和网络连通概率 p。设任何两个节点之间共享密钥个数为 i 的概率为 $p(i)$，则任意节点从 $|S|$ 个密钥池中选取 m 个密钥的方法有 $C_{|S|}^{m}$ 种，两个节点分别选取 m 个密钥的方法数为 $(C_{|S|}^{m})^2$ 个。假设两个节点之间有 i 个共同密钥，则有 $C_{|S|}^{m}$ 种方法选出相同密钥。另外，$2(m-i)$ 个不同的密钥从剩下的 $|S|-i$ 个密钥中获取，方法数为 $C_{|S-i|}^{2(m-i)}$。于是，有

$$p(i)=\frac{C_{|S|}^{i}\cdot C_{|S-i|}^{2(m-i)}\cdot C_{|S-i|}^{m-i}}{(C_{|S|}^{m})^2} \tag{4-3}$$

用 p_c 表示任意两个节点之间存在至少 q 个共享密钥的概率，则有

$$p_c=1-[p(0)+p(1)+p(2)+\cdots+p(q-1)] \tag{4-4}$$

根据不等式 $p_c \geqslant p$ 计算最大的密钥池尺寸 $|S|$。q-composite 随机密钥预分配模型相对于基本随机密钥预分配模型对节点被俘有很强的自恢复能力。规模为 n 的网络，在有 x 个节点被俘获的情况下，正常的网络节点通信信息可能被俘获的概率公式为

$$\sum_{i=q}^{m}\left\{\left[1-\left(1-\frac{m}{|S|}\right)^{x}\right]^{i}\times\frac{p(i)}{p}\right\} \tag{4-5}$$

q-composite 随机密钥预分配模型因为没有限制节点的度数，所以不能防止节点的复制攻击。

3. 多路径密钥增强模型

假设初始密钥建立完成（用基本模型），很多链路通过密钥链中的共享密钥建立安全链接，因此密钥不能一成不变，使用一段时间后通信密钥必须更新，密钥的更新可以在已有的安全链路上更新，但是这样做存在危险。假设两个节点间的安全链路是根据两个节点间的公共密钥 K 建立的，根据随机密钥分布模型的基本思想，共享密钥 K 很可能存放在其他节点的密钥池中。如果对手俘获了部分节点，获得了密钥 K，并跟踪了整个密钥池的所有信息，它就可以在获得密钥 K 以后解密密钥的更新信息，从而获取新的通信密钥。

为此，Andersen 和 Perrig 提出多路径密钥增强的思想，多路径密钥增强模型是在多个独立的路径上进行密钥更新。假设有足够的路由信息可用，以至于节点 A 知道所有到达节点 B 的跳数小于 h 的不相交路径。设 $A,N_1,N_2,\cdots,N_i,B$ 是在密钥建立之初建立的一条从节点 A 到节点 B 的路径。任何两点之间都有公共密钥，并设这样的路径存在 j 条，且任何两条之间不交叉（disjoint），产生 j 个随机数 $v_1,v_2,\cdots,v_j$，每个随机数与加解密密钥有相同的长度。节点 A 将这 j 个随机数通过 j 条路径发送到节点 B，节点 B 接收到这 j 个随机数将它们异或之后，作为新密钥，而对手只有掌握所有的 j 条路径才能够获得密钥 K 的更新密钥。使用这种算法，路径越多，安全度越高，但路径越长，安全度越差。对于任何一条路径，只要路径中的任一节点被俘获，整条路径就等于被俘获了。考虑到长路径降低了安全性，所以一般只研究两跳的多路径密钥增强模型，即任意两个节点间更新密钥时，使用两条安全链路，且任何一条路径只有两跳的情况。此时，通信开销降到最小，节点 A 和节点 B 之间只需要交换邻居信息，且两跳不可能存在路径交叠问题，从而降低了处理难度。

多路增强一般应用在直连的两个节点之间，如果用在没有共享密钥的节点之间，会大大降低因为多跳而带来的安全隐患。但多路径增强密钥模型增加了通信开销，是否划算要看具体的应用，密钥池大小对多路径增强密钥模型的影响表现在：密钥池过小会削弱多路径密钥增强模型的效率，因为对方人员容易收集到更多的密钥信息。

4. 随机密钥对模型

随机密钥对模型是 Chan、Perrig、Song 等人提出的又一种安全引导模型，它的原型

始于共享密钥引导中的节点共享密钥模式。节点密钥模式是在一个 n 个节点的网络中，每个节点都存储与另外 $n-1$ 个节点共享的密钥对，或者说任意两个节点之间都有一个独立的共享密钥对。随机密钥对模型是一个概率模型，它不存储所有 $n-1$ 个密钥对，而只存储与一定数量节点共享的密钥对，以保证节点之间的安全连通的概率为 p，进而保证网络的安全连通概率达到 c。式（4-6）给出了节点需要存储密钥对的数量 m，从公式中可以看出，p 越小，节点需要存储的密钥对的数量 m 越少。

$$m=np \tag{4-6}$$

所以对于随机密钥对模型来说，要减少密钥存储给节点带来的压力，就需要在给定网络的安全连通概率 c 的前提下，计算单对节点的安全连通概率 p 的最小值。单对节点安全连通概率 p 的最小值可以通过式（4-1）和式（4-2）计算。

如果给定节点存储 m 个随机密钥对，则能够支持的网络大小为 $n=m/p$。根据连通度模型，p 在 n 比较大的情况下可能会增长缓慢，n 随着 m 的增大和 p 的减小而增大，增大的比例取决于网络配置模型。与上面介绍的随机密钥预分配模型不同，随机密钥对模型没有共享的密钥空间和密钥池。密钥空间存在的一个最大的问题就是节点中存放了大量使用不到的密钥信息，这些密钥信息只在建立安全通道和维护安全通道的时候用得到，而这些冗余的信息在节点被俘的时候会给攻击者提供大量的网络敏感信息，使得网络对节点被俘的抵御力非常弱。密钥对模型中每个节点存放的密钥具有本地特性，也就是说所有的密钥都是被节点本身独立拥有的，这些密钥只在与其配对的节点中存在一份。如果节点被俘，它只会泄露和它相关的密钥以及它直接参与的通信，不会影响到其他节点。当网络感知到节点被俘的时候，可以通知与其共享密钥对的节点将对应的密钥对从自己的密钥空间中删除。

为了配置网络的节点对，引入了节点标识符 ID 空间的概念，每个节点除了存放密钥外，还要存放与该密钥对应的节点标识符。有了节点标识符的概念，密钥对模型能够实现网络中的点到点的身份认证，任何存在密钥对的节点之间都可以直接进行身份认证，因为只有它们之间才存在这个密钥对。点到点的身份认证可以实现很多安全功能，如可以确认节点的唯一性，阻止复制节点加入网络。

随机密钥对模型的初始化过程如下，这里假设网络最大容量为 n 个节点。

1）初始配置阶段。为可能的 n 个独立节点分配唯一节点标识符，网络的实际大小可能比 n 小。不用的节点标号在新的节点加入到网络中的时候使用，以提高网络的扩展性。每个节点标识符和另外 m 个随机选择的不同节点标识符相匹配，且为每对节点产生一个密钥对，存储在各自的密钥环中。

2）密钥建立的后期配置阶段。每个节点 i 首先广播自己的 ID_i 给它的邻居，邻居节点在接收到来自 ID_i 的广播包以后，在密钥环中查看是否与这个节点共享密钥对。如果有，则通过一次加密的握手过程来确认本节点确实和对方拥有共享密钥对。例如，节点 A 和 B 之间存在共享密钥，则它们之间可以通过下面的信息交换完成密钥的建立：

$$
\begin{cases}
A \rightarrow * : \{\mathrm{ID}_A\} \\
B \rightarrow * : \{\mathrm{ID}_B\} \\
B \rightarrow A : \{\mathrm{ID}_A \mid \mathrm{ID}_B\} K_{AB}, MAC(K'_{AB}, \mathrm{ID}_A \mid \mathrm{ID}_B) \\
A \rightarrow B : \{\mathrm{ID}_B \mid \mathrm{ID}_A\} K_{AB}, MAC(K'_{AB}, \mathrm{ID}_B \mid \mathrm{ID}_A)
\end{cases} \tag{4-7}
$$

经过握手，节点双方确认彼此之间确实拥有共同的密钥对，因为节点标识符很短，所以随机密钥对的密钥发现的通信开销和计算开销比前面介绍的随机密钥预分配模型小。与其他随机密钥预分配模型相同，随机密钥对模型同样存在安全拓扑图不连通的问题，这一点可以通过多跳方式扩展节点的通信范围来缓解。例如，在 3 跳以内的节点发现共享密钥，可以大大提高有效通信距离内的安全邻居节点的个数，从而提高安全连通的概率。

通过多跳方式扩展通信范围必须小心使用，因为在中间节点转发过程中数据包没有认证和过滤。在配置阶段，如果攻击者向随机节点发送数据包，则该数据包会被当作正常的密钥协商数据包在网络中重复很多遍。这种潜在的 DoS 攻击可能会终止或者减缓密钥的建立过程，通过限定跳数可以减少这种攻击方法对网络的影响，如果系统对 DoS 攻击敏感，最好不要使用多跳特性，多跳过程在随机密钥模型的操作过程中不是必需的。

3）随机密钥对模型支持分布节点的撤除。节点撤除过程主要在发现失效节点、被俘节点或者被复制节点的时候使用。前面描述过如何通过基站完成对已有节点的撤除，但是因为节点和基站的通信延迟比较大，所以这种机制会降低节点撤除的速度。在撤除节点的过程中，必须在恶意节点对网络造成危害之前将它从网络中剪除，所以快速反应是非常重要的。

在随机密钥对引导模型中定义了一种投票机制来实现分布式的节点撤除过程，使它不再依靠基站，这种投票机制的前提是，每个节点中存在一个判断其邻居节点是否已被俘的算法。这样，节点可以在收到投票请求时，对邻居节点是否被俘进行投票。投票过程是一个公开的过程，不需要隐藏投票节点的节点标识符。如果在一次投票过程中，节点 A 收到弹劾节点 B 的节点数超过阈值 t 以后，节点 A 将断开与节点 B 之间的所有连接。撤除节点的消息将通过基站传送到网络配置机构，使后面部署的节点不再与节点 B 共享密钥。

4.4.3 基于位置的密钥预分配模型

基于位置的密钥预分配方案是对随机密钥预分配模型的一个改进，这类方案在随机密钥对模型的基础上引入了传感器节点的位置信息，每个节点都存放一个地理位置参数。基于位置的密钥预分配方案借助于位置信息，在相同网络规模、相同存储容量的条件下可以提高两个邻居节点具有相同密钥对的概率，也能提高网络攻击节点被俘获的能力。

Liu 的方案是把传感器网络划分为大小相等的单元格，每个单元格共享一个多项

式，每个节点存放节点所在单元格及相邻4个单元格的多项式。周围节点可以根据自身坐标和该节点坐标判断是否有相同的多项式。如果有，可以通过多项式计算出共享密钥对，建立安全通信信道；否则，可以考虑通过已有的安全通道协商共享密钥对。此方案需要部署服务器帮助确定节点的期望位置及其邻近节点，并为其配置共享多项式。

Huang的方案是对基本的随机密钥分配方案的扩展，它把密钥池分为多个子密钥池，每个子密钥池又包含多个密钥空间，传感器网络被划分为二维单元格，每个单元格根据位置信息对应于一个子密钥池，单元格中的节点在对应的子密钥池中随机选择多个密钥空间。特别地，为每个节点选择其相邻单元格中的一个节点，并部署与其共享的密钥。这样，每个单元格中的节点都分配到了唯一的密钥，使节点具有更强的抗俘获能力。

基于对等中间节点（peer intermediary）的密钥预分配方案也是一种基于位置的密钥预分配方案，其基本思想是把部署的网络节点划分成一个网络，每个节点分别与它同行和同列的节点共享密钥对。对于任意两个节点A和B都能够找到一个节点C，分别和节点A与B共享会话密钥，这样通过节点C，节点A和B就能够建立起一个安全的通信信道。此方案大大减小了节点在建立共享密钥时的计算量及对存储空间的需求。

4.4.4 其他密钥管理方案

基于KDC的组密钥管理是在逻辑层次密钥（Logical Key Hierarchy，LKH）方案上的扩展，如有routing awared key distribution scheme、ELK方案，这些密钥管理方案对于普通的传感器节点要求的计算量比较少，且不需要占用大量的内存空间，有效地实现了密钥的前向保密和后向保密，可以利用Hash法减少通信开销，提高密钥更新效率。但在无线传感器网络中，KDC的引入使网络结构异构化，增加了网络的脆弱环节，KDC的安全性直接关系到网络的安全。另外，KDC与节点距离甚远，节点要经过多跳才能到达KDC，会导致大量的通信开销。一般来说，基于KDC的模型不是传感器网络密钥管理的理想选择。

无线传感器网络的密钥管理方案还有许多，如multipath key reinforcement scheme、using deployment knowledge等。通常，应根据具体的应用来选取合适的密钥管理方案。然而，目前大多数的预配置密钥管理机制的可扩展性并不强，而且不支持网络的合并，应用受到了局限。在资源受限的网络环境下，让传感器节点随机地和其他节点预配置密钥也不是一个高效能的选择。因此，与应用相关的定向、动态的密钥预配置方案将获得更多的关注。随着新应用的出现和传感器网络中一些基础协议研究的发展，需要提出新的、与之相应的密钥管理协议。因此，密钥管理仍然是传感器网络安全的一个研究热点。

4.5 无线传感器网络的入侵检测技术

如图4-2所示，无线传感器网络安全防御可以分成两层：第一层主要集中在密钥

管理、认证、安全路由、数据融合安全、冗余、限速及扩频等方面。第一层防御机制可以对攻击进行防范，但是攻击者总能找出网络的脆弱点实施攻击。一旦第一层防御机制被攻克，攻击者就可以发动攻击，此时如果缺乏有效的检测与应对措施，便失去了针对入侵的自适应能力。所以入侵检测作为第二道防线就显得尤为重要。

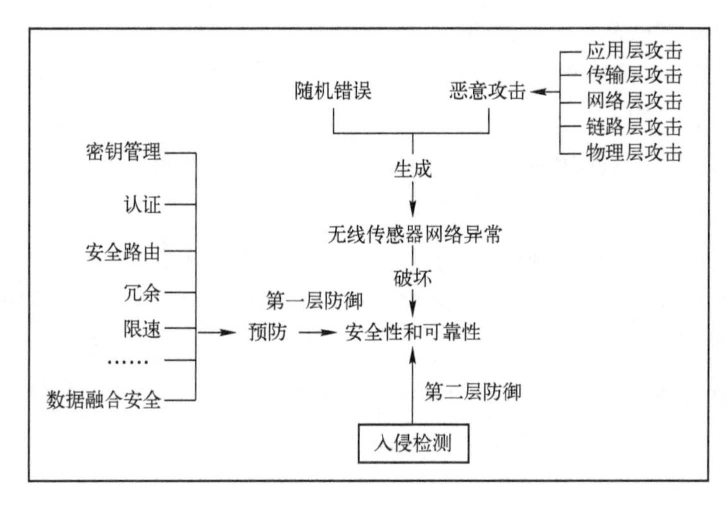

图 4-2　无线传感器网络安全防护

入侵是指破坏系统机密性、可用性和完整性的行为，入侵检测提供了一种积极主动的深度防护机制，通过对系统的审计数据或者网络数据包信息来实现非法攻击和恶意使用行为的识别。当发现被保护系统可能遭受攻击和破坏后，通过入侵检测响应来维护系统安全。相比于第一层防御致力于建立安全、可靠的系统或网络环境，入侵检测采用预先主动的方式，全面地自动检测被保护的系统，通过对可疑攻击行为进行报警和控制来保障系统的安全。目前，入侵检测系统已广泛应用于网络系统和计算机主机系统的安全中。

由于无线传感器网络与传统的计算机网络在终端类型、网络拓扑、数据传输等很多方面存在不同，且面临的安全问题也有较大的差别，已有的检测方法已经不再适用。如何设计实现适用于无线传感器网络的入侵检测系统，已经变成当前传感器网络安全防御机制的研究重点。

4.5.1　入侵检测技术概述

入侵检测可以被定义为识别出正在发生的入侵企图或已经发生的入侵活动的过程，它是无线传感器网络的安全策略之一，传感器节点有限的内存和电池能量使得无线传感器网络并不适合使用现行的入侵检测机制。

入侵检测是发现、分析和汇报未授权或者毁坏网络活动的过程。传感器网络通常被部署在恶劣的环境下，甚至是敌方区域，因此容易受到敌人的捕获和侵害，传感器网络入侵检测技术主要集中在监测节点的异常以及恶意节点的辨别上。由于资源受限以及传感器网络容易受到更多的侵害，传统的入侵检测技术不能应用于传感器网络。

无线传感器网络入侵检测研究面临的主要挑战有以下几个方面。

1）攻击形式多种多样，无线传感器网络的攻击手段和攻击特点与传统计算机网络具有较大差异，如链路层和网络层的大部分攻击都是传感器网络中特有的。传统计算机网络使用的资源如网络、文件、系统日志、进程等无法应用于传感器网络，需要考虑能够应用到无线传感器网络入侵检测中的特征信息。

2）无线传感器网络中的新型攻击层出不穷，如何提升入侵检测系统检测未知攻击的能力是需要解决的问题。

3）无线传感器网络资源有限，资源包括存储空间、计算能力、带宽和能量，有限的存储空间意味着传感器节点上不可能存储大量的系统日志。基于知识的入侵检测系统需要存储大量的定义好的入侵模式，通过模式匹配的方式检测入侵，这种方式需要存储入侵行为特征库，且随着入侵类型的增多，特征库也随之增大。有限的计算能力意味着节点上不适合运行需要大量计算的入侵检测算法。当前的无线传感器网络采用的都是低速、低功耗的通信技术，节点能源有限的特点要求入侵检测系统不能带来太大的通信开销，而这一点在传统计算机网络中较少考虑。

4.5.2 入侵检测技术分类

入侵检测技术分为基于误用的检测、基于异常的检测、基于规范的检测。

1）基于误用的检测。通过比较存储在数据库中的已知攻击特征来检测入侵，然而由于无线传感器网络中节点的存储能力有限，且数据管理系统的不成熟，建立完善的入侵特征库存在一定困难。

2）基于异常的检测。建立系统状态和用户行为的正常轮廓，然后与当前的活动进行比较，如果有明显的偏差，则发生异常。由于无线传感器网络动态性强，以及当节点能量消耗殆尽而导致的网络拓扑结构变化，网络流量一方面呈现出一种高度非线性、耗散与非平衡的特性；另一方面，并非所有的入侵都表现为网络流量异常，这也给区分无线传感器网络的正常行为和异常行为带来了极大的挑战。

3）基于规范的检测。定义一系列描述程序或协议的操作规范，通过比较系统程序的执行、系统定义正常的程序和协议规范来判断异常。无线传感器网络中的异常检测利用预先定义的规则把数据分为正常和异常，当监控网络时，如果定义为异常条件的规则得到满足，则发生异常。

4.5.3 入侵检测体系框架

无线传感器网络入侵检测由三部分组成：入侵检测、入侵跟踪和入侵响应，这三部分顺序执行，首先执行入侵检测，如果存在入侵，将执行入侵跟踪来定位入侵，然后执行入侵响应来防御攻击者。入侵检测体系的框架如图 4-3 所示。

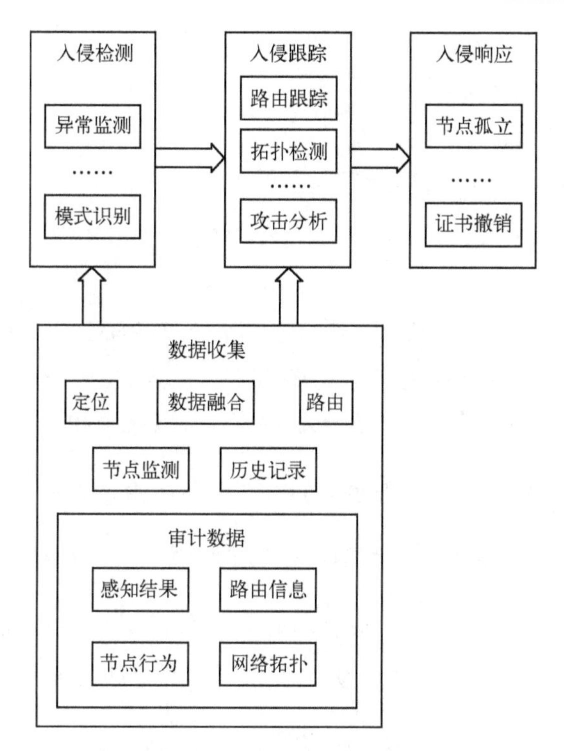

图 4-3　入侵检测体系的框架

W. Ribeiro 等人提议通过检测恶意信息传输来标识传感器网络的恶意节点，如果信息传输的信号强度和其所在的地理位置相矛盾，那么此信息被认为是可疑的。节点接收到信息时，比较接收信息的信号强度和期望的信号强度（根据能力损耗模型计算）。如果匹配，则将此节点的不可疑投票加 1；否则，将可疑投票加 1，然后通过信息发布协议来标识恶意节点。

A. Agah 等人则通过博弈论的方法衡量传感器网络的安全，协作、信誉和安全质量是衡量节点的基本要素。另外，攻击者和传感器网络之间规定非协作博弈，最终得到抵制入侵的最优防御策略。

4.5.4　三种入侵检测方案的工作原理

1. 博弈论框架

对于一个固定的簇 k，攻击者有三种可能的策略：AS_1 攻击群 k、AS_2 不攻击群 k、AS_3 攻击其他群。入侵检测系统（Intrusion Detection System，IDS）也有两种策略：（SS_1）保护簇 k 或者（SS_2）保护其他簇。考虑这样一种情况，在每一个时间片内 IDS 只能保护一个簇，那么这两个博弈者的付出关系可以用一个 2×3 的矩阵表示，矩阵 $\boldsymbol{A}$ 和 $\boldsymbol{B}$ 中的 a_{ij} 和 b_{ij} 分别表示 IDS 和攻击者的付出。此外，还定义了以下符号：

$U(t)$——传感器网络运行期间的效用；

C_k——保护簇 k 的平均成本；

AL_k——丢掉簇 k 的平均损失；

N_k——簇 k 的节点数量。

IDS 的付出矩阵 $\boldsymbol{A}=(a_{ij})_{2\times3}$定义如下：

$$\boldsymbol{A}=\begin{pmatrix} a_{11} & a_{12} & a_{13} \\ a_{21} & a_{22} & a_{23} \end{pmatrix} \tag{4-8}$$

式中，$a_{11}=U(t)-C_k$表示$(\mathrm{AS}_1,\mathrm{SS}_1)$，即攻击者和 IDS 都选择同一个簇 k，因此对于 IDS，它最初的效用值 $U(t)$要减去它的防御成本；$a_{12}=U(t)-C_k$表示$(\mathrm{AS}_2,\mathrm{SS}_1)$，即攻击者并没有攻击任何簇，但是 IDS 却在保护簇 k，所以必须扣除防御成本。$a_{13}=U(t)-C_k-\sum\limits_{i=1}^{N'_k}AL_{k'}$表示$(\mathrm{AS}_3,\mathrm{SS}_1)$，IDS 保护的是簇 k，但攻击者攻击的是簇 k'，在这种情况下，需要从最初的效用中减去保护一个簇所需的平均成本，另外还需要减去由于丢掉簇 k'带来的平均损失；$a_{21}=U(t)-C_{k'}-\sum\limits_{i=1}^{N_k}AL_k$表示$(\mathrm{AS}_1,\mathrm{SS}_2)$，即攻击者攻击的簇为 k，而 IDS 保护的簇为 k'；$a_{22}=U(t)-C_{k'}$表示$(\mathrm{AS}_2,\mathrm{SS}_2)$，即攻击者没有攻击任何簇，但 IDS 却在保护簇 k'，所以必须减去保护成本；$a_{23}=U(t)-C_{k'}-\sum\limits_{i=1}^{N''_k}AL_{k''}$表示$(\mathrm{AS}_3,\mathrm{SS}_2)$，即 IDS 保护的是簇 k'，但是攻击者攻击的却是簇 k''，在这种情况下，要从最初的效用中减去防御簇 k'的平均成本，另外还要减去丢掉簇 k''带来的平均损失。

定义攻击者的付出矩阵 $\boldsymbol{B}=(b_{ij})_{2\times3}$如下：

$$\boldsymbol{B}=\begin{pmatrix} PI(t)-CI & CW & PI(t)-CI \\ PI(t)-CI & CW & PI(t)-CI \end{pmatrix} \tag{4-9}$$

式中，CW 为等待并决定攻击时所需的成本；CI 为攻击者入侵的成本；$PI(t)$为每次攻击的平均收益。在上述付出矩阵中，b_{11}和 b_{21}表示对簇 k 的攻击，b_{13}和 b_{23}表示对非簇 k 的攻击，它们都为 $PI(t)-CI$，表示从攻击一个簇所获得的平均收益中减去攻击的平均成本。同样，b_{12}和 b_{22}表示非攻击模式，如果入侵者在这两种模式下准备发起攻击，那么 CW 就代表了因为等待攻击所付出的代价。

现在讨论博弈的平衡问题。首先，介绍博弈论中的支配策略，给定由两个 $m\times n$ 矩阵 $\boldsymbol{A}$ 和 $\boldsymbol{B}$ 定义的双博弈矩阵，$\boldsymbol{A}$ 和 $\boldsymbol{B}$ 分别代表博弈者 p_1和 p_2的付出。假定如果 $a_{ij}\geqslant a_{kj}$ $(j=1,\cdots,n)$，则行 i 支配行 k，行 i 称为“p_1的支配策略”。对 p_1来说，选出支配行 i 要优先于选出被支配行 k，所以行 k 实际上可以从博弈中去掉，这是因为作为一个合理的博弈者 p_1根本不会考虑这个策略。

定理 4.1　基于策略$(\mathrm{AS}_1,\mathrm{SS}_1)$的博弈结果趋于纳什均衡。

从上面的讨论中得出：对于 IDS 来说，最好的策略就是选择最恰当的簇予以保护，这样就使 $U(t)-C_k$的值最大；对于攻击者来说，最好的策略就是选择最合适的簇来攻

击，因为 *PI*-*CI* 总比 *CW* 大，所以总是鼓励入侵者的攻击。

2. 马尔可夫判定过程（Markov Decision Process，MDP）

假设在有限值范围内存在随机过程$\{X_n, n=0,1,2,\cdots\}$，如果 $X_n=i$，那么就说这个随机过程在时刻 n 的状态为 i。假定随机过程处于状态 a，那么过程在下一时刻从状态 i 转移到状态 j 的概率为 p_{ij}，这样的随机过程称为“马尔可夫链”。基于过去状态和当前状态的马尔可夫链的条件分布与过去状态无关而仅取决于当前状态。对 IDS 来说，可以给出一个奖励概念，只要正确地选出予以保护的簇，它将因此而此得到奖励。

马尔可夫判定过程为解决连续随机判定问题提供了一个模型，它是一个关于(S,A,R,tr)的四元组。其中，S 是状态的集合，A 是行为的集合，R 是奖励函数，tr 是状态转移函数，状态 $s\in S$ 封装了环境状况的所有相关信息。行为会引起状态的改变，二者之间的关系由状态转移函数决定。状态转移函数定义了每一个（状态，行为）对的概率分布，因此 $tr(s,a,s')$表示的是当行为 a 发生时，从状态 s 转移到状态 s'的概率。奖励函数为每一个（状态，行为）对定义了一个实际的值，该值表示在该状态下发生这次行为所获得的奖励（或所需要的成本）。IDS 的马尔可夫判定过程（MDP）相当于预测模型的状态。例如，状态(x_1,x_2,x_3)表示对 x_3的攻击（$\{x_1,x_2\}$表示在过去曾经遭受过攻击），这种对应也许不是最佳的。事实上，获取更准确的对应关系需要大量的数据（比如“在线时间”等数据），每一次 MDP 的行为相当于一个传感器节点上的一次入侵检测，一个节点可以建立基于 MDP 的多个入侵检测系统，但是为了使模型简化和计算简单，这里只考虑一种入侵检测的情况，即当检测到节点 x'遭受入侵时，MDP 要么认同这次检测，把状态(x_1,x_2,x_3)转移到(x_1,x_2,x')；要么否定这次检测，重新选择另外一个节点。MDP 的奖励函数把入侵检测的效用进行编码，例如状态(x_1,x_2,x_3)的奖励可能是维持节点 x_3所获得的全部收益。简单地说，如果检测到入侵，则可以为奖励定义一个常量。MDP 模型的转移函数 $tr((x_1,x_2,x_3),x',(x_2,x_3,x''))$表示检测节点$x''$被入侵的概率（假定节点$x'$在过去曾经遭受过攻击）。

为了方便学习，使用 Q-learning，引入这种方式的目的，是为了把获得的基于时间奖励的期望值最大化，可以通过从学习状态到行为的随机映射来实现。例如，从状态 $x\in S$到 $a\in A$ 的映射被定义成 $\prod:S\rightarrow A$。在每一个状态中选择行为的标准是使未来的奖励值达到最大，更确切地说就是选择的每一个行为都能使获得的回报期望值 $R=E\left(\sum_{i=0}^{\infty}\lambda^i\omega_i\right)$ 达到最大，其中 $\lambda\in[0,1)$是一个折扣率参数，ω_i表示第 i 步的奖励值。如果在状态 s 时的行为为 a，则折扣后的未来奖励期望值由 Q-函数定义。

如果 $Q(s_t,a_t)\leftarrow Q(s_t,a_t)+a[\omega_{t+1}+\lambda\max\limits_{a\in A}Q(s_{t+1},a)-Q(s_t,a)]$，

那么有 $Q:S\times A\rightarrow R$。

一旦掌握了 Q-函数，就可以根据 Q-函数贪婪地选择行为，从而使回报期望值 R 最大。这样就有了如下表示：

$$\prod(s) = \arg\max_{a \in A} Q(s,a) \tag{4-10}$$

3. 依据流量的直觉判断

第三种方案通过直觉进行判断，在每一个时间片内 IDS 必须选择一个簇来进行保护，这个簇要么是前一个时间片内被保护的簇，要么重新选择一个更易受攻击的簇。我们使用通信负荷来表征每个簇的流量，IDS 根据这个参数值的大小来选择需要保护的簇，所以在一个时间片内，IDS 应该保护的是具有最大流量的簇，也是最易受攻击的簇。

4.6 常见的安全威胁

近年来，无线传感器网络已经卷入了很多与安全问题有关的争论，许多问题都在之前的互联网应用中遇到过。目前，连接到传感网的设备包括路由器、打印机、恒温器、冰箱、网络摄像头以及由人工智能驱动的家庭自动化控制中心，如亚马逊 Alexa 和 Google 智能助理，还有智能锁、智能手表以及更多的可穿戴设备。

截至目前，最常见的无线传感器网络的安全威胁有如下几个。

1. 被劫持的设备发送垃圾邮件

诸如三星 Family Hub 之类的智能设备具有与现代平板计算机相同的计算能力和功能，这意味着它们可以被劫持并变成电子邮件服务器。在 2014 年信息安全研究公司 Proof point 的一项调查中，发现一台智能冰箱发送了数千封垃圾邮件，而其所有者并未发现这个问题。

2. 被劫持的设备被收集到僵尸网络中

与上述发送垃圾邮件的智能冰箱类似，物联网设备可能被迫加入恶意僵尸网络，其最终目的是进行分布式拒绝服务攻击（DDoS）。黑客已经针对婴儿监视器、流媒体盒、网络摄像头甚至打印机等，进行了大规模的 DDoS 攻击，这些攻击已经破坏了域名系统服务器。

3. Shodan 搜索引擎

几年前，Shodan 的开发人员 John Matherly 撰写了一篇博客文章，解释 BigPond（现称为 Telstra Media）如何通过一个无线家用路由器，利用普通标准端口运行 OpenSSH（一种流行的物联网连接工具套件）配置网络设备，并分享了超过 50000 台拥有相同密码的设备。熟悉路由器远程管理的黑客，可以轻松利用常见的 SSH 密钥侵入家庭网络并搜索未受保护的物联网设备。需要注意的是，Shodan 提供了大量有关不安全设备的信息。

4. 隐私泄露

熟练的黑客只需通过识别泄露 IP 地址的不安全物联网设备就可能造成相当大的破坏，而 IP 地址又可用于精确定位住宅位置。信息安全专家建议通过虚拟专用网络 VPN

技术保护物联网连接，现在可以通过在路由器上安装 VPN 来加密通过互联网服务提供商的所有流量，而其他物联网设备的功能也与此类似。使用正确的 VPN，用户可以保护整个智能家庭网络并保护个人 IP 隐私。

5. 不安全的设备

当默认用户名为“admin”、密码为“1234”的物联网设备被送到商店时，除非制造商通过说明和参考资料指导，否则不能期望所有的消费者都会更改密码。

6. 家庭入侵

这是最可怕的威胁，因为物联网将虚拟空间与物理世界联系起来。不安全的设备可以传播 IP 地址，可以通过 Shodan 搜索发现，黑客可以利用这些漏洞找到用户住宅地址并将这些信息出售给不法分子。这就是更安全的密码和 VPN 连接对物联网安全至关重要的原因。

7. 远程车辆劫持

随着智能驾驶汽车从科幻电影中走进现实，不可避免地要面临这样的问题：如何防止这些智能汽车被黑客入侵？人们只能想象恶意攻击者获得远程访问并控制正在行驶车辆的后果。不过，值得庆幸的是，汽车制造商正密切关注这一风险。过去，通过微软与福特汽车公司合作开发的同步信息娱乐系统，研究人员发现了一些可能影响连接的问题。好在这是在无线宽带广泛使用之前，因此开发人员有时间采取相应的应对措施。例如，最近在发现两位安全研究人员能够对某些功能进行无线控制之后，克莱斯勒公司对其产品的信息娱乐系统迅速进行了调整。

无线传感器网络作为主流发展趋势，已经成为人类共识，但其发展中还面临着许多挑战，尤其是安全威胁。设备制造商以及全行业的人都必须共同努力来认真对待安全问题。

习　　题

1. 简述无线传感器网络中有哪些安全问题。
2. 无线传感器网络中物理层、链路层、网络层和传输层有哪些各自的安全策略？
3. 常见的密钥安全机制有几种模型，各有什么特点？
4. 简述无线传感器网络中的三种入侵检测方法的主要机理。

第 5 章　软硬件设计与测试

传感器节点是无线传感器网络的核心要素，只有通过节点才能实现数据感知、执行通信协议和数据处理算法，节点的物理资源决定了用户从无线传感器网络中获取数据的数量、质量和频率，因而节点的设计与实施是无线传感器网络应用的关键。

无线自组网是一个由几十到上百个节点组成的、采用无线通信方式的、动态组网的多跳移动性对等网络，目的是通过动态路由和移动管理技术传输具有服务质量要求的多媒体信息流，通常节点具有持续的能量供给。

无线传感器网络虽然与无线自组网有许多相似之处，但也存在较大的差别。传感器网络是集成了监测、控制以及无线通信的网络系统，节点数目更为庞大，分布更为密集，由于环境影响和能量耗尽的因素，传感器节点更容易出现故障，导致网络拓扑结构的变化。此外，传感器节点具有的能量、处理能力、存储能力和通信能力等都十分有限。传统无线网络的首要设计目标是提供高服务质量和高效带宽利用，其次才是考虑节约能源；而无线传感器网络的首要设计目标则是能源的高效利用。

传感器节点在实现各种网络协议和应用系统时，存在以下约束。

1. 电源能量有限

传感器节点体积微小，通常携带能量十分有限的电池，由于传感器节点个数多、成本要求低廉、分布区域广，而且部署区域环境复杂，因此通过更换电池的方式来补充能量是不现实的。如何高效使用能量来最大化网络生命周期是传感器网络面临的首要挑战。

传感器节点消耗能量的模块主要包括传感器模块、处理器模块和无线通信模块，而传感器节点的绝大部分能量都消耗在无线通信模块。一般的无线通信模块存在发送、接收、空闲和休眠四种状态，模块在发送状态的能量消耗最大，空闲状态和接收状态的能量消耗接近，且略小于发送状态的能量消耗，而处于休眠状态的能量消耗最小。如何提高网络通信效率，减少不必要的转发和接收，在不需要通信时尽快进入休眠状态，是传感器网络协议设计需要重点考虑的问题。

2. 通信能力有限

传感器节点的无线通信带宽有限，通常仅有几百 kbit/s 的传输速率。由于节点能量的变化，受高山、建筑物、障碍物等地势地貌以及风雨雷电等自然环境的影响，无线通信性能可能会经常变化，频繁出现通信中断。在这样的通信环境及有限节点通信能力的

制约下，如何设计网络通信机制以满足传感器网络的通信需求是传感器网络面临的又一大难题。

3. 计算和存储能力有限

传感器节点是一种微型嵌入式设备，要求价格低、功耗小，这些要求必然导致其携带的处理器能力较弱，存储器容量较小。在执行任务时，传感器节点需要完成监测数据的采集和转换、数据的管理和处理、应答汇聚节点的任务请求和节点控制等多种工作。如何利用有限的计算和存储资源完成诸多协同任务成为传感器网络设计的挑战。

5.1　传感器的分类及特性

5.1.1　传感器的分类

传感器的分类目前尚无统一规定，传感器本身又种类繁多，原理各异，检测对象五花八门，给分类工作带来一定困难。通常传感器按下列原则进行分类。

1. 按传感器的原理（被检测量）分类

按被检测量分类，可分为物理传感器、化学传感器、生物传感器。在各类传感器中可分为若干族，每一族中又可分为若干组。

1）化学传感器。通常把主要利用化学反应来识别、检测信息的传感器称为化学传感器，如气敏、湿敏、离子敏、固体电解传感器等。化学传感器是将各种化学物质的浓度转换为电信号的器件，它是近年来问世的新技术领域，很有发展前途，在环境保护、火灾报警、医疗卫生、家用电器等方面应用非常广泛。

2）物理传感器。把测量力、热、磁、光等物理量的传感器称为物理传感器，它是利用某些变换元件的物理性质或某些功能材料的特殊物理性能制成的，如电阻、电感、电容、超声、射线、涡流、磁电、热电、压电、光电（包括光电式、激光、红外、光栅、光纤等）、半导体、谐振、霍尔、微波传感器等。物理传感器开发早、发展快、品种多、应用广，目前正向集成化、系列化、智能化方向发展。

3）生物传感器。把利用各种生物或生物物质（以生物体成分：酶、抗原、抗体、激素等，或生物体本身：细胞、细胞器、组织等作为敏感元件）制成的，用来检测与识别生物体内的化学成分的传感器称为生物传感器。它与化学传感器有密切关系，如味觉、嗅觉、免疫、酶传感器等。把检测遗传基因 DNA 的传感器叫作 DNA 生物传感器。随着科研人员对生物传感器的研究，特别是生物化学和电化学技术的应用日益深化，以及传感器信号转换部件技术的发展（如从电化学技术扩展到其他物理化学技术），使其研究领域更为广泛，如在食品工业、发酵工业、环境监测、军事和医学领域的应用。生物传感器将向着微型化、实用化、多样化、人工智能化的方向发展。

2. 按传感器使用的材料分类

按传感器使用的材料分为：半导体、陶瓷、复合材料、金属材料、高分子材料、超导材料、光纤材料、纳米材料传感器等。其中，光纤传感器是将被测对象的状态转换为光信号进行检测的光学传感器，它是用光纤作为传递敏感信息的介质。它是一种新型光电传感器，具有结构简单、体积小、重量轻、耗电少、灵敏度高、抗电磁干扰、电绝缘性好、耐腐蚀、多功能、非侵入性（对电磁场、速度场）、光路可弯曲以及便于远距离遥控等优点，如光纤温度、光纤速度、光纤流量、光纤位移、光纤压力、光纤电流传感器等。

3. 按传感器输出信号的性质分类

按传感器输出信号的性质可分为输出为开关量的开关型传感器、输出为模拟量的模拟型传感器、输出为脉冲或代码的数字型传感器。其中，模拟型传感器可将诸如应变、压力、位移、加速度等被测参数转变为电模拟量（如电流、电压等）显示出来，若用数字显示或输入电子计算机，需经过 A-D 转换装置，将模拟量变成数字量；数字型传感器是将被测参数直接转换成数字信号输出，具有精度高、分辨率高、抗干扰能力强、便于远距离传输、信号易于处理和存储、读数误差小等优点。目前，数字型传感器有振弦式、光栅式等。

4. 按能量的传递方式分类

按能量的传递方式可分为有源传感器和无源传感器。有源传感器将非电学量转换为电学量；无源传感器本身并不是一个换能器，被测非电学量仅对传感器中的能量起控制或调节作用，所以它必须具有辅助能源——电源。

5. 按传感器的工作机理分类

按传感器的工作机理分类，可分为结构型和物性型两大类。

1）结构型传感器是利用物理学中场的定律和运动定律等制成的，物理学中的定律一般是以方程式给出。对于传感器来说，这些方程式也就是许多传感器在工作时的数学模型，特点是传感器的性能与它的结构材料没有多大关系。以差动变压器为例，无论使用坡莫合金或铁氧体作为铁心，还是使用铜线或其他导线作为绕组，都是作为差动变压器而工作。

2）物性型传感器是利用物质法则制成的，物质法则是表示物质某种客观性质的法则，这种法则大多数以物质本身的常数形式给出，这些常数的大小决定了传感器的主要性能。因此，物性型传感器的性能随材料的不同而异，如所有的半导体传感器，以及所有利用各种环境变化而引起金属、半导体、陶瓷、合金等性能变化的传感器都是物性型传感器。

6. 按照传感器的制造工艺分类

1）集成传感器，是用标准的生产硅基半导体集成电路的工艺技术制造的，通常还将用于初步处理被测信号的部分电路也集成在同一芯片上。

2）薄膜传感器，是通过沉积在介质衬底（基板）上的相应敏感材料的薄膜制成的。使用混合工艺时，同样可将部分电路制造在此基板上。

3）厚膜传感器，是利用相应材料的浆料，涂覆在陶瓷基片上制成的，基片通常是由 Al_2O_3制成的，然后进行热处理，使厚膜成形。

4）陶瓷传感器，采用标准的陶瓷工艺或其某种变种工艺（溶胶-凝胶等）生产，完成适当的预备性操作之后，对已成形的元件在高温中进行烧结。厚膜传感器和陶瓷传感器这两种工艺之间有许多共同特性，在某些方面，可以认为厚膜工艺是陶瓷工艺的一种变体。

每种工艺技术都有自己的优点和不足，由于研究、开发和生产所需的资本投入较低，以及传感器参数的高稳定性等原因，采用陶瓷传感器和厚膜传感器比较合理。

7. 其他分类

根据转换过程可逆与否，可分为双向传感器和单向传感器等。

5.1.2　传感器的特性

1. 传感器的静态特性

传感器的静态特性是指对静态的输入信号，传感器的输出量与输入量之间具有相互关系，因为这时输入量和输出量都和时间无关，所以它们之间的关系（即传感器的静态特性）可用一个不含时间变量的代数方程，或以输入量作为横坐标，把与其对应的输出量作为纵坐标而画出的特性曲线来描述。表征传感器静态特性的主要参数包括线性度、灵敏度、迟滞、重复性、漂移等。

1）线性度：指传感器输出量与输入量之间的实际关系曲线偏离拟合直线的程度，定义为在全量程范围内实际特性曲线与拟合直线之间的最大偏差值与满量程输出值之比。

2）灵敏度：灵敏度是传感器静态特性的一项重要指标，定义为输出量的增量与引起该增量的相应输入量增量之比，用 S 表示灵敏度。

3）迟滞：传感器在输入量由小到大（正行程）及输入量由大到小（反行程）变化期间，其输入输出特性曲线不重合的现象称为迟滞。对于同一大小的输入信号，传感器的正反行程输出信号的大小不相等，这个差值称为迟滞差值。

4）重复性：重复性是指传感器在输入量按同一方向做全量程的连续多次变化时，所得到的特性曲线一致的程度。

5）漂移：传感器的漂移是指在输入量不变的情况下，传感器输出量随着时间变化的现象。产生漂移的原因有两个方面：一是传感器自身结构参数；二是周围环境影响（如温度、湿度等）。

2. 传感器的动态特性

所谓动态特性，是指传感器在输入变化时，其输出的特性。在实际工作中，传感器的动态特性常用它对某些标准输入信号的响应来表示，这是因为传感器对标准输入信号的响应容易用实验方法求得，并且它对标准输入信号的响应与它对任意输入信号的响应之间存在一定的关系，往往知道了前者就能推定后者。最常用的标准输入信号有阶跃信号和正弦信号两种，所以传感器的动态特性也常用阶跃响应和频率响应来表示。

3. 传感器的线性度

通常情况下，传感器的实际静态特性输出是条曲线而非直线。在实际工作中，为了使仪表具有均匀刻度的读数，常用一条拟合直线来近似地代表实际的特性曲线，线性度（非线性误差）就是这个近似程度的一项性能指标。

拟合直线的选取有多种方法，如将零输入和满量程输出点相连的理论直线作为拟合直线；或将与特性曲线上各点偏差的平方和为最小的理论直线作为拟合直线，此拟合直线称为最小二乘法拟合直线。

4. 传感器的灵敏度

灵敏度是指传感器在稳态工作情况下输出量变化 Δy 与输入量变化 Δx 的比值，它是输出-输入特性曲线的斜率。如果传感器的输出和输入之间是线性关系，则灵敏度 S 是一个常数；否则，它将随输入量的变化而变化。灵敏度的量纲是输出、输入量的量纲之比。例如，某位移传感器，在位移变化 1 mm 时，输出电压变化为 200 mV，其灵敏度应表示为 200 mV/mm。当传感器的输出量与输入量的量纲相同时，灵敏度可理解为放大倍数。虽然提高灵敏度可以得到较高的测量精度，但灵敏度越高，测量范围越窄，稳定性也往往越差。

5. 传感器的分辨力

分辨力是指传感器可能感受到的被测量的最小变化的能力，也就是说，如果输入量从某一非零值缓慢地变化，当输入变化值未超过某一数值时，传感器的输出不会发生变化，即传感器对此输入量的变化是分辨不出来的。只有当输入量的变化超过分辨力时，其输出才会发生变化。

通常传感器在满量程范围内各点的分辨力并不相同，因此常用满量程中能使输出量产生阶跃变化的输入量中的最大变化值作为衡量分辨力的指标。上述指标若用满量程的百分比表示，则称为分辨率，分辨率与传感器的稳定性之间存在负相关性。

5.2 传感器节点硬件设计

根据无线传感器网络应用的特殊要求，考虑传感器网络系统的特有结构以及优于其他技术的优点，可以总结出无线传感器网络系统有如下几个关键的性能评估指标：网络的工作寿命、网络覆盖范围、网络搭建的成本和难易程度、网络响应时间。但这些评定指标之间是相互关联的，通常为了提高其中一个指标必须降低另一个指标。例如，降低

网络的响应时间性能可以延长系统的工作寿命。这些指标构成的多维空间可以用于评估一个无线传感器网络系统的整体性能。

5.2.1　节点的设计原则

由于传感器节点工作的特殊性，在设计时应从以下几方面考虑。

1）微型化。微型化是无线传感器网络追求的终极目标，只有节点本身体积足够小，才能保证不影响目标系统环境或者造成的影响可以忽略不计；另外，在某些特殊场合甚至要求目标系统能够小到不容易被人察觉的程度，如在战争侦察等特定环境下，微型化更是首先考虑的问题之一。

2）低能耗。节能是传感器节点设计最主要的目标之一。传感器网络部署在人们无法接近的场所，而且不能经常更换供电设备，因此对节点功耗的要求非常严格。在设计过程中，应采用合理的能量监测与控制机制，功耗要限制在几十毫瓦甚至更低数量级。

3）低成本。成本的高低是衡量传感器节点设计好坏的重要指标，只有成本低才能大量地布置在目标区域中，表现出传感器网络的各种优点。这就要求传感器节点各个模块的设计不能特别复杂，使用的所有器件都必须是低功耗的，否则不利于降低成本。

4）可扩展性。可扩展性也是传感器节点设计中必须考虑的问题，需要定义统一、完整的外部接口，当需要添加新的硬件时可以在现有节点上直接添加，而不需要开发新的节点，即传感器节点应当在具备通用处理器和通信模块的基础上拥有完整、规范的外部接口，以适应不同的组件。

5）稳定性和安全性。设计的节点要求各个部件都能在给定的外部环境变化范围内正常工作，在给定的温度、湿度、压力等外部条件下，传感器节点的各部件都能够保证正常功能，且能够工作在各自量程范围内。另外，在恶劣环境条件下能保证获取数据的准确性和传输数据的安全性。

6）深度嵌入性。传感器节点必须和所感知场景紧密结合才能非常精细地感知外部环境的变化，而正是所有传感器节点与所感知场景的紧密结合，才对感知对象有了宏观和微观的认识。

5.2.2　节点的硬件设计

建设一个无线传感器网络首先要开发可用的传感器节点。传感器节点应满足特定应用的特色需求：尺寸小、价格低、能耗低；可为所需的传感器提供适当的接口，并提供所需的计算和存储资源；能够提供足够的通信能力。图 5-1 给出了传感器节点体系结构。

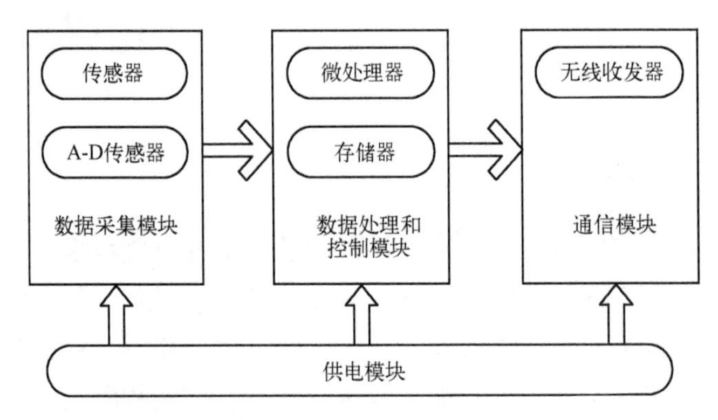

图 5-1　传感器节点体系结构

无线传感器节点由传感器模块、处理器模块、无线通信模块和电源模块四部分组成。

1. 传感器模块

传感器在现实中的应用非常广泛，涉及工业、医疗、军事和航天等各个领域，所以有些机构把传感器网络称为未来三大高科技产业之一。传感器网络研究的近期意义不是创造出多少新的应用，而是通过网络技术为现有的传感器应用提供新的解决办法。网络化的传感器模块相对于传统传感器的应用有如下特点。

1）传感器模块是硬件平台中真正与外部信号量接触的模块，一般包括传感器探头和变送系统两部分。探头采集外部的温度、光照和磁场等需要传感的信息，将其送入变送系统，后者将上述物理量转化为系统可以识别的原始电信号，通过积分电路、放大电路整形处理，最后经过 A-D 转换器转换成数字信号送入处理器模块。

2）对于不同的探测物理量，传感器模块将采用不同的信号处理方式。因此对于温度、湿度、光照、声音等不同的信号量，需要设计相应的检测与传感器电路。同时，需要预留相应的扩展接口，便于扩展更多的物理信号量。

传感器种类很多，可以监测温湿度、光照、噪声、振动、磁场、加速度等物理量。美国的 Crossbow 公司基于 Mica 节点开发了一系列传感器板，采用的传感器有光敏电阻 Clairex CL94L、温敏电阻 ERTJ1VR103J（松下电子公司）、加速度传感器 ADI ADXL212、磁传感器 Honeywell HMC1002 等。

传感器电源的供电电路设计对传感器模块的能量消耗来说非常重要。对应小电流工作的传感器（几百微安），可由处理器 I/O 口直接驱动；当不用该传感器时，将 I/O 口设置为输入方式，这样外部传感器没有能量输入，也就没有能量消耗。例如温度传感器 DS18B20 就是采用这种方式。对应大电流工作的传感器模块，I/O 口不能直接驱动传感器，通常使用场效应管来控制后级电路的能量输入，当有多个大电流传感器接入时，通常使用集成的模拟开关芯片来实现电源控制。

2. 处理器模块

处理器模块是传感器节点的计算核心，所有的设备控制、任务调度、能量计算和功

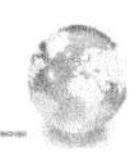

能协调、通信协议的执行、数据整合和数据转储程序都将在这个模块的支持下完成，所以处理器的选择在传感器节点设计中是至关重要的。作为硬件平台的中心模块，除了应具备一般单片机的基本性能外还应具有适合整个网络需要的特点。

1）尽可能高的集成度。受外形尺寸限制，模块必须能够集成更多节点的关键部位。

2）尽可能低的能源消耗。处理器的功耗一般很大，而无线网络中没有持续的能源供给，这就要求节点的设计必须将节能作为一个重要因素来考虑。

3）尽量快的运行速度。网络对节点的实时性要求很高，处理器的实时处理能力要强。

4）尽可能多的 I/O 和扩展接口。多功能的传感器产品是发展的趋势，而在前期设计中，不可能把所有的功能都包括进来，这就要求系统有很强的可扩展性。

5）尽可能低的成本。如果传感器节点成本过高，必然会影响网络化的布局。

目前使用较多的有 ATMEL 公司的 AVR 系列单片机，加州大学伯克利分校研制的 Mica 系列节点，大多采用 ATMEL 公司的微控制器。TI 公司的 MSP430 超低功耗系列处理器，不仅功能完整、集成度高，而且可以根据存储容量的多少提供多种引脚兼容的处理器，使开发者很容易根据应用对象平滑升级系统。在新一代无线传感器节点 Tools 中使用的就是这种处理器，Motorola 公司和 Renesas 公司也有类似的产品。

3. 无线通信模块

无线通信模块由无线射频电路和天线组成，目前采用的传输介质包括无线电、红外线和光波等，它是传感器节点中最主要的耗能模块，是传感器节点的设计重点。

（1）无线电传输

无线电波易于产生，传播距离较远，容易穿透建筑物，在通信方面没有特殊的限制，比较适合在未知环境中自主通信，是目前传感器网络的主流传输方式。

在频率选择方面，一般选用 ISM 频段，主要原因在于 ISM 频段是不用注册的公用频段，具有大范围的可选频段，没有特定标准，可灵活使用。

在机制选择方面，传统的无线通信系统需要考虑的重要指标包括频谱效率、误码率、环境适应性以及实现的难度和成本。

在无线传感器网络中，由于节点能量受限，需要设计以节能和低成本为主要指标的调制机制。为了实现最小化符号率和最大化数据传输率的指标，研究人员将 M-ary 调制机制应用于传感器网络。然而，简单的多相位 M-ary 信号会降低检测的敏感度，为了恢复连接需要增加发射功率，因此导致额外的能量浪费。为了避免该问题，准正交的差分编码位置调制方案采用四位二进制符号，每个符号被扩展为 32 位伪噪声码片序列，构成半正弦脉冲波形的交错正交相移键控调制机制，仿真实验表明该方案的节能性能较好。

另外，加州大学伯克利分校研发的 PicoRadio 项目采用了无线电唤醒装置，该装置支持休眠模式，在满占空比情况下消耗的功率也小于 1 μW；DARPA 资助的 WINS 项目研究了如何采用 CMOS 电路技术实现硬件的低成本制作；MIT 研发的 μAMPS 项目在设计物理层时考虑了无线收发器启动能量方面的问题，启动能量是指无线收发器在休眠模式和工作模式之间转换时消耗的能量。研究表明，启动能量可能大于工作时消耗的能量，这是因为发送时间可能很短，而无线收发器由于受制于具体的物理层的实现，其启动时间可能相对较长。

（2）红外线传输

红外线作为传感器网络的可选传输方式，其最大的优点是传输不受无线电干扰。然而，红外线对非透明物体的穿透性极差，只能进行视距传输，因此只在一些特殊的应用场合下使用。

（3）光波传输

与无线电传输相比，光波传输不需要复杂的调制、解调机制，接收器的电路简单，单位数据传输功耗较小。在大型的 SmartDust 项目中，研究人员开发了基于光波传输，具有传感、计算能力的自治系统，提出了两种光波传输机制，即使用三面直角反光镜（CCR）的被动传输方式和使用激光二极管、易控镜的主动传输方式。对于前者，传感器节点不需要安装光源，通过配置 CCR 来完成通信；对于后者，传感器节点使用激光二极管和主控激光通信系统发送数据。光波与红外线相比，通信双发不能被非透明物体阻挡，只能进行视距传输，应用场合受限。

（4）传感器网络无线通信模块协议标准

在协议标准方面，目前传感器网络的无线通信模块设计有两个可用标准：IEEE 802.15.4 和 IEEE 802.15.3a。IEEE 802.15.3a 标准的提交者把超宽带（UWB）作为一个可行的高速率无线个域网（WPAN）的物理层选择方案，传感器网络正是其潜在的应用对象之一。

4. 电源模块

电源模块是任何电子系统的必备基础模块，对传感器节点来说，电源模块直接关系到传感器节点的寿命、成本、体积和设计复杂度。如果能够采用大容量电源，那么网络各层通信协议的设计、网络功耗管理等方面的指标都可以降低，从而降低设计难度。容量的扩大通常意味着体积和成本的增加，因此电源模块设计中必须首先合理地选择电源种类。

市电是最便宜的电源，不需要更换电池，而且不必担心电能耗尽，但在具体应用市电时，一方面因受到供电电缆的限制而削弱了无线节点的移动性和适用范围；另一方面，用于电源电压的转换电路需要额外增加成本，不利于降低节点造价。但是对于一些使用市电方便的场合，比如电灯控制系统等，仍可以考虑使用市电供电。

电池供电是目前最常见的传感器节点供电方式，原电池（如 AAA 电池）以其成本低廉、能量密度高、标准化程度高、易于购买等特点而备受青睐。虽然使用可充电的蓄电池似乎比使用原电池好，但与原电池相比，蓄电池有很多缺点，如它的能量密度有限，蓄电池的重量能量密度和体积能量密度远低于原电池，这就意味着要达到同样的容

量要求，蓄电池的尺寸和重量都要大一些；此外与原电池相比，蓄电池的维护成本也不可忽略。尽管有这些缺点，蓄电池仍然有很多可取之处，蓄电池的内阻通常比原电池要低，这在要求峰值电流较高的应用中是很有好处的。

在某些情况下，传感器节点可以直接从外界的环境中获取足够的能量，包括通过光电效应、机械振动等不同方式获取能量。如果设计合理，采用能量收集技术的节点尺寸可以做得很小，因为它们不需要随身携带电池。最常见的能量收集技术包括太阳能、风能、热能、电磁能、机械能的收集等。比如，利用袖珍化的压电发生器收集机械能，利用光敏器件收集太阳能，利用微型热电发电机收集热能等。

节点所需的电压通常不止一种，这是因为模拟电路与数字电路所要求的最优供电电压不同，非易失性存储器和压电发生器及其他的用户界面需要使用较高的电源电压。任何电压转换电路都会有固定开销，对于占空比非常低的传感器节点而言，这种开销占总功率的比例可能是非常大的。

5.3　无线传感器网络的仿真

对于一般的计算机网络，人们通常采用模拟仿真和实际的物理测量结合来测量一个新的协议和方法的适用性，但是对于无线传感器网络，由于其自身的特点，物理测量在很多环境下是行不通的，此时计算机的模拟仿真就变成传感器网络性能评价的重要手段。无线传感器网络的出现开拓了很多新的应用领域，同时也提出了很多新的、在以前有线和无线网络中未曾遇见的问题。在有线网络仿真中，广泛使用的 NS-2 和 OPNET 在无线传感器网络的性能分析中都不是十分适用，无线传感器网络是高度面向应用的网络类型，其仿真特点在以下几个方面明显不同于现有的有线和无线网络的仿真分析。

（1）仿真规模

对于传统的有线网络，利用有限的具有代表性的节点拓扑就可以相当大程度地模拟整个网络的性能，但是对于无线传感器网络，由于其大冗余度、高密度节点的拓扑构造类型，无法用有限的节点数目来分析其整体性能，因此在仿真规模上必须考虑大量节点的并行运算。

（2）仿真目标

传统的有线和无线网络仿真分析的主要是网络的吞吐量、端对端延迟和丢包率等 QoS 指标，而这些在大部分无线传感器网络的应用中都不是最主要的分析目标。相反，在以往网络模型中不是那么被注意的节点寿命分析、节点能耗分析倒成为非常重要的分析目标。

（3）业务特点

在传统网络中，仿真分析的实际环境类型比较固定，譬如多媒体通信主要就是考虑实时信息量在恒定比特流情况下的网络性能；数据报网络主要就是考虑泊松分布的随机数据报的产生和传送。但是对于无线传感器网络，其业务类型是以随机事件驱动，其使用是高度面向不同应用的，因此不存在一个固定的业务模型，事件的产生也是随机的，甚至事件在网络存在的整个生命周期内都不会发生，因此不能套用任何一种现存的网络业务模型进行建模。

（4）节点特点

无线传感器网络是与物流世界高度交互的系统，因此非常容易受到突发事件的影响。这点不仅仅体现在自身受到的噪声、干扰和人为破坏等因素，更体现在节点的不稳定性。由于节点自身能力有限加上其易失效性（例如节点能量耗尽引起），这些都加剧了网络的不确定情况，而这些情况是在以往系统中很少见到的。

（5）无线传感器网络的其他特点

除了以上几个方面外，无线传感器网络在许多其他方向都引入了其自身的独特性，比如网络节点自身的操作系统应该是十分精简的，这点不同于传统的路由器节点和 PC 的操作系统。另外，以往的网络仿真系统一般由固定的层次模块组合而成，比如 MAC 层使用 802 协议族，传输层使用 TCP/UDP 协议等，但是在无线传感器网络中，由于其高度面向不同应用的特点，根本就没有一个统一固定的协议组合，因此如何在仿真中建立比较精确的节点模型与协议抽象也是一个值得探讨的问题。

5.4 网络开发测试平台技术

无线传感器网络软件平台在体系架构上与传统无线设备具有鲜明的差异性，传统无线设备所解决的重点在于人与人的互连互通，而传感器网络则将通信的主体从人与人扩展到了人与物、物与物的互连互通。因此，必须在软件平台设计中详细考虑传感器、协同信息处理、特殊应用开发等。

5.4.1 操作系统

对于某些只需执行单一任务的设备（如数码相机、微波炉等），在其微处理器上运行更多的是针对特定应用的前后台系统；相反，通用设备（如个人掌上计算机、平板计算机等）采用嵌入式操作系统提供面向多种应用的服务，以降低开发难度。

传感器节点介于执行单一任务的设备（不需要操作系统）和执行更多扩展性应用的通用设备（需要嵌入式操作）之间，因而需要设计符合无线传感器网络需求的操作系统。从传统操作系统定义出发，无线传感器网络操作系统并不是真正意义上的操作系统，它只为开发应用提供数量有限的共同服务，最为典型的是对传感器、I/O 总线、外置存储器件等的硬件管理。根据应用需求，无线传感器网络操作系统还提供诸如任务协同、电源管理、资源受限调整等共同服务。

无线传感器网络操作系统与传统的 PC 操作系统在很多方面都是不同的，这些不同

来源于其独特的硬件结构和资源。传感器网络操作系统的设计考虑以下几个方面。

（1）硬件管理

操作系统的首要任务是在硬件平台上实现硬件资源管理，传感器网络操作系统提供如读取传感器、感知、时钟管理、收发无线数据等抽象服务。由于硬件资源受限，传感器网络操作系统不能提供硬件保护，这就直接影响到调试、安全及多任务系统协同等功能。

（2）任务协同

任务协同直接影响调度和同步，无线传感器网络操作系统需为任务分配 CPU 资源，为用户提供排队和互斥机制。任务协同决定了以下两种代价消耗：CPU 的调度策略和内存。每个任务需要分配固定大小的静态内存和栈，对于资源受限的传感器节点来讲，多任务情况下内存代价是很高的。

（3）资源受限

资源受限主要体现在数据存储、代码存储空间和 CPU 带宽。从经济角度出发，无线传感器网络操作系统总是运行在低成本的硬件平台上，便于大规模部署，硬件平台资源受限只能依赖于信息技术的进步，目前的芯片技术还无法大规模降低无线传感器网络的硬件成本。

（4）电源管理

近几十年来，根据摩尔定律[㊀]，CPU 的速度和内存大小有了很大的进步，但是电池技术却无法像芯片技术那样发展迅速。传感器节点大部分采用电池供电，电池技术没有实质性的提高，因而只能减少节点的电池消耗，延长节点寿命。在传感器节点中，无线传输产生的功耗是最大的，发送 1 bit 数据的功耗远大于处理 1 bit 数据的功耗。

（5）内存

内存是网络协议栈主要代价消耗之一，为最大化利用数据内存，应整合利用网络协议栈和无线传感器网络操作系统的内存。

（6）感知

无线传感器网络操作系统必须提供感知支持，感知数据来源于连续信号、周期性信号或事件驱动的随机信号。

（7）应用

与用户驱动的应用不同，一个传感器节点只是一个分布式应用中的很少一部分。优化无线传感器网络操作系统以实现与其他节点的交互，对系统应用具有重要的意义。

（8）维护

大量随机布设的传感器节点，很难通过人工的方法实现维护，无线传感器网络操作系统应支持动态重编程，允许用户通过远程终端实现任务的重新分配。

㊀ 摩尔定律是由英特尔（Intel）创始人之一戈登·摩尔（Gordon Moore）提出来的。其内容为：当价格不变时，集成电路上可容纳的元器件的数目，约每隔 18~24 个月便会增加一倍，性能也将提升一倍。换言之，每一美元所能买到的电脑性能，将每隔 18~24 个月翻一倍以上。这一定律揭示了信息技术进步的速度。

5.4.2 专用软件开发平台 TinyOS

目前最流行的无线传感器网络的编程语言是 nesC 语言，nesC 是一种 C 语法风格、开发组件式结构程序的语言，支持 TinyOS 的并发模型，具有组织、命名和连接组件成为健壮的嵌入式网络系统的机制。利用 nesC 语言开发的 TinyOS 软件开发系统是专门针对无线传感器网络的操作系统。

TinyOS 是一个开源的嵌入式操作系统，是由加州大学伯克利分校开发的，主要应用于无线传感器网络，由于采用的是基于组件（Component-Based）的架构方式，使其能够快速实现各种应用。TinyOS 的程序采用的是模块化设计，所以它的程序核心往往都很小（一般来说核心代码和数据大概在 400 B 左右），能够突破传感器存储资源少的限制，这能够让 TinyOS 很有效地运行在无线传感器网络上并执行相应的管理工作等。TinyOS 本身提供了一系列组件，可以很简单方便地编制程序，用来获取和处理传感器的数据并通过无线电来传输信息，可以把 TinyOS 看成一个可以与传感器进行交互的 API 接口，它们之间可以进行各种通信。TinyOS 在构建无线传感器网络时，会有一个基础控制台，主要用来控制各个传感器子节点，并聚集和处理它们所采集到的信息。TinyOS 在控制台发出管理信息，然后由各个节点通过无线网络互相传递，最后达到协同一致的目的，非常方便。

1. TinyOS 框架

图 5-2 是 TinyOS 的总体框架。物理层硬件为框架的最底层，传感器、收发器以及时钟等硬件能触发事件的发生，交由上层处理，而上层会发出命令给下层处理。为了协调各个组件任务的有序处理，需要操作系统采取一定的调度机制。

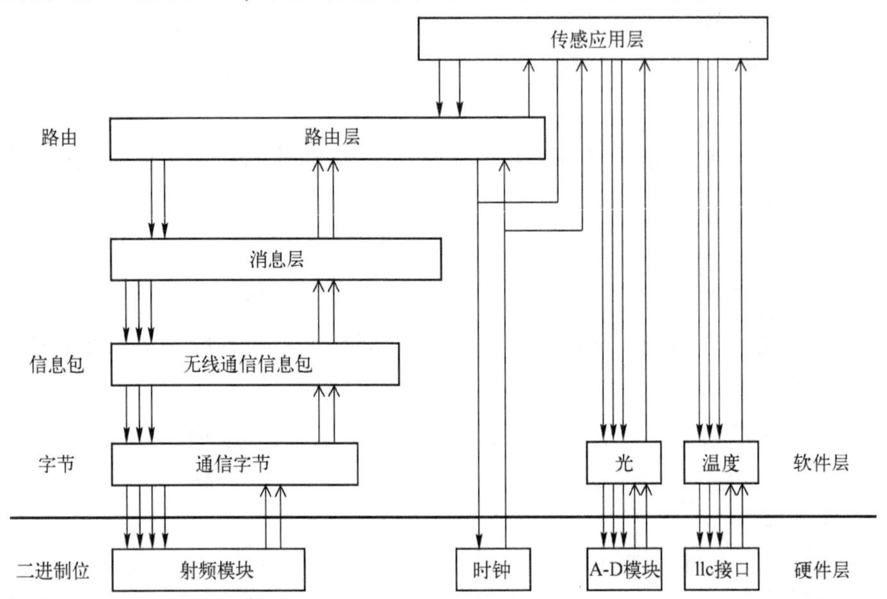

图 5-2　TinyOS 总体框架图

图 5-3 提供了 TinyOS 组件所包括的具体内容，包括一组命令处理函数，一组事件处理函数，一组任务集合和一个描述状态信息和固定数据结构的框架。除了 TinyOS 提供的处理器初始化、系统调度和 C 运行时库（C Run-Time）3 个组件是必需的以外，每个应用程序可以非常灵活地使用任何 TinyOS 组件。

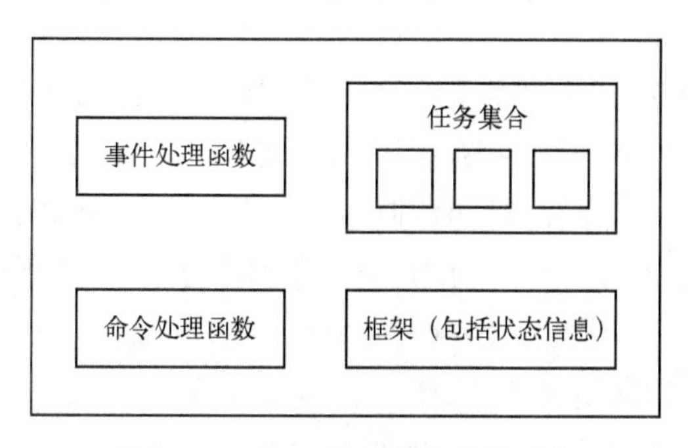

图 5-3　TinyOS 组件所包括的内容

这种面向组件的系统框架的优点是：首先，“事件-命令-任务”的组件模型可以屏蔽底层细节，有利于程序员更方便地编写应用程序；其次，“命令-事件”的双向信息控制机制，使得系统的实现更加灵活；再次，调度机制独立成单独的一块，有利于为满足不同调度需求而进行的修改和升级。

2. TinyOS 内核

（1）调度机制

TinyOS 的调度模型为“任务+事件”的两级调度，调度的方式是任务不抢占事件要抢占，调度的算法是简单的先入先出（FIFO），任务队列是功耗敏感的。调度模型有以下特点。

1）基本的任务单线程运行到结束，只分配单个任务栈，这对内存受限的系统很重要。

2）FIFO 的任务调度策略是电源敏感的，当任务队列为空时，处理器休眠，等待事件发生来触发调度。

3）两级的调度结构可以实现优先执行少量同事件相关的处理，同时打断长时间运行的任务。

4）基于事件的调度策略，只需少量空间就可获得并发性，允许独立的组件共享单个执行上下文。同事件相关的任务集合可以很快被处理，不允许阻塞，具有高度并发性。

TinyOS 只是搭建好了最基本的调度框架，实现了软实时，而无法满足硬实时，这对嵌入式系统的可靠性会产生影响；同时，由于是单任务的内核，吞吐量和处理器利用率不高，因此有可能需要设计多任务系统。为保证系统的实时性，多采用基于优先级的可抢占式的任务调度策略。依赖于应用需求，出现了许多基于优先级多任务的调度算法的研究，如把 TinyOS 扩展成多任务的调度，给 TinyOS 加入了多任务的调度功能，提高了系统的响应速度。在 TinyOS 中实现基于时限（deadline）的优先级调度，有利于提高无线传感器网络的实时性，通过任务优先级调度算法来相对提高过载节点的吞吐量，以解决本地节点包过载的问题。

（2）中断

在 TinyOS 中，代码运行方式为响应中断的异步处理或同步调度任务。在 TinyOS 的每一个应用代码里，约有 41%~64%的中断代码，可见中断的优化处理非常重要。对于低功耗的处理而言，需要长时间休眠，可以通过减少中断开销来降低唤醒处理器的功耗，目前通过禁用和打开中断来实现原子操作，这种操作非常短暂（几个时钟周期——cycles）。然而，让中断关掉很长时间会延迟中断的处理，造成系统反应迟钝，TinyOS 的原子操作既可以阻止阻塞的使用，也限制了原子操作代码段的长度，而这些正是通过 nesC 编译器来协助处理的。此外，在多任务模式下，中断嵌套可以提高实时响应速度。

（3）时间同步

TinyOS 提供获取和设置当前系统时间的机制，同时，在无线传感器网络中提供分布式的时间同步。TinyOS 是以通信为中心的操作系统，因此更加注重各个节点的时间同步，如：传感器融合应用程序收集一组从不同地方读来的信息（如：较短距离位置需要建立暂时一致的数据）；TDMA 风格的介质访问协议需要精确的时间同步；电源敏感的通信调度需要发送者和接收者在他们的无线信号开始时达成一致等。

加州大学洛杉矶分校（UCLA）、范德堡大学（Vanderbilt）和加州大学伯克利分校分别用不同方法实现了时间同步，这 3 个实现都精确到毫秒级，最初打算开发一个通用的、底层的时间同步组件，结果失败了。应用程序需要一套多样的时间同步，因此只能把时钟作为一种服务来灵活地提供给用户取舍使用。

某些情况允许时间逐渐地改变，但另一些则需要立即转换成正确的时间。当时间同步改变下层时钟时，会导致应用失败。某些系统（例如 NTP）通过缓慢调整时钟来同邻节点同步的方式规避了这个问题，NTP 方案很容易在像 TinyOS 那样对时间敏感的环境中出错，因为时间即使早触发几毫秒都会引起无线信号或传感器数据丢失。

目前，TinyOS 采用的方案是提供获取和设置当前系统时间的机制（TinyOS 的通信组件 GenericComm），使用 hook 函数为底层的通信包打上时间戳，以实现精确的时间同步，同时靠应用来选择何时激活同步。例如，在 TinyOS 应用中，当一个节点监听到来自路由树中父节点的时间戳消息后，会调整自己的时钟以使下一个通信周期的开始时间跟父节点一样，它改变通信间隔的睡眠周期持续时间而不是传感器的工作时间长度，因为减少工作周期会引起严重的服务问题，如数据获取失败。

J. Elson 和 D. Estrin 给出了一种简单实用的同步策略，基本思想是，节点以自己的时钟记录事件，随后用第三方广播的基准时间加以校正，精度依赖于对这段间隔时间的

测量，这种同步机制应用在确定来自不同节点的监测事件的先后关系时有足够的精度。设计高精度的时间同步机制是无线传感器网络设计和应用中的一个技术难点。

也有一些应用更重视鲁棒性而不是最精确的时间同步。例如，TinyOS 只要求时间同步到毫秒级，但需要快速设置时间。在 TinyOS 中，简单的、专用的抽象是种很自然的提供这种时间同步服务的方式，但是这种同步机制并不满足所有需要的通用的时间同步。另外，还可以采取 Lamport 分布式同步算法，而不是全部靠时钟来同步。

（4）任务通信和同步

任务同步是在多任务的环境下存在的，因为多个任务彼此无关，并不知道有其他任务的存在，如果共享同一种资源就会存在资源竞争的问题。它主要解决原子操作和任务间相互合作的同步机制。

TinyOS 中用 nesC 编译器检测共享变量有无冲突，并把检测到的冲突语句放入原子操作或任务中来避免冲突（因为 TinyOS 的任务是串行执行的，任务之间不能互相抢占）。TinyOS 的单任务模型避免了其他任务同步的问题。如果需要，可以参考传统操作系统的方法，利用信号量来给多任务系统加上任务同步机制，使得提供的原子操作不是关掉所有的中断，从而使系统的响应不会延迟。

在 TinyOS 中，由于是单任务的系统，不同的任务来自不同的网络节点，因此采用管道的任务通信方式，也就是网络系统的通信方式。管道是无结构的固定大小数据流，但可以建立消息邮箱和消息队列来满足结构数据的通信。

3. TinyOS 内存管理

TinyOS 的原始通信使用缓冲区交换策略来进行内存管理，当网络包被收到时，无线组件将传送一个缓冲区给应用，而应用则会返回一个独立的缓冲区给组件以备下一次接收。在通信栈中，管理缓冲区是很困难的，传统的操作系统把复杂的缓冲区管理推给了内核处理，以备份复杂的存储管理以及块接口为代价，提供一个简单的、无限制的用户模式，消息缓冲区数据结构是固定大小的。当 TinyOS 中的一个组件接收到一个消息时，它必须释放一个缓冲区给无线栈，无线栈使用这个缓冲区来装下一个到达的消息。一般情况下，一个组件在缓冲区用完后会将其返回，但是如果这个组件希望保存缓冲区以待后用，就会返回一个静态的本地分配缓冲区，而不是依靠网络栈提供缓冲区的单跳通信接口。由于只有 1 个组件，任何时候只有一个进入给定缓冲区的指针，所以组件需要来回交换使用它们。

静态分配的内存有可预测性和可靠性高的优点，但缺乏灵活性，不是预估大了造成浪费就是预估小了造成系统崩溃。为了充分利用内存，可以采用响应快且简单的 slab 动态内存管理。

4. TinyOS 通信

通信协议是无线传感器网络研究的另一大重点，通信协议的好坏不仅决定通信功耗的大小，同时也影响到通信的可靠性（包丢失率、包过载等）。TinyOS 为满足这样要求的通信协议提供了基于轻量级 AM 通信模型的最小的通信内核。

5. 低功耗实现技术

(1) 电源管理服务

所谓服务就是提供功能库，供应用程序决定何时使用何种功能，不是强迫应用必须使用，而是给应用很大的决定权。以 TinyOS 为例，它提供通信调度的电源管理机制来降低功耗。

(2) 编译技术

由于在无线传感器网络中，许多组件长时间不能维护，需要稳定和鲁棒性，而且资源受限，要求非常有效的简单接口，只能静态分析资源和静态分配内存。nesC 就是满足这种要求的编译器，它使用原子操作和单任务模型来实现变量竞争检测，消除了许多变量共享带来的并发错误；它使用静态的内存分配且不提供指针，以此来增加系统的稳定性和可靠性；它使用基于小粒度的函数剪裁方法（inline）来减少代码量和提高执行效率（减少了15%~34%的执行时间）；它可以通过编译器对代码整体的分析做出对应用代码的全局优化。nesC 提供的功能，整体地优化了通信和计算的可靠性和功耗。又如 galsC 编译器，它是对 nesC 语言的扩展，具有更好的类型检测和代码生成方法，具有应用级的结构化并发模型，很大程度上减少了并发错误，如死锁和资源竞争。galsC 已经在加州大学伯克利分校的 motes（一组传感器节点）上实现了和 TinyOS/nesC 程序库的兼容，同时采用了无线传感器网络的多跳协议来证实这种语言的有效性。

(3) 分布式技术

计算和通信的整体效率的提高需要用到分布式处理技术，借鉴分布式技术，实现优化有两种方式：数据迁移和计算迁移。数据迁移是把数据从一个节点传输到另一个节点，然后由后一个节点进行处理；计算迁移是把处理数据的计算过程从一个节点传输到另一个节点。在无线传感器网络中，假设节点运行的程序一样，那么计算过程就不用迁移，只要发送一个过程的名字就可以了。

(4) 数据压缩

在 GDI 项目中，使用 Huffman 编码或 Lempel-Ziv 编码对数据进行了压缩处理，使得传输的数据量减少了一半，但是，当把这些压缩数据写入存储区时，功耗却增加了许多，综合起来并未得到好的功耗结果。由于 GDI 项目的重点在于降低系统的功耗，因此它并未分析压缩处理同增加系统可靠性之间的关系，最后它摒弃了数据压缩传送的方法。事实上，可以对数据压缩法给功耗和可靠性带来的影响做进一步分析。

TinyOS 采用组件方式，结构简单，任务以先进先出方式进行调度，数据通信以事件方式在组件之间进行传递，该机制非常适合资源受限的无线传感器网络。

习　　题

1. 简述传感器节点的分类。
2. 简述传感器节点的设计原则。
3. 简述 TinyOS 的内核设计。

第6章　人工智能物联网

无线传感器网络源于美国军方对战场的监控与预警系统的研究，后来逐步迁移到民用研究，主要侧重于对目标、环境和物体状态的监测与控制。物联网的概念实际上是把传感器网络的概念进行了整合和发展，它们共同的本质在于以网络为媒介，对我们的环境、设施和物品实现智能化监测和控制，以满足人们的生活需要。

自2017年开始，“AIoT”一词开始频频刷屏，成为物联网的行业热词。“AIoT”即“AI+IoT”，指的是人工智能AI（Artificial Intelligence）与物联网IoT（Internet of Things）在实际应用中的落地融合。当前，已经有越来越多的人将人工智能与物联网结合到一起，AIoT作为各大传统行业智能化升级的最佳通道，已成为物联网发展的必然趋势。

在基于物联网技术的市场里，与人发生联系的场景（如智能家居、自动驾驶、智慧医疗、智慧旅游等）正在变得越来越多，而只要与人发生联系，势必涉及人机交互的需求。人机交互是指人与计算机之间使用某种对话语言，以一定的交互方式，为完成确定任务而进行的信息交互过程。人机交互的范围很广，小到电灯开关，大到飞机上的仪表板或是发电厂的控制室等。随着智能终端设备的推广，用户对于人与机器间的交互方式也提出了全新要求，使得AIoT人机交互市场被逐渐激发起来。

本章主要对人工智能物联网进行简要介绍。

6.1　人工智能

人工智能在某种程度上也属于人文科学的研究对象，它在备受公众关注之前就已默默存在了60多年。现在公开宣传的一个原因在于，长期以来，人们对人工智能应用的认识只停留在理论层面，或者是科幻小说中，而要在当今物联网环境中真正应用人工智能，必须满足以下三个条件。

1）非常大的真实数据集。

2）具有强大处理能力的硬件架构和环境。

3）开发强大的新算法和人工神经网络（Artificial Neural Networks，ANN）。

很明显，后两个要求相互依存，如果不能大幅度提高处理能力，那么深度神经网络领域不可能取得突破。如今，随着越来越多的嵌入式物联网设备的发展，将生成质量参

差不齐的大型数据集——视觉、音频和环境数据，数据流以指数级形式迅猛增长。事实上，到 2020 年，每年生成的数据量达到近 44 ZB（1 ZB≈10 亿 TB），预计 5 年之后，数据量可能会达到 180 ZB。

2015 年开始，多核应用处理器和图形处理单元（Graphics Processing Unit，GPU）开始普及，通过操作工具来处理这些大量数据，并行处理成为速度更快、成本更低、性能更强大的业务。添加快速、丰富的存储和更强大的算法对数据进行排列和组织，由此出现了一个能够让人工智能繁荣发展的环境。

2018 年，经过神经网络训练的人工智能语音识别软件成为各种消费类应用和工业应用中不可或缺的一部分。在新型自定义硬件和处理器架构的推动下，计算能力以大约每年 10 倍的速度提高，计算能力的迅速提升是推动人工智能发展的关键因素，促使人工智能成为未来的主流技术。

6.1.1　人工智能概述

英国神经系统科学家和人工智能先驱 David Marr 在 1976 年发表的开拓性文章《人工智能：个人观点》中提出，“人工智能的目标是识别和解决有用信息，并概述如何解决，即解决方法。”

人工智能计算系统的灵感来源于构成大脑的生物神经网络，人工智能借鉴人类大脑的功能，可以使机器像人类一样解决问题。神经网络更像是一个框架，能够让许多不同的机器学习算法相互协作共同处理复杂的大型数据。与生物神经网络的主要差距在于，人工神经网络更专注于执行具体任务，而非普遍通用的解决问题和计划能力。

6.1.2　机器学习

作为人工智能的子集，机器学习（Machine Learning）使用统计学技术赋予计算机学习的能力，不用明确编程。机器学习运用算法来分析数据，然后根据其解读进行预测，图 6-1 为机器学习的工作流。

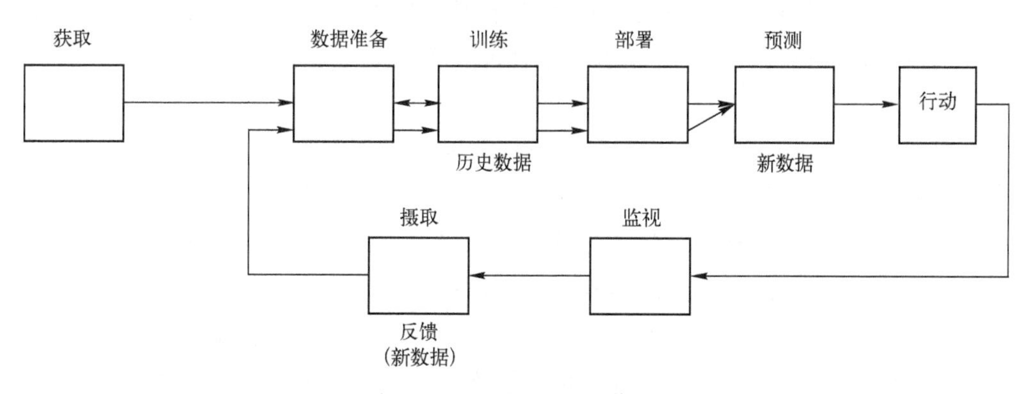

图 6-1　机器学习的工作流

机器学习算法被用在工作流的“训练”步骤中，它的输出（一个经过训练的模型）被用在工作流的“预测”部分中。机器学习的目的是从训练数据中学习，以便对新的、未见过的数据做出尽可能精准的预测。

机器经过训练，可从数据中学习，因此它能够执行给定工作。为此，机器学习应用了模式识别和计算学习理论（包括概率技术、核方法和贝叶斯概率等），这些专业技术已成为目前机器学习方法的主流。机器学习并不遵循静态程序指令，而是利用输入示例训练集来构建模型进行运算，以便输出数据驱动型预测。

计算机视觉是最活跃、最热门的机器学习应用领域之一，主要是指从现实世界中提取高维数据，生成数字或符号信息，最终以决策的形式呈现。为了让机器实现高级模式识别技能，需要编写大量的代码，操作人员提取边缘以定义对象的开始位置和结束位置，同时还要应用噪声消除过滤器或添加对象的几何信息（如提取给定对象的深度信息）。事实证明，即使借助先进的机器学习训练软件，让机器真正理解其环境的数字再现，也并不是一项轻而易举的任务。

6.1.3 深度学习

深度学习（Deep Learning）是机器学习的分支，是一种以人工神经网络为架构，对数据进行表征学习的算法。观测值（例如一幅图像）可以使用多种方式来表示，如每个像素强度值的向量，或者更抽象地表示成一系列边和特定形状的区域等，而使用某些特定的表示方法则更容易从实例中学习任务（例如，人脸识别或面部表情识别）。

深度学习在搜索技术、数据挖掘、机器翻译、自然语言处理、推荐和个性化技术及其他相关领域都取得了许多成果，深度学习使机器能模仿人类的活动，如视听和思考等，解决了很多复杂的模式识别难题，使得人工智能相关技术取得了很大进步。

深度学习是一类模式分析方法的统称，就具体研究内容而言，主要涉及以下三类方法。

1）基于卷积运算的神经网络系统，即卷积神经网络（Convolutional Neural Network，CNN），这是一种前馈神经网络，它的人工神经元可以响应一部分覆盖范围内的周围单元，对于大型图像处理有出色表现。

2）基于多层神经元的自编码神经网络，包括自编码（Auto Encoder）以及近年来受到广泛关注的稀疏编码（Sparse Coding），能够从大量无标签的数据中自动学习，得到蕴含在数据中的有效特征。自编码方法近年来受到了广泛的关注，已成功应用于很多领域，例如数据分类、模式识别、异常检测、数据生成等。

3）深度置信网络，是概率统计学与机器学习和神经网络的融合，由多个带有数值的层组成，其中层之间存在关系，而数值之间没有关联，主要目标是帮助系统将数据分类到不同的类别。

通过多层处理，逐渐将初始的“低层”特征表示转化为“高层”特征表示后，用“简单模型”即可完成复杂的分类等学习任务，由此可将深度学习理解为进行“特征学习”（feature learning）或“表示学习”（representation learning）。众所周知，特征的好坏对泛化性能有着至关重要的影响，特征学习（表示学习）通过机器学习产生好特征，这使机器学习向“全自动数据分析”又前进了一步。

近年来，研究人员也逐渐将这几类方法结合起来，如对原本是以有监督学习为基础的卷积神经网络结合自编码神经网络进行无监督的预训练，进而利用鉴别信息微调网络参数形成的卷积深度置信网络。与传统的学习方法相比，深度学习方法预设了更多的模型参数，因此模型训练难度更大，模型参数越多，需要参与训练的数据量也越大。

借助算法的最新改进和不断提高的计算处理能力，可以对更多层虚拟神经元进行建模，从而运行更深、更复杂的模型。传统的贝叶斯方法行不通的原因是，为了计算证据，必须手工执行概率整合，如今，将“贝叶斯+深度学习”应用于多层神经网络，以解决复杂的学习问题。现有的工作仍主要集中在“窄”或“弱”的人工智能领域，即能够和人类一样，或者比人类更好地执行具体任务的技术。对于能够执行多项复杂任务的机器，其所表现出的行为至少能像人类一样熟练灵活时，才被视为“强”人工智能。

6.2　物联网

“物联网”是一种泛在网络（Ubiquitous Network），由美国麻省理工学院（MIT）Auto-ID 实验室于 1999 年提出的产品，是指将各种信息传感设备，如射频识别（RFID）装置、红外感应器、全球定位系统、激光扫描器等装置与互联网结合起来而形成的一个巨大网络。2005 年 11 月，国际电信联盟（ITU）发布了《ITU 互联网报告 2005：物联网》，正式提出了物联网的概念。物联网的目的是让所有物品都能够远程感知和控制，并与现有的网络连接在一起，形成一个更加智慧的生产生活体系。形象地说，就是世间的万物都嵌入芯片，让物体最大限度地数字化，使物体会说话、会思考、会行动。

物联网是由 M2M（Machine to Machine）概念发展而来，是机器与机器的对话，其关键在于数据采集环节。目前的数据采集技术包括各种传感器、全球定位系统、激光扫描、射频识别技术等。其中，射频识别技术可通过射频信号自动识别物体并获取数据信息，是当前物联网的主流应用形式。

6.2.1　物联网的层次结构

物联网主要由感知层、传输层和应用层组成，如图 6-2 所示。

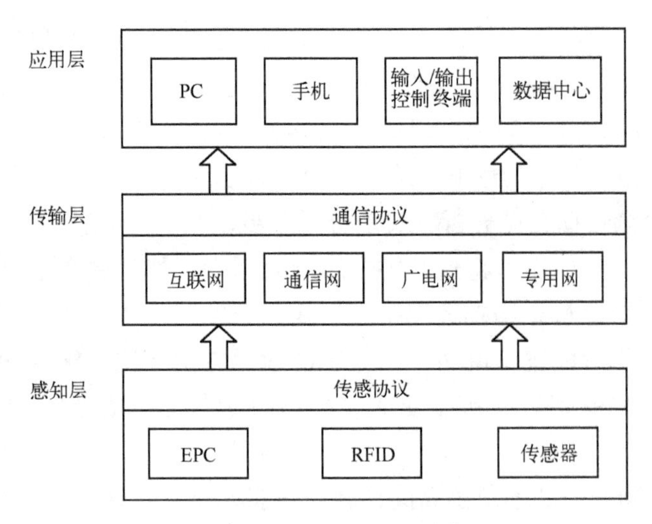

图 6-2　物联网的层次结构

第一层：感知层。以电子产品代码（Electronic Product Code，EPC）、RFID、传感器等传感技术为基础，实现信息采集和“物”的识别。

第二层：传输层。通过现有的互联网、通信网、广电网以及各种接入网和专用网，实现数据的传输与计算。

第三层：应用层。由 PC、手机、输入/输出控制终端等终端设备以及数据中心所构成的系统或专用网络，实现所感知信息的应用服务。

6.2.2　物联网的关键技术

物联网是基于互联网的传感器网络，传感器是其核心部件。物联网集射频识别技术、全球定位系统、云计算等关键技术于大成，在各行各业中得到广泛应用，物联网的关键技术主要包括以下几个。

1. 传感器及无线传感器网络

传感器及无线传感器网络的定义已在第 1 章的 1.1.2 节中介绍过，这里不再赘述。

2. 电子产品编码（Electronic Product Code，EPC）系统

EPC 是物体识别的唯一标识，它是一个先进的、综合性的和复杂的编码系统，其目的是为每一单品建立全球开放的标识标准。EPC 由六部分组成：EPC 编码标准、EPC 标签、读写器、Savant（神经网络软件）、对象名解析服务（Object Naming Service，ONS）和物理标记语言（Physical Markup Language，PML）。

3. 射频识别（Radio Frequency Identification，RFID）

RFID 又称为电子标签，是物联网的主流应用形式，它是一种非接触式的自动识别技术，通过无线射频信号自动识别目标对象并获取相关数据。随着芯片制造技术的突飞猛进，RFID 部件正朝着微型化方向发展。RFID 由三部分组成。

1）标签（Tag）：由耦合元件及芯片组成，每个标签具有唯一的电子编码，附着在物体上标识目标对象。

2）阅读器（Reader）：读取和写入标签信息的设备。

3）天线（Antenna）：在标签和读取器间传递射频信号。

4. 全球定位系统（Global Positioning System，GPS）

GPS 是获取物体空间位置信息的主要应用技术，它是美国军方在 20 世纪 70 年代研制的新一代空间卫星导航定位系统，由覆盖全球的 24 颗通信卫星组成。GPS 保证卫星可以采集到观测点的经纬度和高度，以便实现定位、导航、授时等功能。GPS 具有高精度、高效率和低成本的优点。GPS 由三部分组成。

1）空间部分——GPS 星座。

2）地面控制部分——地面监控系统。

3）用户设备部分——GPS 信号接收机。

5. 云计算（Cloud Computing）

物联网可以从云计算中获取信息的计算、存储和处理能力。云计算是 2007 年提出的一种基于互联网的超级计算模式，代表了信息时代的未来，是分布式计算（Distributed Computing）、网格计算（Grid Computing）和并行计算（Parallel Computing）的商用发展，是虚拟化（Virtualization）、效用计算（Utility Computing）、面向服务的体系结构（SOA）等概念混合演进并跃升的结果。通过云计算，网络服务提供者可以在瞬息之间处理数以千万计甚至亿计的信息，实现和超级计算机同样强大的效能。同时，用户可以按需计量地使用这些服务，从而实现将计算作为一种公用设施来提供的梦想。

云计算服务层次分为基础设施即服务（IaaS）、平台即服务（PaaS）和软件即服务（SaaS）。IaaS 是云计算服务的基础层，它把基础资源封装成服务；PaaS 负责资源的动态扩展和容错管理；SaaS 是云计算服务的高层，它将特定应用软件功能封装成服务。

云计算技术体系可分为物理资源层、虚拟化资源层、管理中间件层和服务接口层四个层次。物理资源层提供物理设施服务，如服务器集群、存储器、网络设备、数据库、软件等；虚拟化层把相同类型的资源整合成同构的资源池，如计算资源池、存储资源池等；管理中间件层负责资源管理、任务管理、用户管理和安全管理等工作；服务接口层将云计算能力封装成标准的万维网服务（Web Service）。

6.2.3 物联网的应用

物联网的应用涉及国民经济和人类社会生活的方方面面，因此物联网也被称为继计算机和互联网之后的第三次信息技术革命。信息时代，物联网无处不在。由于物联网具有实时性和交互性的特点，其应用领域主要如下。

1. 城市管理

（1）智能交通（公路、桥梁、公交、停车场等）

物联网技术可以自动检测并报告公路、桥梁的“健康状况”，还可以避免过载的车辆经过桥梁，也能够根据光线强度对路灯进行自动开关控制。

在交通控制方面，系统通过检测设备，可以在道路拥堵或特殊情况下自动调配红绿灯，同时向车主预告拥堵路段和推荐行驶最佳路线。

在公交方面，物联网技术构建的智能公交系统通过综合运用网络通信、地理信息系统（GIS）、GPS 定位及电子控制等手段，集智能运营调度、电子站牌发布、IC 卡收费、快速公交系统管理等于一体，通过该系统可以详细掌握每辆公交车每天的运行状况。另外，在公交候车站台上通过定位系统可以准确显示下一趟公交车需要等候的时间；还可以通过公交查询系统，查询最佳的公交换乘方案。

（2）智能建筑（绿色照明、安全检测等）

通过感应技术，建筑物内的照明灯能够自动调节光亮度，实现节能环保，建筑物的运作状况也能通过物联网及时发送给管理者；同时，建筑物与 GPS 实时连接，可以在电子地图上准确、及时地反映出建筑物空间的地理位置、安全状况、人流量等信息。

（3）文物保护和数字博物馆

数字博物馆采用物联网技术，通过对文物保存环境的温度、湿度、光照、降尘和有害气体等进行长期监测和控制，建立长期的藏品环境参数数据库，研究文物藏品与环境影响因素之间的关系，创造最佳的文物保存环境，实现对文物蜕变损坏的有效控制。

（4）古迹、古树实时监测

通过物联网采集古迹、古树的年龄、气候、损毁等状态信息，及时做出数据分析和保护措施。在古迹保护方面，实时监测能有选择地将有代表性的景点图像传递到互联网上，让景区对全世界做现场直播，达到扩大知名度和广泛吸引游客的目的。另外，还可以实时建立景区内部的电子导游系统。

2. 现代物流管理

通过在物流商品中植入传感芯片（节点），供应链上的购买、生产制造、包装/装卸、运输、配送/分销、出售、服务等每一个环节都能无误地被感知和掌握。这些感知信息与后台的 GIS/GPS 数据库无缝结合，成为强大的物流信息网络。

3. 食品安全控制

食品安全是国计民生的重中之重，通过标签识别和物联网技术，可以随时随地对食品生产过程进行实时监控，对食品质量进行联动跟踪，对食品安全事故进行有效预防，极大地提高食品安全的管理水平。

4. 零售

RFID 取代零售业的传统条码系统（Bar Code），使物品识别在穿透性（主要指穿透

金属和液体）、远距离以及商品的防盗和跟踪方面都有了极大改进。

5. 数字医疗

以 RFID 为代表的自动识别技术可以帮助医院实现对病人不间断地监控、会诊和共享医疗记录，以及对医疗器械的追踪等。物联网已将这种服务扩展至全世界，RFID 技术与医院信息系统及药品物流系统的融合，是医疗信息化的必然趋势。

6. 防入侵系统

通过成千上万个覆盖地面、栅栏和低空探测的传感器节点，防止入侵者的翻越、偷渡、恐怖袭击等攻击性入侵。

6.3 人工智能物联网概述

在过去数年间，人工智能在各个行业都实现了很高的复合增长。从战略角度看，其最大的潜力在于与物联网互补的特性：物联网可以持续提供相关数据，人工智能充当系统的推理引擎，解读生成的数据并驱动其功能。通过在集成技术组合中将物联网与人工智能融合，将创建全新的强大平台，以实现数字业务的价值。

6.3.1 AIoT 的发展路径

人类生活的数字化进程已持续三十多年，经历了从模拟时代到 PC 互联时代再到移动互联时代的演进，而目前正处在向物联网时代的演进过程中。从交互方式上，从 PC 时代的键盘和鼠标到移动时代的触屏、NFC 以及各种 MEMS 传感器，再到物联网时代蓬勃发展的语音/图像等，使用门槛变得越来越低。此外，由于交互方式的演进，大量的新维度数据也在不断地被创造出来，PC 时代的文本资料和娱乐节目，智能手机时代的用户使用习惯、位置、信用等信息，再到物联网时代的各种可能的新数据。

在物联网时代，交互方式正朝着本体交互的方向发展，所谓“本体交互”，指的是从人的本体出发，人与人之间交互的基本方式，如语音、视觉、动作、触觉，甚至味觉等。例如，通过声音控制家电，或者空调通过红外来决定是否应该降温，通过语音和红外结合来进行温度控制。新数据是人工智能的养料，而大量的新维度数据正在为 AIoT 创造无限的可能性。从 AIoT 的发展路径来看，包括单机智能、互联智能和主动智能三个阶段。

1）单机智能指的是智能设备等待用户发起交互需求，在此过程中设备与设备之间是不发生相互联系的。单机系统需要精确感知、识别、理解用户的各类指令，如语音、手势等，并做出正确的决策、执行和反馈，目前的 AIoT 正处于这一阶段。以家电行业为例，过去的家电就是一个功能机时代，按键式的；而现在的家电实现了单机智能，通过语音或手机APP的遥控，实现调节温度、开关风扇等功能。无法互联互通的智能单品，只是一个个数据和服务的孤岛，远远满足不了人们的使用需求。

2）互联智能场景，本质上指的是一个互联互通的产品矩阵，因而，“一个大脑（云或者中控），多个终端（感知器）”的模式成为必然。例如，当用户在卧室里对空调说“关闭客厅的窗帘”时，由于空调和客厅里智能音箱的中控是连接的，它们之间可以互相协商和决策，进而可以做出由音箱关闭客厅窗帘的动作；又或者当用户晚上在卧室对着空调说出“睡眠模式”时，不仅空调自动调节到适宜睡眠的温度，同时，客厅的电视、音箱以及窗帘和灯也都自动进入关闭状态，这就是一个典型的通过云端大脑配合多个感知器的互联智能场景。

3）主动智能指的是智能系统根据用户行为偏好、用户画像、环境等各类信息，随时待命，具有自学习、自适应、自提高能力，可主动提供适用于用户的服务，而不必等待用户提出需求。试想这样的场景，清晨伴随着光线的变化，窗帘自动缓缓开启，音箱传来舒缓的起床音乐，新风系统和空调开始工作。你开始洗漱，洗漱台前的私人助手自动为你播报今日天气、穿衣建议等。洗漱完毕，早餐和咖啡已经做好。当你走出家门，家里的电器会自动断电，等待你回家时再度开启。

6.3.2 AIoT对边缘计算能力的需求

边缘计算是指在靠近物体或数据源头的网络边缘侧，融合网络、计算、存储、应用核心能力的开放平台，就近提供边缘智能服务，满足行业数字化在快捷连接、实时业务、数据优化、应用智能、安全与隐私保护等方面的关键需求。边缘计算犹如人类身体的神经末梢，可以对简单的刺激进行自行处理，并将特征信息反馈给云端大脑。

伴随着AIoT的落地实现，在万物智联的场景中，设备与设备间将互连互通，形成数据交互、共享的崭新生态。在这个过程中，终端不仅需要有更加高效的计算能力，还必须具有本地自主决断及响应能力。基于互联智能的构想，未来的AIoT时代，每个设备都需要具备一定的感知（如预处理）、推断及决策功能。因此，每个设备端都需要具备独立的计算能力，即边缘计算。

在智能家居的应用场景中，通过自然语音的方式与终端设备进行交互，家用终端设备需要精准区分、提取正确的用户命令（而不是家人在谈话时无意说到的某个无效关键词），以及声源、声纹等信息。因此，智能家居领域的语音交互对于边缘计算也提出了更高的要求，具体表现在以下几方面。

（1）降噪、唤醒

家居环境下声场复杂，如电视声音、多人对话、小孩嬉闹、空间混响（厨房做饭、洗衣机等设备的工作噪声），容易干扰用户与设备间正常交互的声音，这就需要对各种干扰进行处理、抑制，使得来自真正用户的声音更加突出。在这个处理的过程中，设备需要更多的信息量来进行辅助判断。语音交互的一个必备功能是使用传声器阵列进行多

通道的同步声音录入，然后对声学空间场景进行分析，使得声音的空间定位更加准确，大幅提升语音质量。另一方面，通过声纹信息辅助区分真正用户，使其声音从多人窜扰中可以清晰地区分出来。

（2）本地识别

用户在特定场景下的常用关键词指令数量有限，例如车机产品（指安装在汽车里面的车载信息娱乐产品），用户最常使用的可能是“上一首/下一首”，对空调产品最常用的命令是“开启/关闭”等。对于这些高频词的处理，可以放在本地处理而不依赖于云端的延时，从而带给用户最佳的体验。另外，如何在不联网的情况下让用户感知到语音 AI 的强大，也是边缘计算在当前应用中的一个重要功能。

（3）本地/云端效率的平衡

在自然语言交互过程中，当所有的计算被放到云端时，声学计算部分将对云端计算造成较大压力，一方面造成云平台成本的大幅增加；另一方面带来计算延迟，损害用户体验。自然语音交互分成声学和自然语言处理（Natural Language Processing，NLP）两个部分，从另一个维度上来讲，可看成是“业务无关”（语音转文字，即声学计算）和“业务有关”（NLP）的部分。业务有关的部分毫无疑问需要在云端解决。例如，用户询问天气、听音乐等需求，设备对用户语句的理解，以及天气信息的获取都必须通过联网才能完成；而对于用户语音到文字的转换，例如，下达指令“打开空调、升高温度”等，是有可能在本地完成的。在这种情况下，从本地上传到云端的数据将不再是压缩后的语音本身，而是更为精简的中间结果甚至是文本本身，云端计算更为简单，响应也更为迅速。

（4）多模态的需求

所谓多模态交互即多种本体交互手段结合后的交互，例如将多种感官融合，比如文字、语音、视觉、动作、环境等。人是一个典型的多模态交互的例子，在人与人交流的过程中，表情、手势、拥抱、触摸，甚至气味，无不在信息交换的过程中起着不可替代的作用。多模态处理无疑需要引入对多类传感器数据的共同分析和计算，这些数据既包括一维的语音数据，也包括摄像头图像以及热感应图像等二维数据。这些数据的处理都需要本地 AI 的能力，这也就对边缘计算提出了强烈的需求。

6.3.3 AIoT 对 AI 芯片的需求

人工智能算法对设备端芯片的并行计算能力和存储器带宽提出了更高的要求，尽管基于 GPU 的传统芯片能够在终端实现推理算法，但其功耗大、性价比低的弊端却不容忽视。在 AIoT 的大背景下，物联网设备被赋予了智能化能力，一方面在保证低功耗、低成本的同时完成 AI 运算（边缘计算）；另一方面，物联网设备与手机不同，形态千变万化，需求碎片化严重，对 AI 算力的需求也不尽相同，很难给出跨设备形态的通用芯片架构。因此，只有从 AIoT 的场景出发，设计定制化的芯片架构，才能在大幅提升性能的同时，降低功耗和成本，同时满足 AI 算力以及跨设备形态的需求。

物联网发展至今不再是单独的个体，越来越多地跟大数据、人工智能结合在一起，即现在常说的万物智联。万物智联，离不开智能的交互方式，随着 5G 网络的商用，未来将会有越来越多的硬件设备能够联网，并可以通过语音进行控制，这些都属于人工智能+物联网的产物。

从信息技术产业的整体趋势来看，AI、物联网、移动设备三大技术在未来的发展潜力都相当巨大。如果说 AI 是智能手机的新活水，那么物联网就是整片蓝海，物联网的愿景是将所有智能装置、设备都连接起来，打造人类生活最基本也最重要的电子生态。

6.4 人工智能与物联网的关系

快速发展的人工智能对于物联网而言，是解锁其巨大潜力的钥匙，人工智能与物联网结合后，物联网的发展不可限量。物联网可以说成是互联设备间数据的收集及共享，而人工智能是将数据提取出来后做出分析和总结，促使互联设备间更好地协同工作，物联网与人工智能的结合将会使其收集来的数据更加有意义。

6.4.1 人工智能让物联网更加智能化

在物联网应用中，人工智能技术在某种程度上可以帮助互联设备应对突发情况。当设备检测到异常情况时，人工智能技术会为互联设备提供如何采取措施的进一步选择，这样大大提高了处理突发事件的准确度，真正发挥互联网时代的智能优势。

6.4.2 人工智能有助于物联网提高运营效率

人工智能通过分析、总结数据信息，从而解读企业服务生产的发展趋势并对未来事件做出预测。例如，利用人工智能监测工厂设备零件的使用情况，从数据分析中发现可能出现问题的概率，并做出预警提醒。这样一来，会在很大程度上降低故障影响，提高运营效率。当然，现在的人工智能技术想要更好地服务于物联网，还需要进一步解决安全风险、意外宕机和信息延迟等问题。目前，已经有越来越多的厂商进入了人工智能研发领域，比如华为设计的麒麟 980 芯片能效就已经处于世界领先水平。今后，还会有大量为推动人工智能的解决方案被研发出来，物联网的整体发展会因此有一个更好的未来，相信人工智能与物联网的结合能够很好地改善当前的技术生态环境，物联网的未来就是人工智能，物联网及人工智能的强大结合将带给社会巨大的改变。

图 6-3 所示为由北京建筑大学自主研发的“智能蓝地球系统”，该系统正是利用了人工智能+物联网，对北京市的空气质量做出实时监测、智能分析和预测。

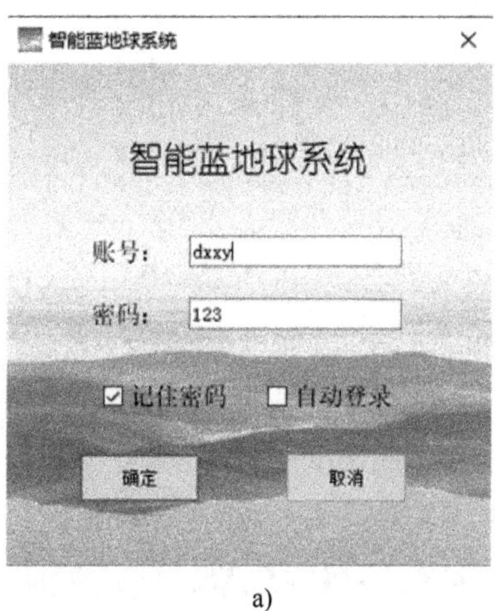

a)

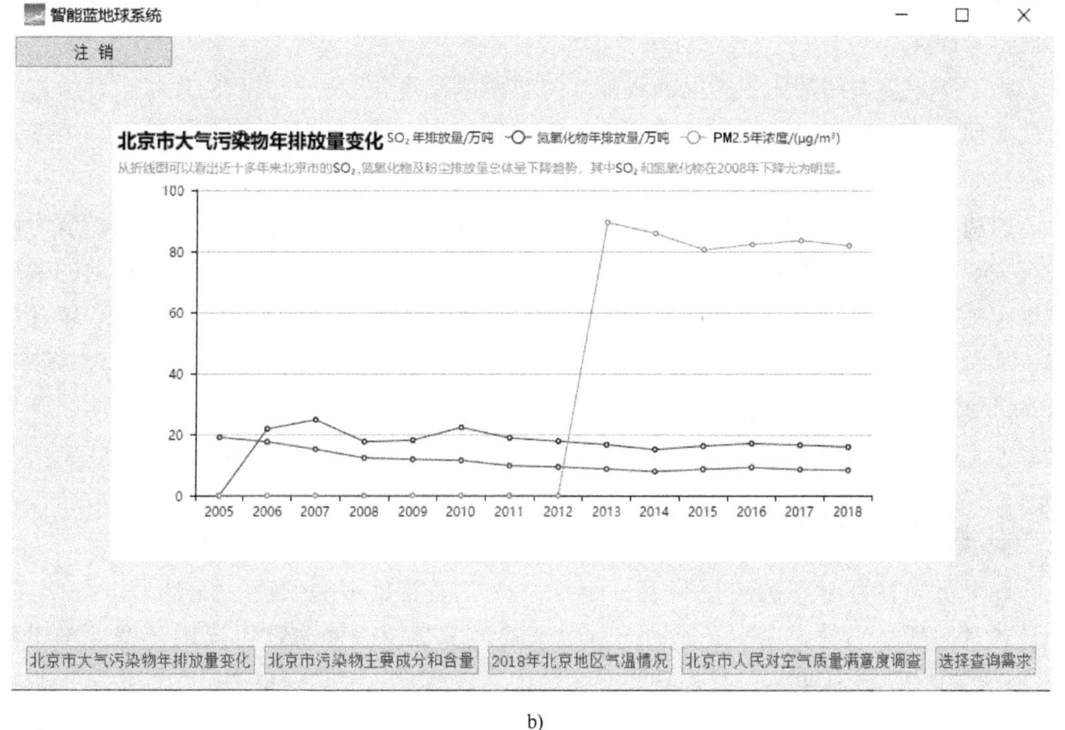

b)

图 6-3　“智能蓝地球系统”

a)“智能蓝地球系统”用户界面　b)“智能蓝地球系统”运行界面

其实没有必要去纠结人工智能和物联网的区别，是谁占主导地位。与其说是区别，不如说二者是相辅相成、相互联系的“共同体”，只有它们同时使用，才能实现人工智能和物联网的利益优势。根据数据显示，在不久的将来，物联网技术将无处不在，我们很难再找到没有联网的设备，就像我们讨论的智能家居，可以智能操控点灯、空调，实现智能化、自动化的操作。

6.5　人工智能对物联网安全的意义

随着越来越多的设备和系统连接到网络，网络犯罪对技术资源和整个社会带来的安全威胁也在不断增大，全球各个机构每小时遭受100次未知恶意软件攻击，每天有100万个新恶意文件出现在互联网世界。

人工智能的进步与网络威胁的发展密切相关。机器学习是一把双刃剑：虽然机器学习可使行业级恶意软件检测程序更高效地工作，但居心不良者也会利用机器学习来增强其攻击能力。事实上，来自阿姆斯特丹大学的一组研究人员近期证实，黑客可以通过旁路攻击将信息泄露到CPU的转址旁路缓存之外，然后使用新型机器学习技术来训练其攻击算法，以提高攻击算法的性能水平，他们认为，机器学习技术将有助于提升未来旁路攻击的质量。

为了防止新型高效人工智能和机器学习技术的出现改变势均力敌的现状，必须重点关注如何利用人工智能来提高系统安全性和数据隐私。基于机器学习安全性的一个良好示例是异常检测，即系统“检测”数据流中的异常行为或模式。

以前的异常检测通常用于垃圾邮件和恶意软件检测，但通过机器学习可以扩展为在系统中寻找更隐蔽、更复杂的异常行为。虽然监控和防范外部威胁对于实施高效的系统防御至关重要，但很少有组织意识到内部威胁。在埃森哲（Accenture）于2016年开展的一项调查中发现，三分之二的受访组织曾遭遇过来自组织内部的数据失窃，其中，91%的受访组织表示他们不具备识别此类威胁的高效检测方法。机器学习可以协助开发高效的实时分析和异常检测功能，以便从系统内部识别并消除基于用户的威胁。

6.5.1　隐私保护机器学习

隐私保护机器学习的应用很容易识别：人工智能数据提供者（无论是训练阶段，还是推理阶段）不希望在不受保护的情况下提供其数据。随着欧盟通用数据保护条例于2018年5月25日生效，处理欧盟公民数据的任何企业都必须提供隐私保护，否则将遭受高额罚款。

例如，在医疗和金融应用中，企业负责保护提供数据信息用户的隐私。一个典型应用场景是使用患者的病历来训练诊断模型。当机器学习模型被公开获取时，相关威胁便随之而来。例如，在之前的场景中，医院在执行诊断时，对该模型具有访问权限的恶意用户也许能够分析其参数，并由此恢复出一些用于训练模型的数据。

在工业环境中，数据隐私对系统提供商至关重要。例如，在预测性维护中，机器数据用于确定现役设备的状况，以精确预测何时执行维护工作。与例行或基于时间的预防性维护相比，预测性维护只在需要时执行任务，而且很有可能在系统故障前执行，因此可显著节省维护成本。相关服务机器的所有者明确希望能够利用生成的数据获益，但同

时也非常关注自身利益，不愿与使用相同机器的竞争对手分享数据。这样一来，维护服务提供商进退两难。

由此产生了同态加密，这是一种能够增强隐私保护的技术，它将数据加密成可计算的加密文本，计算中所使用的任何数据仍保持加密形式，只对目标用户可见，而加密后的计算结果与同样应用于纯文本计算的结果匹配。在机器学习环境中，如果公司希望将数据传入外部提供的基于云的机器学习模型，则可以利用同态加密，以避免提供对未加密数据的访问权限，同时仍允许对其数据应用复杂计算。

基于属性的加密是另一种隐私保护技术，它允许按照严格的数据保护和隐私规则运行机器学习程序。基于属性的身份验证以 IBM 公司开发的 Identity Mixer 协议为基础，可同时提供强大的身份验证和隐私保护。

6.5.2 攻击机器学习

如果攻击者追求机器学习本身的安全性，会出现什么情况？在介绍该领域的潜在威胁之前，简单回顾一下机器学习的工作原理：首先，所有机器学习从训练数据开始，输出一组参数，即一个模型；在推理阶段，为模型提供新样本后，模型会推断出相应输出。例如，如果机器学习算法是图像分类器，则输入新图像后，模型会返回其类别（例如，图像代表一只猫）。该流程从训练到推理的所有步骤都有可能遭受攻击，甚至在收集训练数据并将数据传入机器学习模型时，也可能受到攻击。虽然窃取数据可能是攻击者的一个目标，但他们的目标也可能是更改数据或操控机器学习模型的结果。要让人工智能模型根据物理现实做出预测，值得信任的训练数据至关重要，这一点有时难以实现。如果用户故意发送错误的信息来“影响”训练数据，则可能会导致推理性能不佳，甚至会使机器学习模型在推理时出现故障。

6.5.3 推理时攻击

在推理阶段，用户的隐私必须得到保证。用户也有可能是攻击者，他可以将对抗示例作为一种攻击手段。对抗示例是指输入有效，但可能会被机器学习模型错误解读的数据。例如，通过在停车标志上粘贴一种特殊的贴纸，可以欺骗图像分类器错误解读或根本不识别该标志，虽然该标志在人眼看来是一个常见的停车标志，但机器学习模型却看不到，这样就可能会导致自动驾驶汽车发生碰撞。

6.5.4 知识产权保护

机器学习模型的价值主要在于相关数据集，而训练数据的收集成本可能非常高昂或者难以获取。当机器学习作为服务被提供时，用户只能访问模型的输入和输出。例如，在图像分类器中，用户提交图像，作为反馈，用户将获得类别。对用户来说，复制模型本身可以避免未来使用时再付费，这可能相当具有吸引力。一种可能的攻击是，攻击者在所选输入数据上查询服务，获取相应输出，并训练获取的数据集，由此获得功能相同的模型。

这里罗列的攻击并不详尽，多种攻击可以结合，带来更大的损害。例如，模型在被盗后可用于恢复训练数据或制作对抗示例。为了做好充分准备以应对这些不断演变的威胁，人工智能必须成为物联网系统安全中不可或缺的一部分，如果不希望未来的攻击者可以随意使用人工智能机器学习模型的训练和推理，那么必须从一开始就思考“通过设计确保安全”和“通过设计确保隐私”的原则。

目前，物联网为我们带来了前所未有的机会，但是在实现更强大、更具影响力目标的道路上，这只是其中一步。如今的智能物体虽然可以流式传输数据、学习偏好并且可通过应用控制，但它们并不是人工智能设备，它们相互“通信”，但它们不能共同协作。想象这样一个世界，所有人工智能设备相互连接，通过认知功能（如学习、问题解决和决策制定）扩展物联网的边缘，将使如今的智能物体从纯实用工具实现真正的自我延伸，使人类与现实世界交互的可能性成倍增加。

6.6　AIoT 应用案例——智慧旅游

智慧旅游概念源于智慧地球与智慧城市，但其发展的推动力依托以下六个方面：

1）全球信息化浪潮促进了旅游产业的信息化进程。

2）旅游产业的快速发展需要借助信息化手段，尤其是旅游业被定位为国民经济的战略性支柱产业以来，旅游业与信息产业的融合发展成为引导旅游消费、提升旅游产业素质的关键环节。

3）物联网/泛在网、移动通信/移动互联网、云计算以及人工智能技术的成熟与发展具备了促成智慧旅游建设的技术支撑。

4）整个社会信息化水平的逐渐提升促进了旅游者的信息手段应用能力，使智能化的变革具有广泛的用户基础。

5）智能手机、平板计算机等智能移动终端的普及提供了智慧旅游的应用载体。

6）随着旅游者的增加和他们对旅游体验的深入需求，旅游者对信息服务的需求也在逐渐增加，而且旅游是在开放性的、不同空间之间的流动，旅游过程具有很大的不确定性和不可预见性，实时实地、随时随地获取信息是提高旅游体验与旅游质量的重要方式，也昭示了智慧旅游建设的强大市场需求。智慧化是社会继工业化、电气化、信息化之后的又一次突破，智慧旅游已经成为旅游业的一次深刻变革。

物联网技术、移动通信技术、云计算技术以及人工智能技术是智慧旅游的关键技术，称为智慧旅游的四大核心能力。四大核心能力充分体现了智慧旅游对于旅游资源及社会资源的共享与有效利用的能力，这是智慧旅游的核心标志，也有别于前一代信息技术在旅游业中的应用。智慧旅游的四大核心能力不是孤立与分散的，而是相互关联并有

机集成的，从而形成了智慧旅游的总体技术框架，称为核心能力框架（见图 6-4）。

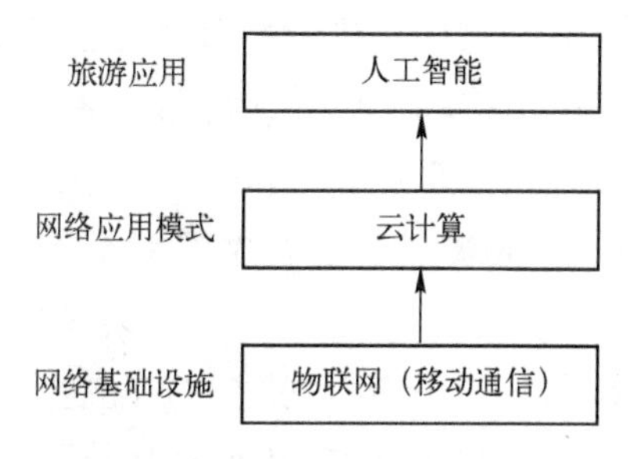

图 6-4　智慧旅游的核心能力框架

从信息角度来看，物联网（移动通信网、移动互联网、传统互联网）是信息获取、交换以及共享的渠道；云计算是信息的网络应用方式；人工智能是信息处理、分析以及推理的方法；移动智能终端是应用对象与信息交互的方式，是信息的表现载体。随着信息技术的发展，智慧旅游的核心能力将不断扩充与发展。

6.6.1　物联网技术

物联网是智慧旅游的核心网络，实现了物与物、人与物、人与人的互联。从定义上讲，物联网是通过射频识别（RFID）、红外感应器、全球定位系统（GPS）、激光扫描等信息传感设备，按约定的协议把物品与网络连接起来进行信息交换和通信，以实现智能化识别、定位、跟踪、监控和管理的一种网络。

智慧旅游中的物联网可以理解为互联网旅游应用的扩展以及泛在网的旅游应用形式。如果称基于互联网技术的旅游应用为“线上旅游”，那么基于物联网技术的旅游应用则可称为同时涵盖“线上”与“线下”的“线上线下旅游”。物联网技术突破了互联网应用的“在线”局限，而这种突破是适应旅游者的移动以及非在线特征的。泛在网是指无所不在的网络，即基于个人和社会的需求，利用现有的和新的网络技术，实现人与人、人与物、物与物之间无所不在的按需进行的信息获取、传递、存储、认知、决策及使用等的综合服务网络体系。基于物联网的旅游应用的“线上”“线下”融合体现了泛在网“无所不在”的本质特征，而这种本质也是适应旅游者的动态与移动特征的。

6.6.2　移动通信技术

移动通信是物与物通信模式中的一种，主要是指移动设备之间以及移动设备与固定设备之间的无线通信，以实现设备的实时数据在系统之间、远程设备之间的无线连接。因此，移动通信可理解为物联网的一种物与物的连接方式，是支撑智慧旅游物联网的核心基础设施。

移动通信技术作为物联网的一种连接方式之所以被特别提出，是因为随着移动终端设备的发展与普及，移动通信技术使得信息技术的旅游应用从以个人计算机为中心向以

携带移动通信终端设备的“人”（即旅游者）为中心发展，体现了以散客为服务对象的信息技术应用方向。个人计算机基于计算机网络技术连接，通过互联网技术繁荣各种旅游应用；而移动通信终端设备基于移动通信技术连接，通过互联网、物联网技术繁荣各种旅游应用。移动通信技术自诞生以来迅猛发展，已经从第一代发展至第四代，并正在向第五代前进。智慧旅游中的移动通信技术为旅游者提供丰富的高质量服务，如全程（游前、在途、游后）信息服务、无所不在（任意时刻、任意地点）的移动接入服务、多样化的用户终端（个性化以及虚拟现实等多方式人机交互）以及智能服务（智能移动代理）等。智慧旅游的移动通信技术的应用极大改善了旅游者的旅游体验与游憩质量，提升了旅游目的地的管理水平与服务质量，使旅游管理与服务向着更加精细化及高质量的方向推进。

6.6.3　云计算技术

云计算是一种网络应用模式，计算机终端、移动终端的使用者不必了解技术细节或相关专业知识，只需关注自己需要什么样的资源以及如何通过网络来得到相应服务，其目的是解决互联网发展所带来的巨量数据存储与处理问题。云计算的核心思想是计算、信息等资源的有效分配。

云计算技术包含两个方面的含义：一方面指用来构造应用程序的系统平台，其地位相当于个人计算机上的操作系统，称为云计算平台（简称云平台）；另一方面描述了建立在这种平台之上的云计算应用（简称云应用）。云计算平台可按需动态部署、配置、重新配置以及取消部署服务器，这些服务器可以是物理的或者虚拟的；云计算应用是一种可以扩展至通过互联网访问的应用程序，它使用大规模的数据中心以及功能强劲的服务器来运行网络应用程序与网络服务，使得任何用户通过适当的互联网接入设备与标准的浏览器就能够访问云计算应用。

智慧旅游的云计算建设必须同时包含云计算平台与云计算应用。目前，智慧旅游实践中经常会混淆云计算平台与云计算应用这两个概念，如“旅游云”“旅游云计算”“旅游云计算平台”等。实际上，云平台具有某种程度的应用无关性，因此智慧旅游的云计算技术的应用研究应侧重于云计算应用。例如，研究如何将大量甚至海量的旅游信息进行整合并存放于数据中心，如何构建可供旅游者、旅游组织（企业、公共管理与服务等）获取、存储、处理、交换、查询、分析、利用的各种旅游应用（信息查询、网上预订、支付等）。从某种程度上讲，云计算技术在智慧旅游中体现的是旅游资源与社会资源的共享与充分利用以及一种资源优化的集约性智慧。

6.6.4　人工智能技术

人工智能是研究如何应用计算机的软、硬件来模拟人类某些智能行为的基本理论、方法和技术，它涉及知识表示、自动推理和搜索方法、机器学习和知识获取、知识处理

系统、自然语言处理、计算机视觉、智能机器人、自动程序设计等方面的研究内容。目前已经广泛应用于机器人、决策系统、控制系统以及仿真系统中。

智慧旅游包含了以物联网与移动通信为核心的先进计算机软、硬件以及通信技术，也包含了以云计算为核心的计算与信息资源的合理及有效分配技术。而旅游服务及管理等方面是关系智慧旅游成败的关键问题，人工智能就是智慧旅游用来有效处理与使用数据、信息与知识，利用计算机推理技术进行决策支持并解决问题的关键技术。在旅游研究领域，人工智能更多地用于旅游需求预测；然而，人工智能在智慧旅游中的作用还不仅在于此，它还包含游憩质量评价、旅游服务质量评价、旅游突发事件预警、旅游影响感知等诸多研究领域。如果将物联网、云计算以及移动通信技术看成智慧旅游的构架技术，那么人工智能就是智慧旅游的内核技术。

习　题

1. 简述机器学习的工作流程。
2. 深度学习的三类方法是什么？
3. 物联网的关键技术有哪些？
4. 简述人工智能与物联网的关系。

第7章　典型应用设计

无线传感器网络是由应用驱动的网络，凭借其可快速部署、自组织、隐蔽性等技术特点，广泛应用于国防军事、环境监测、医疗卫生、工业监控、智能电网、智能交通等多个领域。本章将列举无线传感器网络在一些重要领域的应用实例，如智能家居、智能温室系统及智能化远程医疗监护系统等，深入理解传感器网络软硬件相关技术的设计与应用。

7.1　智能家居系统

良好、宜居的生活环境一直是人类对于幸福生活的憧憬与追求之一。随着社会的不断发展和居民生活水平的持续提高，人们对于家居环境的要求也越来越高。目前，我国现有大多数住宅的家居环境都存在能耗过高与安防措施落后等问题。进入信息时代，家居环境构建思路正在转向健康、舒适、便利、安全。家居智能化已经成为人们的迫切需求。

智能家居（又称智能住宅，Smart Home）是集系统、结构、服务、管理等于一体的居住环境。它以住宅为平台，利用先进的计算机控制技术、智能信息管理技术与通信传输技术，将家庭安防系统、家电控制系统等各子系统有机地结合在一起，通过统筹管理，家居环境将会变得更加舒适与安全。与传统家居相比，智能家居让住宅变为能动的、有智慧的生活工具，它不仅能够提供安全、宜居的家庭空间，还能够优化家居生活方式，帮助人们实时监控家庭的安全性并能高效地利用能源，实现低碳、节能、环保。

智能家居一般包括以下系统：智能照明、网络通信、家电控制、家庭安防等。

7.1.1　相关技术

智能家居系统中的关键技术是信息传输和智能控制，涉及综合布线技术、电力线载波技术、无线网络技术等。

1）综合布线技术。需要重新额外布设弱电控制线，信号稳定，适合于楼宇和小区智能化等大区域范围的控制，但安装比较复杂，造价高、工期长。

2）电力线载波技术。通过电线传递信号，不需要重新布线，但存在噪声干扰强、

信号在传输过程中衰减等缺点。

3）无线网络技术。通过红外线、蓝牙、ZigBee 等技术实现了各类电子设备的互连互通与智能控制。无线网络技术可以提供更大的灵活性、流动性，省去了花在综合布线上的费用和精力。红外技术比较成熟，但必须直线视距连接；蓝牙适合于语音业务及需要高数据量的业务，如耳机、移动电话等；ZigBee 作为一种低成本、低功耗、低数据速率的技术，更适合家庭自动化及安保系统。目前，ZigBee 是智能家居最理想的选择。

7.1.2 需求分析

当前国内信息化产业发展迅速，数字化家居设备层出不穷，智能家居系统在人们日常生活中的作用变得越来越重要。随着数字化设备的增多，以及人们对适居度要求的提高，现有的智能家居系统难以满足人们的要求。

目前的智能家居系统，在家庭内部的通信方式上要么采用有线方式，要么采用蓝牙等短距离通信协议。有线通信不仅费用高，而且复杂的布线会使家居的美观程度大打折扣，且灵活度很低；而蓝牙通信，虽然改善了有线通信的不足，但是其设备的高额成本也在很大程度上限制了智能家居的发展。由此看来，需要选择一种灵活、可靠、成本低的内部通信方式。

通过借鉴国内外智能家居系统的设计理念，家庭内部网络通过 ZigBee 协议形成自组织的无线局域网络，这种网络不受布线的限制，而且成本低廉，适于大量生产使用，真正地实现智能化控制。

1. 功能需求

1）借助传感器实现对温度、湿度、照度等监测。

2）红外感应防盗系统及报警。

3）消防系统煤气及烟感报警。

4）家电控制系统的开关状态。

5）移动网络的远程监控。

2. 应用需求

1）系统整体安全性。

2）传输数据可靠性。

3）用户操作简单易行。

4）设备控制规范。

5）低成本运行（包括低功耗）。

7.1.3 系统架构

用户通过安装在手持终端的上位机软件，通常为 PC、智能手机、平板计算机等，对家居设备进行控制。控制命令由手持终端通过网络发送到家庭网关，家庭网关接收到控制指令后，下发到中央控制器（即由 ZigBee 协议组成的自组织局域网协调器）中，中央控制器对命令进行解析，形成内网控制帧，发送给相应控制终端节点完成控制操作。控制结果会及时反馈到上位机界面中进行显示。系统架构如图 7-1 所示。

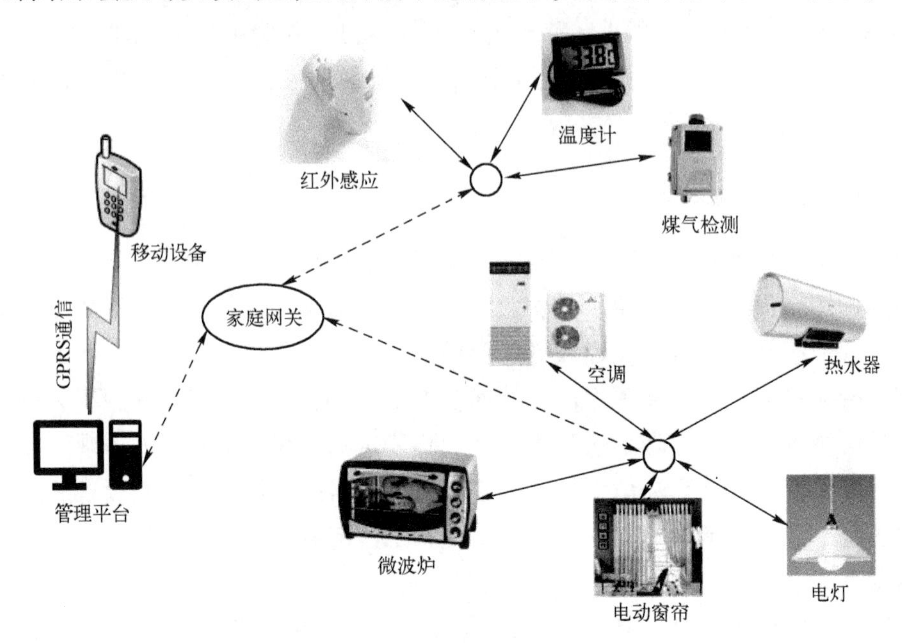

图 7-1　智能家居系统架构图

7.1.4　功能模块

根据系统各模块的不同功能，对系统进行详细划分，可得到如图 7-2 所示的系统功能模块图。最上端为客户端应用软件，属于整个系统的上位机部分，为用户提供友好的操作和反馈界面。用户首先需要通过 Wi-Fi 或互联网连接到家庭网关，进入登录界面，输入授权账号和密码，获得对智能家居系统的操作权，然后通过单击交互界面中的控制按钮，甚至通过语音的方式实现对家居的远程控制。

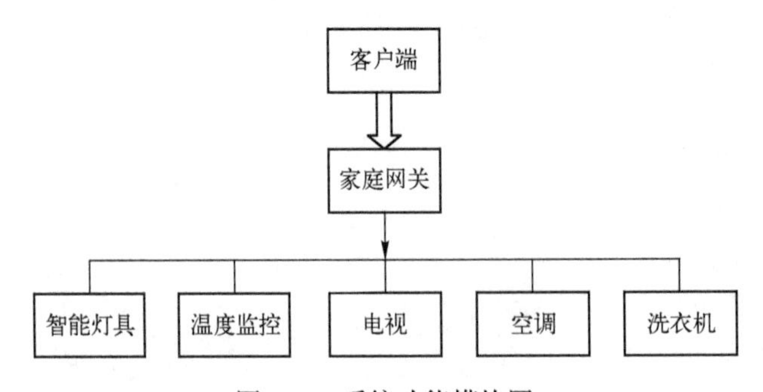

图 7-2　系统功能模块图

位于客户端下面的是系统的家庭网关，它在系统中充当服务器的角色，负责侦听和处理客户端发起的连接请求。由于用户通常不止一个，网关服务器需要对多个用户的接入进行管理，并保存用户操作记录。同时，负责从网络上接收用户的操作指令，对命令进行解析和处理后，再发送到家庭内部网络的中央控制器中。智能家居设备的操作结果和数据也要通过网关反馈给相应的用户上位机，并在程序中进行显示。当用户退出时，负责切断当前的连接。家庭网关的设立有助于整个系统安全性的提升，使内网协议与外网协议完全独立，内、外网络通信协议的改变对整个系统其他模块没有影响，便于系统的开发扩展，同时可以做到为不同的用户设定不同的权限，进行身份验证，保证位于内网的智能设备被合法访问。

ZigBee 控制器位于家庭网关中，负责解析来自客户端的控制命令，同时利用 ZigBee 协议与下端的控制节点、监测节点形成网络。通过解析来自网关的控制命令后，将其发送到相应的控制节点，完成对智能设备的控制动作；同时，ZigBee 控制器收集来自终端控制节点和监测节点的状态数据（如温度数据），并将控制结果反馈给网关。最后，网关将接收到的数据通过外部网络传递到用户界面中进行显示。

智能家居系统的最下端是与用电器相连的控制终端节点，以及用于环境监测的传感器节点。控制节点与用电器相连，可以对用电器进行直接控制，如电视的调台、空调的温度调节等；传感器节点用于室内温度和湿度的监控。

系统还包括视频监控功能，可以通过 IP 摄像头远程获得视频流，随时随地了解家里的动向，同时实现手势识别功能，位于摄像头范围内的人员可以通过手势动作对家居设备进行控制。

7.1.5 软件设计与评测

1. 软件设计

智能家居系统软件设计分为客户端、家庭网关和控制终端三个部分。

1）客户端即运行于手机及平板计算机上的控制软件。

2）家庭网关是客户端通过外部网络接入到家庭内部网络的关口，包含网络接入和中央控制器等模块。ZigBee 控制器是网关的核心部分，是家居设备和网关的连接桥梁。

3）控制终端负责执行控制动作和数据采集。

一个智能家居系统中只能有一个网关，终端控制节点和温度监控节点的数量根据用户的需求确定。

上位机的主要功能是提供友好的人机交互界面，用户通过可视化界面触控、语音和手势等发送指令，同时控制结果和数据也可以及时地显示在用户的操作界面中。

下位机为家庭网关，包括网络接入模块、ZigBee 控制器和控制监控终端三部分，其中网络接入模块的主要任务是为上位机与 ZigBee 控制器建立连接的桥梁，使上位机通过 Wi-Fi 或互联网等方式与 ZigBee 控制器进行通信；ZigBee 控制器负责解析接收到的客户端指令，通过 ZigBee 网络分发到相应的 ZigBee 控制终端，并且负责汇集控制监控终端的信息；ZigBee 控制终端的作用是接收 ZigBee 控制器的指令，完成对家居的控制动作或进行环境监控。

2. 评测

各项评测要求如下。

1）稳定性测试：长时间运行系统，检查电源电压、液晶显示、传感器、无线模块等。经测试，系统各电源运行正常，电压均在正常值范围之内；液晶显示正常，清晰无闪屏；传感器工作正常，采样的数据正确；无线模块无死机现象等。

2）硬件安全性：电路板焊接完毕后，找出硬件整体上的错误，如接口松动、接触不良、电源不稳定等；检查各类接口，保证电路不出现短路；长时间运行程序并检查芯片工作情况与工作状态（温度、电压等）。

3）传感器采样程序测试。以 1 s 或 2 s 间隔频率采集各个传感器数据，连续采集 24 h 以上，观察液晶显示是否有异常数据出现。

4）单片机与无线模块通信测试。单片机每采样到一次传感器信号，处理后及时将数据发送到无线模块，通过观察电路板上的通信指示灯观察无线模块是否接收到数据。

5）人机操作界面程序测试。多次重复操作按键菜单，设置各个系统参数，查看程序是否正常运行，分析是否有漏洞。

6）上位机通信程序测试。以 1 s 间隔频率发送指令（持续 24 h 以上），查看系统是否能及时返回数据，返回的数据是否正确；设置各个波特率，查看通信是否正常。

7.2　智能温室系统

智能温室是在普通日光温室的基础上，借助传感器、电子、计算机网络等高科技手段，对植物生长环境中的温度、湿度、光照、土壤水分、CO_2等环境因子进行检测，通过执行机构实现加温、通风、施肥、补光、帘幕开关等自动控制，从而达到全天候无人管理，实现生产的自动化，创造适合作物生长的最佳环境，提高产品质量和生产效率。

随着社会经济的发展，以智能温室为代表的设施农业作为农业可持续发展、提高农业生产率的重要途径，越来越受到相关企业的重视。温室大棚内温度、湿度、光照强弱以及土壤的温度和含水量等因素，对作物生长起着关键作用。温室自动化控制系统，采用计算机集散网络控制结构对温室内的空气、温度、土壤温度、相对湿度等参数进行实时监测和自动调节，创造植物生长的最佳环境，使温室内的环境接近人工设想的理想值，以满足温室作物生长发育的需求。智能温室系统适用于种苗繁育、高产种植、名贵珍稀花卉培养等场合，增加了温室产品产量，提高了劳动生产率，是高科技成果为规模

化生产的现代农业服务的成功范例。

7.2.1 需求分析

国内外智能温室的研究发展方向主要有以下几个方面。

1）多参数综合监测：影响植物生长的因素除了温度、湿度外，还与光照强度、CO_2、通风、水分等因素有关。因此，监测功能齐全的多参数监控系统成为温室测控系统的发展主体。

2）无线网络结构：无线网络环境监控系统具有传统有线方式不具备的很多优势（如性价比高），成为设施农业技术研发的方向，并逐渐取代有线方式成为监控系统的主流。

3）远距离分散式监控：通过互联网等技术将多个智能温室连接到一起，充分发挥计算机技术和网络技术的优势，实现温室作物生产的无人化管理，提升了产品质量，降低了生产成本，节省了人力物力，提高了温室产品在市场上的竞争力。

1. 功能需求

1）能够通过 PC、浏览器、手机实时访问智能温室内传感器的数据，能够对大棚温度进行实时控制。

2）在每个智能温室内部部署空气温湿度传感器，用来监测大棚内空气温度、湿度等参数；在每个智能温室内部署土壤温度传感器、土壤湿度传感器、光照度传感器等，用来监测大棚内土壤的温度、水分、光照等参数。

3）在每个需要智能控制功能的大棚内安装智能控制设备，用来传递控制指令、响应控制执行设备，实现对大棚内的智能调温、智能喷水、智能通风等行为。

4）智能温室项目中的控制器节点与智能家居有很大区别，智能家居的控制器主要是控制红外发送的，而智能温室项目中的控制器则是通过控制器的 USB 接口对设备进行控制的。

2. 应用需求

1）系统自动化控制。

2）传输数据可靠性。

3）设备控制规范。

4）低成本运行（包括低功耗）。

7.2.2 系统架构

温室内部为了全面检测不同区域的温度、湿度、光照等环境参数，需要布置很多不同功能的传感器，用于检测各区域的环境参数变化情况，由主控微机控制执行设备，实现温室内部小环境的自动调整，达到作物所需的最佳生长环境。为了满足不同规模温室的实际需要，增强系统的灵活性、通用性，通过对几种硬件方案的比较论证，温室环境监控系统决定采用树状拓扑结构。

网络系统分为四个层次，主要由监控主机、大量无线温湿度传感器节点（终端）、若干无线路由器节点和一个网络协调器节点构成。无线网络系统的总体结构如图 7-3 所示。

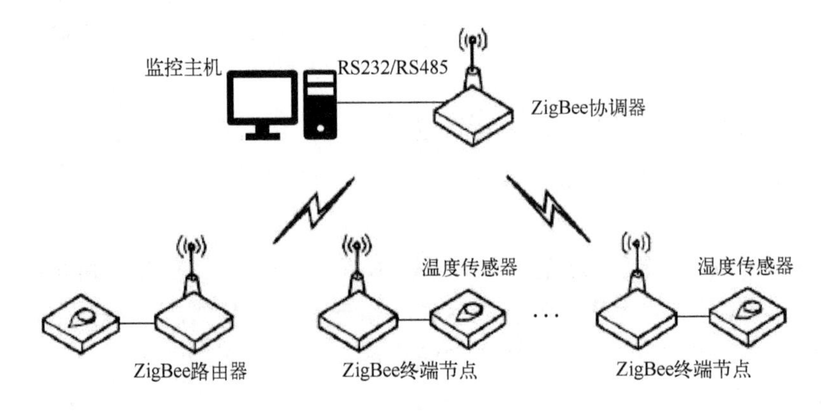

图 7-3　智能温室系统架构图

为了保证系统的长期可靠运行，网络协调器采用了交流电源供电方式。监控功能的实现主要由上位主机实现，还可以通过网络协调器配置的键盘和显示器进行各种功能的设置与查看。网络协调器作为监控主机和其他节点信息交换的总枢纽，一方面通过 RS232 或 RS485 串行总线与上位监控主机相连，另一方面通过无线方式与路由节点或传感器节点交换数据。系统工作过程中，网络协调器在接收到传感器监测的环境参数后将其发送到主机，将主机发出的控制命令发送到路由节点，并实时监测和显示网络状态。监控主机除了管理无线传感器网络外，还可以对接收到的环境参数运算处理，然后通过控制机构进行加温、加湿、通风、遮阳、浇灌、施肥等工作，实现温室环境的全自动无人控制，创造适宜作物生长的最佳环境。

路由器节点主要用于协调器与传感器节点之间数据的中继转发、邻居表和路由表的维护，根据实际需要也可以配置传感器模块，采集环境信息。

传感器节点位于监视通道最前端，用于采集温室内的温湿度数据，作为控制设备对环境进行自动控制的依据。为了降低功耗，采用 LCD 显示器显示传感器现场的温湿度数据，便于工作人员查看。为了便于节点移动，传感器节点主要采用电池供电方式。另外，配置了太阳能电池供电模块，可以方便地通过太阳能电池供电，不用另外铺设供电线路。

7.2.3　功能模块

根据需求，下位机由协调器节点、传感器节点和控制器节点组成。传感器节点与智

能家居系统类似，只是多了一个光照传感器。但在智能温室项目中，控制器节点是通过继电器控制 USB 接口，进而控制各种设备。

上位机通过串口向协调器发送指令，协调器向控制板发送指令，控制板上的继电器负责开关加热器、加湿器、风扇等设备。自动控制结构如图 7-4 所示。

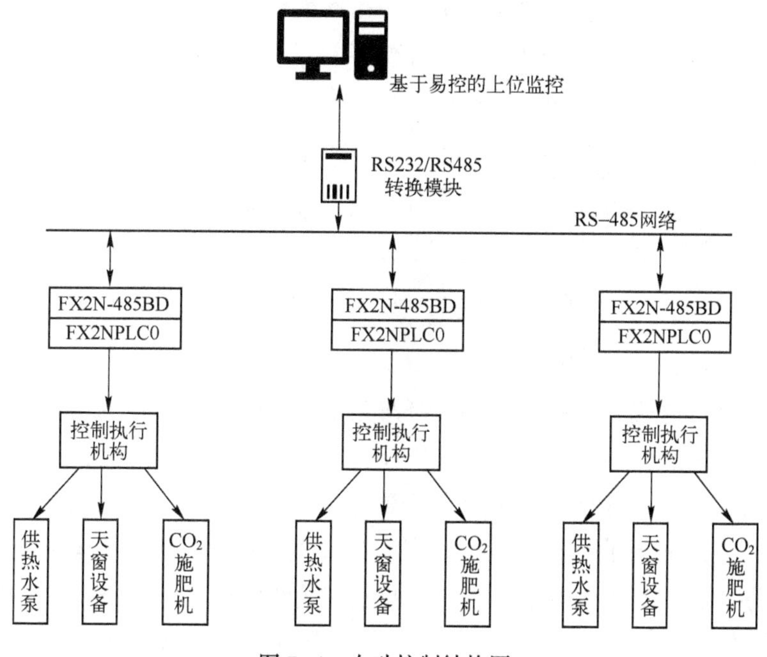

图 7-4　自动控制结构图

7.2.4 软件设计与评测

1. 软件设计

ZigBee 无线节点软件设计分为节点应用程序编程和 ZigBee 协议栈两大部分。节点应用程序的作用是实现节点的具体功能，ZigBee 协议栈用于进行 ZigBee 网络的通信与数据传输。

协调器节点初始化后，在信道内搜索其他协调器，若有其他协调器在工作，则向该协调器发组网申请；若没有，则该设备自己组建 ZigBee 无线网，主节点在初始化后就开始对所在通信通道进行监视并进入等待状态；一旦有一个子节点向协调器发出组网请求，协调器会分配一个 16 位的 ID 给这个子节点作为它唯一的标识；在子节点分配完网络段地址后就成功地加入了这个无线网。网络建立后，如果系统的设备很多，可能会出现网络堆叠或者 ID 冲突等现象，为了尽量减少这种错误，可以在子节点出现冲突后，初始化协调器来重置子节点的地址。ZigBee 网络数据的传递过程如图 7-5 所示。

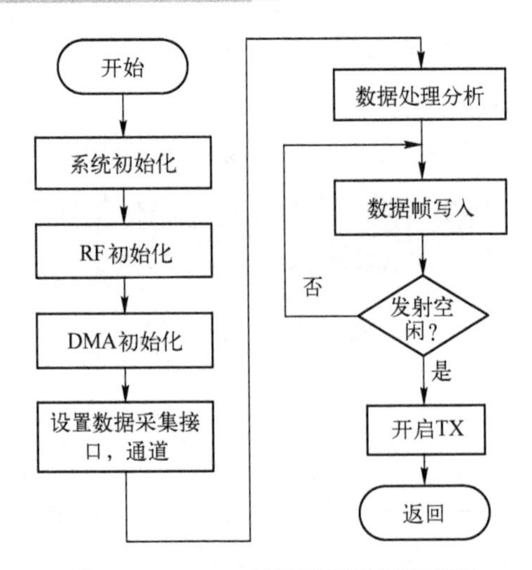

图 7-5 ZigBee 网络数据传递流程图

监控软件实现的主要功能如下。

1）接收各网络协调器送来的温湿度环境数据，根据预设值，进行综合数据分析处理，向控制器发送控制命令，控制设备的运转。

2）定时向数据库中存储温湿度等环境数据。

3）控制面板界面显示设备的运行状态，故障信息提示，设备手动/自动状态切换。

4）主控界面实时显示温室内各监测点的温湿度数据，为了便于直观查看温度变化，当实测温度值超过设置上限时，以红色报警提示；当实测值超过设置下限时，以蓝色报警提示；当实测值在设置的极限范围内时，温度显示窗口为绿色。

2. 评测

1）在上位机安装 USB 驱动程序和 MoteView 2.0 客户监视管理软件，然后通过 USB 接口连接协调器，打开 MoteView 2.0，设置串口为 COM4，波特率为 57600 bit/s，准备工作完成后就可以进行测试。

2）给各个终端节点上电，通过协调器组建新网，控制终端发送数据到上位机，通过 MoteView 2.0 显示数据。可以看到终端节点的 ID，每个节点的电池电压和各自传感器采集到的温度、湿度、光照强度、气压的值。这些值的精度都是 0.01，满足温室测量要求。

3）为了测试系统的数据传输延迟，可采用遮挡住一个终端节点的方法改变光照强度，或使终端节点倾斜一定的角度。观察上位机显示界面的光照强度值，发现系统存在一定的延迟，但是满足温室测量系统的实时性要求。

7.3 智能化远程医疗监护系统

远程医疗监护的概念是将采集到的病人生理信息数据和医学信号，通过电子技术及通信网络系统传送到监护中心进行分析处理，并及时将诊断意见反馈到医疗终端的技术。

通过远程医疗服务可以方便地实现病人与医护人员、医护人员之间医学信息的远程传送和交流、远程会诊以及实时监控。

远程监护系统包括三部分：医疗监测设备、通信传输设备和监护中心平台。整个监护系统要求多种技术支持，包括传感技术、电子技术、计算机技术、通信技术、嵌入式技术等。

1）医疗监测设备主要用来采集人体的生理信息数据，包括体温、心率、血压、脉搏、血糖、血脂、血氧饱和度等生理指标，医生通过监护设备监测到的数据对病人的生理状况进行医疗分析，并对出现异样的现象进行及时治疗和重点监控。目前，医院或监护中心主要使用的是固定的、大体积的监护仪器。

2）通信传输设备负责监护设备与监护中心平台之间的数据传输，可采用有线通信和无线通信两种方式，包括光纤、广播、卫星、非对称数字用户线环路等方式。

3）监护中心平台负责将采集到的数据信息进行医学分析和处理，监护中心平台可以设立在医院、急救中心或其他可实施医疗救助的社区医疗中心。

远程监护系统的对象如下。

1）重症监护病房。监护重症病人生理状况，并在病人出现紧急突发病症时发出报警处理。

2）普通监护病房。病人日常病情监护，通过监测的数据分析病人病情。

3）慢性病患者或老人长期家庭监护。采集生理数据进行储存、分析，用于预防或及时发现病情。

7.3.1 需求分析

远程医疗监护节点应用于医疗领域，面向对象特殊，是对现有医疗条件的有效补充。发展远程监护的意义如下。

1）当病人发生突发病变时，监护设备可以马上向监护中心送出报警信号，医护人员可以在第一时间确定病变信息及病人位置，从而及时进行诊治。

2）在家里或别的熟悉环境中生活并部署医疗监护设备，也可以减轻病人的心理负担，提高监测数据的准确性，起到了辅助心理治疗的作用。

3）医生通过监护系统随时查看需要长期监护的慢性病患者的生理状况，及时跟踪并记录生理信息，便于分析和研究病情。

4）监护系统还可以及早发现病情，起到提前预防的作用。

1. 功能需求

1）专业的病理信息采集、数据分析功能。

2）满足设备间的数据传输需要。

3）界面友好、功能灵活的人机交互功能。

4）便携性和灵活的移动能力，不受物理环境的约束。

2. 应用需求

1）安全性。

2）数据可靠性。

3）简单易操作。

4）设备规范。

5）低成本运行（包括低功耗）。

7.3.2 系统架构

远程医疗监护系统是融合了传感技术、计算机技术以及无线通信技术等多种高新技术的一种新型医疗监护系统，是为了改善现有医疗环境，提高医疗水平、减轻医护人员工作量而专门开发的一种医疗监护系统。系统中，病人携带的 ZigBee 节点以自组织形式组成网络，通过多跳中继方式将监测数据传到基站，并由基站装置将数据传输至监护中心的服务器上，医护人员通过服务器获得病人的生理数据，从而对监护病人的病情做出及时处理。远程医疗系统架构图如图 7-6 所示。

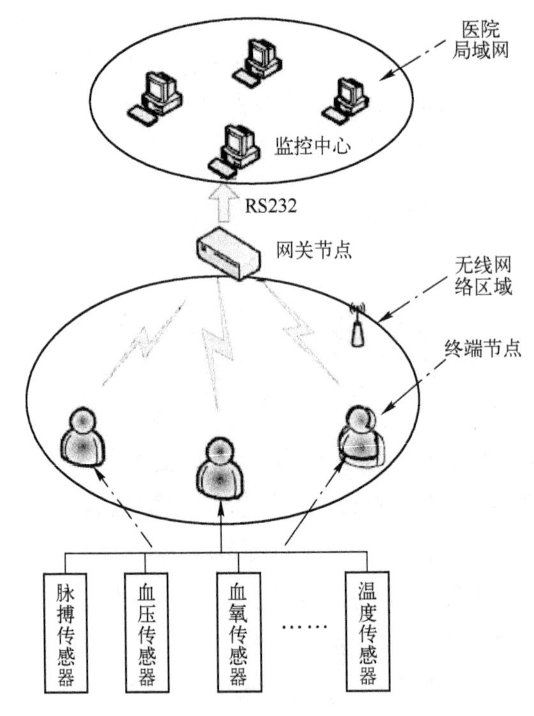

图 7-6　远程医疗系统架构图

医疗监护的应用环境有多种，大致可分为病房和医院监护、家庭监护和社区监护。因此，医疗监护系统的网络通信系统有较大的灵活性。但不论是哪种应用环境，监护系统的整体功能结构都是一样的，包括生理数据采集部分、数据无线传输部分和监控中心

处理部分，其中生理数据采集部分包括用于采集生理数据的传感器模块和数据处理模块两部分。监护系统由 ZigBee 节点、监控中心和两者之间的通信网络组成，其中 ZigBee 节点分为终端设备和协调器两种。

医院医疗监护系统由 ZigBee 节点间的无线通信和医院内部局域网组成，监护对象携带的监测节点模块将采集到的数据通过 ZigBee 节点的多跳通信传送给协调器，由协调器转发给距离最近的网关设备，再由网关设备利用内部局域网传送给医生值班室。

家庭和社区的监护系统由 ZigBee 节点通信和互联网组成，通过 ZigBee 节点的多跳传输将采集到的生理数据传送给基站，基站连接着互联网，从而最终由互联网将数据传送给社区医疗中心或医院。

医生对传回监控服务器的数据进行保存、分析和处理，根据处理结果来决定对病人应采用怎样的治疗措施。同时，病人家属也可以通过专用账号和密码登录医院的服务器来查看并咨询病人状况。

当病人出现紧急情况时，值班医生通过 ZigBee 节点定位系统迅速找到病人，提供及时的医疗救助。定位系统由设置在固定位置的参考节点、病人携带的传感器节点和协调器节点组成。

7.3.3　功能模块

1）信息管理功能是管理人员用来管理远程医疗监控系统的数据库信息的。本系统会有很多数据库。例如，患者数据库、医护人员数据库、药品数据库等。这些数据库包括患者和医护人员的基本信息，管理人员必须根据病人的流动情况和医护人员的变动情况做出相应的更新。包括添加、删除、修改、打印等功能。

2）远程监护中心网关信息的接收由代理功能实现。当二者建立连接后，便启动请求代理和响应代理。主要用来接收来自网关的数据并对数据进行分析验证，同时完成控制操作。代理平台对生理参数的处理如图 7-7 所示。

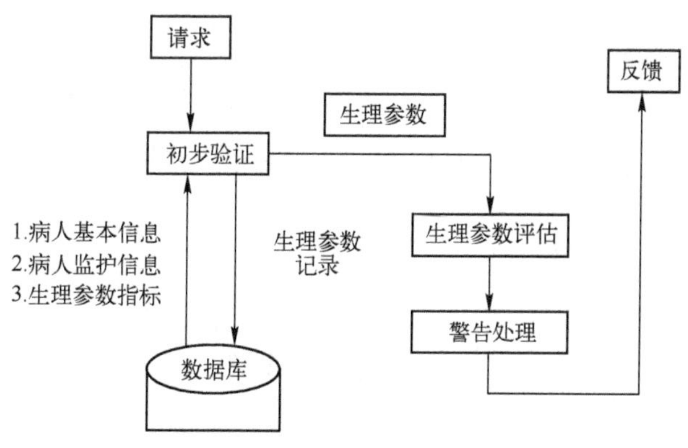

图 7-7　代理功能处理流程

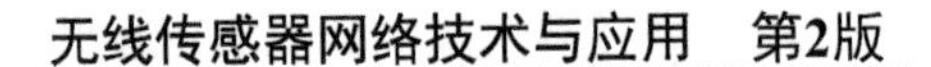

3）医生可以通过诊断平台对患者的病情进行诊断。医生从诊断平台进入数据库，在数据库中搜索到病人的信息，根据这些信息数据快速地对病人进行诊断，分析病人的相关生理情况，从而得出诊断结果。医生给病人看病前，可以查看病人以前的病历信息表和生理情况信息表，同时还可以通过远程控制窗口进行观察，从而得到病人的当前信息。诊断平台的模块划分如图 7-8 所示。

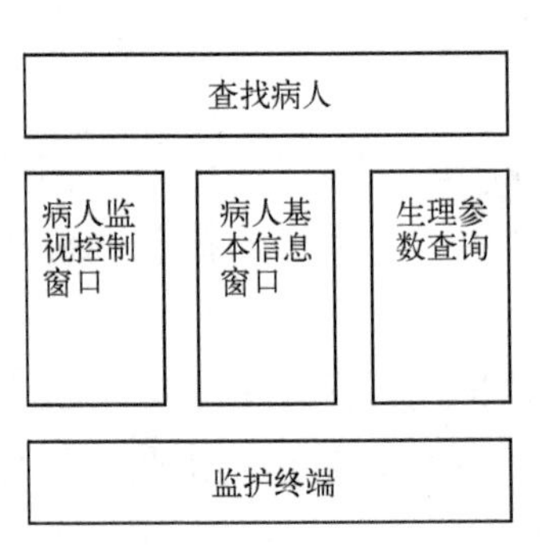

图 7-8　诊断功能

医生根据上面的信息可以对病人有一个全面的了解，对病人的病情给出诊断结果，并将其备案存入数据库中，方便以后使用。如果某个病人正处于无线远程设备的监控中，医生就可以通过远程系统对病人进行远程诊断，这样为病人带来了很多便利，在家里就可以得到医生的指导和诊治。

7.3.4　软件设计与评测

1. 软件设计

(1) 监护系统网络的组建

远程医疗监护系统节点分为三种：网关节点、路由节点和传感器节点。网关节点负责发送和接收路由节点或传感器节点的数据，并将数据转发给监护中心。网关节点还可以完成网络建立、地址分配、数据更新和转发、新节点的加入和失效节点的脱离等工作，是一个完整的网络中必须被配置的节点。网关节点通过串口与网络设备连接，通过 CC2530 的前端射频部分与其他节点实现数据传输。图 7-9 为网关节点组网流程图。在节点上电后先扫描信道并建立网络，当有加入网络申请时，接受申请并为申请节点分配地址，发送入网响应并允许子节点加入。节点加入网络的流程图如图 7-10 所示。而其他节点也在通过扫描发现网络后，向离自己最近的父节点申请加入网络，理论上直至监护系统网络中的所有节点均加入网络为止。

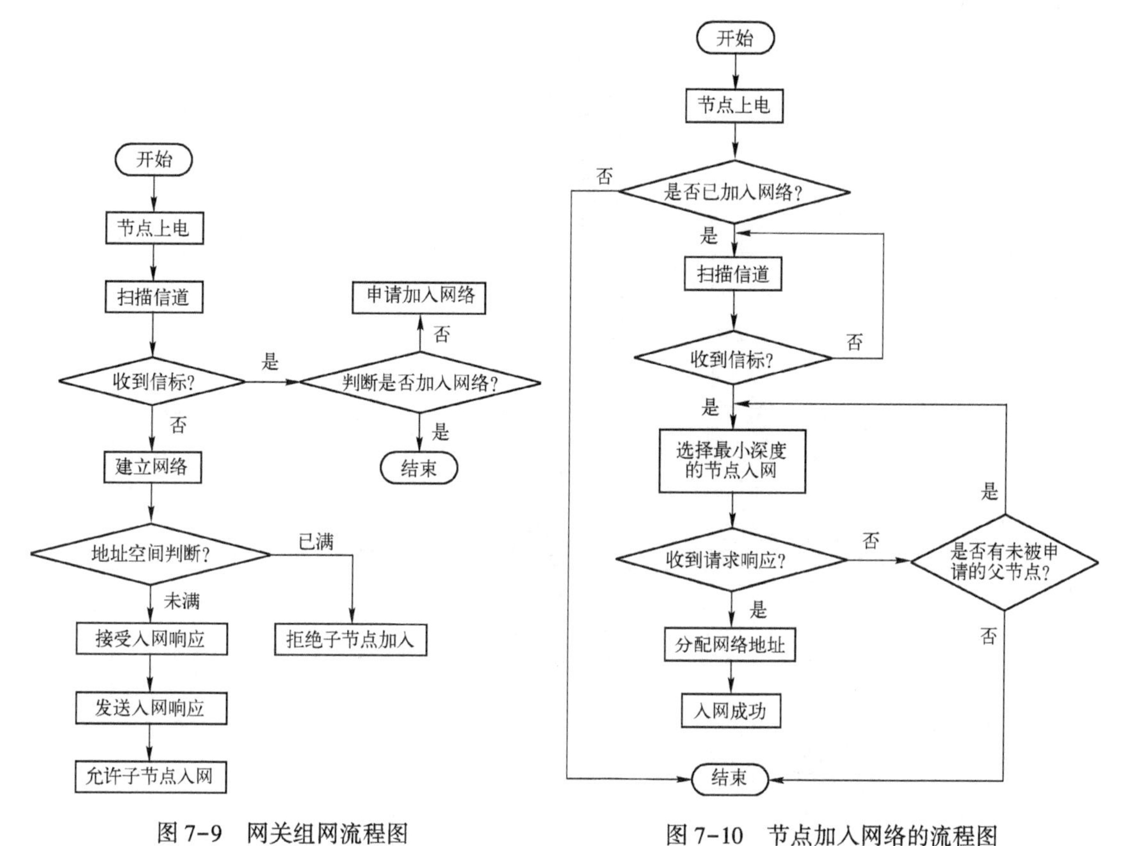

图 7-9　网关组网流程图　　　　图 7-10　节点加入网络的流程图

（2）节点工作过程的软件实现

当监控中心发出命令后，网关节点会判断命令是否为有效命令，如果是有效命令，则将命令数据传递给指定的节点；网关节点接收到由指定节点发回的数据后，按照一定的格式发送给监控中心，最终由监控中心的软件平台显示出来，并进行相应的数据处理工作，网关节点的工作流程如图 7-11 所示。

路由节点部署在病人的活动区域内，用于传感器节点与网关节点之间的数据转发，是两者通信的中介设备，实现整个网络的连通。路由节点的工作流程如图 7-12 所示，路由节点接收到数据后，首先判断数据的发送方和接收方，并把数据转发给相应的传感器节点或网关节点。

传感器节点就是携带在病人身上的节点模块，通过专用传感器实现病人生理数据的采集，通过射频部分与上层节点通信，并向上层节点发送数据。传感器节点的工作流程如图 7-13 所示。

2. 评测

在监护中心的软件平台上，采集到的病人生理信息传入后，系统会自动评估数据，并发出警告反馈信息，监护窗口可以显示所有监护病人的生理数据及位置，医生可以随时查看病人信息及病历档案。因此整个监护中心的功能如图 7-14 所示。

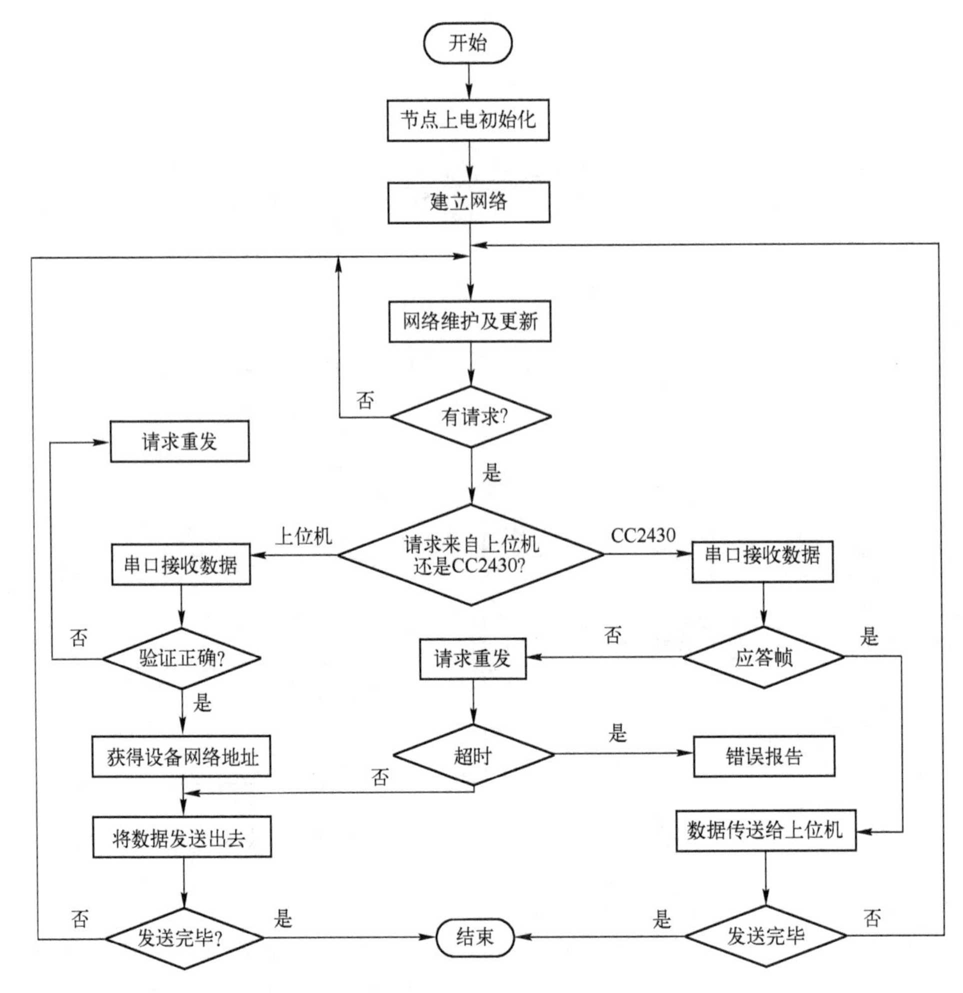

图 7-11　网关节点工作流程图

（1）生理数据的评估与警告

生理数据的评估与警告是由监护中心的代理平台完成的，代理平台主要实现的功能是完成网关节点信息的接收和响应。监护中心与网关节点建立连接后，会启动请求代理和响应代理两个线程。请求代理负责监听网关节点传送的数据，并验证生理数据是否有效，验证信息包括来源 ID 是否有效、数据格式是否正确、数据类型是否正确等。如果数据有效，则将生理数据保存到数据库中，并评估生理数据是否异常；若出现异常，则调用警告处理。响应代理主要负责执行监护中心对网关节点的控制请求响应以及任务命令，任务响应有优先级高低之分，优先级高的先处理。

（2）生理数据的分析与处理

监护中心监控平台上可以随时查看某一病人的生理数据，观察连续的生理数据变化图，同时还可以查看病人的基本信息和病历资料，分析病人的生理现状，进行诊断处理。

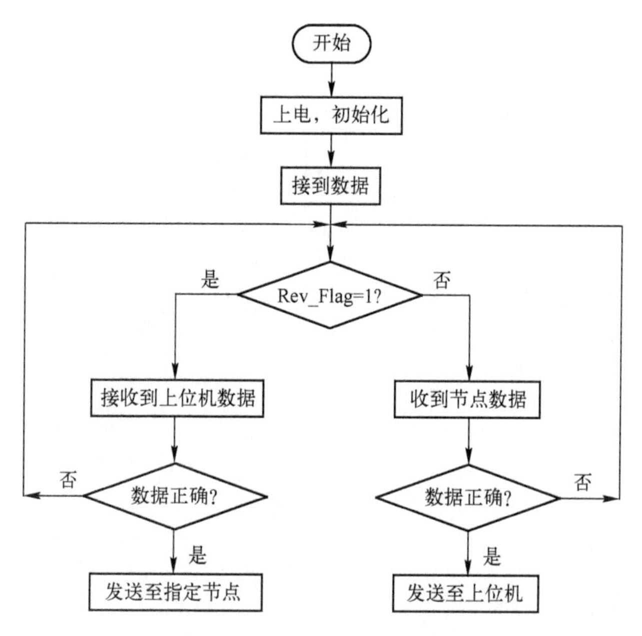

图 7-12　路由节点的工作流程图

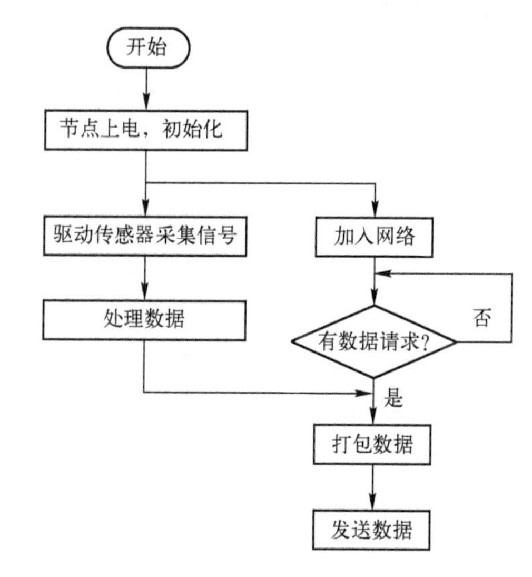

图 7-13　传感器节点的工作流程图

（3）监护中心信息管理平台

在监护中心系统内保存有所有被监护病人的数据资料（包括个人信息、病历资料以及采集的生理数据），医生可以查看这些信息并记录每一次对病人生理数据所做的分析、处理和诊断结果，可以添加或删除某一病人的信息记录；同时，系统还可以设置、添加及删除生理数据的参数指标，以适应当前生理数据监护的需要。因此，应分别设计所有信息的数据表，在系统调用某一个信息数据时，可按照数据表的设置信息完整显示。

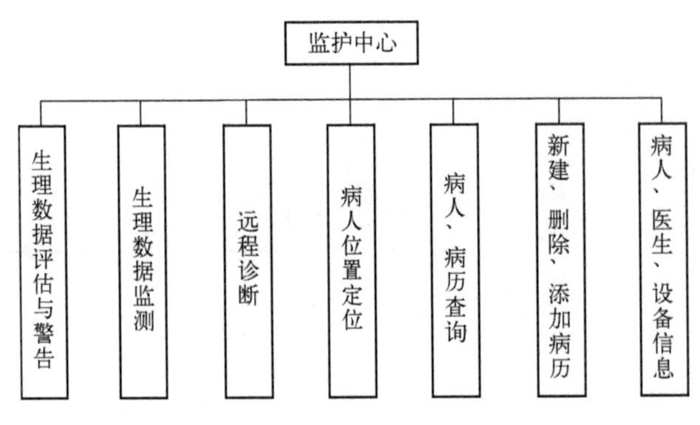

图 7-14 监护中心功能

习 题

1. 简述智能家居系统的需求。
2. 简述智能家居系统与智能温室系统设计上的异同。
3. 简述远程医疗系统的功能模块设计。

第8章　工程实验指导

通过前面章节的学习，我们掌握了无线传感器网络的基本原理及应用技术。本章将在Windows 10（64 bit）操作系统下，通过IAR软件[⊖]及下载仿真器对CC2530芯片进行编程。通过接下来的基础实验、传感器数据读取实验及通信网络搭建等实验，掌握CC2530的功能、特点及开发技术，熟练掌握无线传感网络的搭建及工程应用的开发。

8.1　建立一个简单的实验工程

8.1.1　实验目的

1）熟悉IAR软件开发界面及功能。

2）掌握新建工作空间、新建工程、新建文件及设置工程参数的方法。

3）了解CC2530芯片的I/O控制方法及相关应用。

4）点亮WeBee开发板上的LED。

8.1.2　实验内容

1）在IAR软件中练习新建工程、新建文件、编辑代码、保存并添加至工程。

2）设置工程参数、连接开发板、下载仿真并观察LED状态。

8.1.3　实验条件

1）Windows 10（64 bit）操作系统。

2）IAR软件。

3）CC2530芯片1块。

4）WeBee开发板1块。

5）SmartRF04eBF仿真器1个。

⊖　IAR软件是全球领先的嵌入式系统开发工具和服务的供应商。它提供的产品和服务涉及嵌入式系统的设计、开发和测试的每一个阶段，包括带有C/C++编译器和调试器的集成开发环境（IDE）、实时操作系统和中间件、开发套件、硬件仿真器以及状态机建模工具。

8.1.4 实验原理

1）WeBee 底板 LED 部分原理图⊖，如图 8-1 所示。

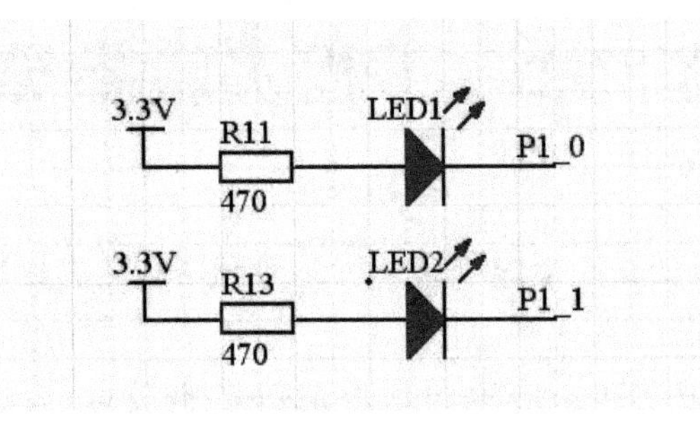

图 8-1　WeBee 底板 LED 部分原理图

2）CC2530 I/O 寄存器功能，如表 8-1 所示。

表 8-1　CC2530 I/O 寄存器

P0SEL(0xf3)	P0[7:0]功能设置寄存器，默认设置为普通 I/O 口
P0INP(0x8f)	P0[7:0]作输入口时的电路模式寄存器
P0(0x80)	P0[7:0]可位寻址的 I/O 寄存器
P0DIR(0xfd)	P0 口输入/输出设置寄存器，0：输入，1：输出

3）由以上对照表可得对 I/O 口的初始化代码如下：

```
P1SEL &= ~0x01;                //作为普通 I/O 口
P1DIR |= 0x01;                 //P1_0 定义为输出
P1INP &= ~0x01;                //打开上拉
```

由于 CC2530 寄存器初始化时默认是

```
P1SEL =0x00;
P1DIR |= 0xff;
P1INP =0x00;
```

所以 I/O 口的初始化可以简化初始化指令：

```
P1DIR |= 0x01;                 //P1_0 定义为输出
```

8.1.5 实验步骤

1）运行 IAR 软件，单击菜单栏中的“Project”→“Create New Project”命令，新建一

⊖ 本章的部分电路图为软件截屏图，与现行国家标准中的电气图形符号存在不一致的情况。

个工程，选择默认选项，命名为“Project_LED”，单击“OK”按钮即可，如图 8-2 所示。

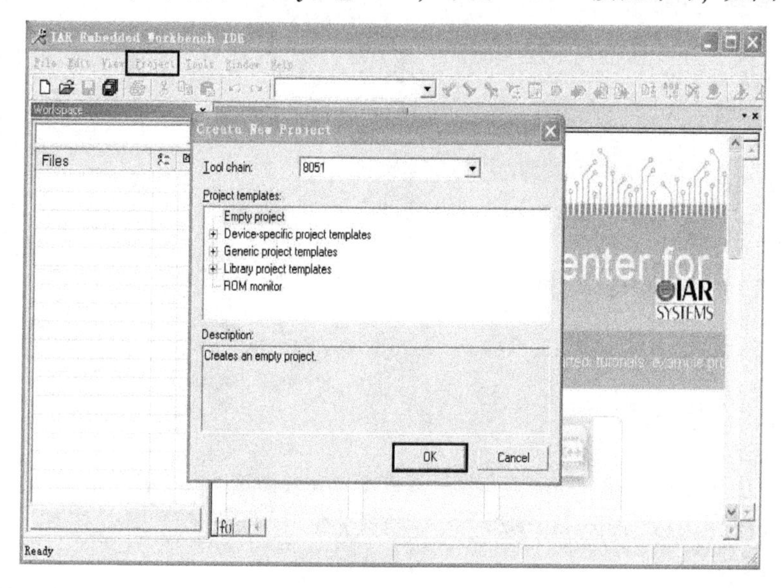

图 8-2　新建工程

2）新建文件，并保存为“LED. C”，如图 8-3 所示。

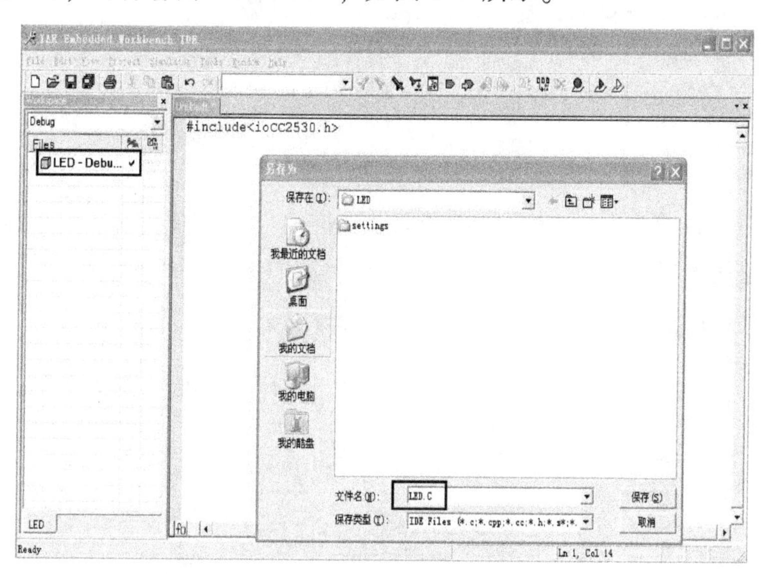

图 8-3　新建文件并保存

3）编辑 LED. C 文件，输入点亮 LED 所需的调试代码，并将文件添加至工程中。LED. C 文件的代码如下：

```
#include <ioCC2530. h>
#define LED1 P1_0                //定义 P1.0 口为 LED1 控制端
#define LED2 P1_1                //定义 P1.1 口为 LED2 控制端
```

```
void IO_Init(void)
{
  P1DIR |= 0x03;                        //P1.0 和 P1.1 定义为输出
}
void Delayms(unsigned int xms)          //即延时 xms
{
 unsigned int i,j;
 for(i=xms;i>0;i--)
   for(j=587;j>0;j--);
}
void main(void)
{
     IO_Init();                         //调用初始化程序
     LED1=0;                            //点亮 LED1
     LED2=1;                            //熄灭 LED2
     while(1)
     {
          LED1=~LED1;                   //LED1 的状态改变
          LED2=~LED2;                   //LED2 的状态改变
          Delayms(1000);                //延时 1000 ms
     }
 }
```

4）配置 Project 参数。单击菜单栏中的“Project”→“Options”，如图 8-4~图 8-6 所示依次设置选项“General Options”“Linker”和“Debugger”。

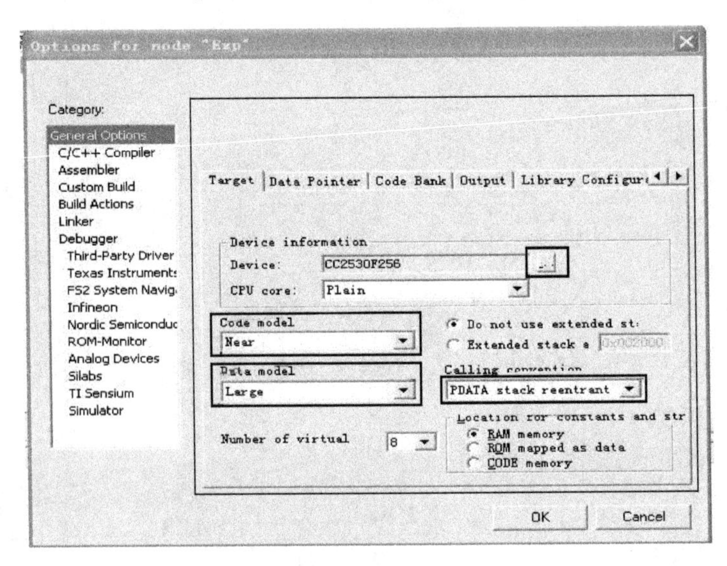

图 8-4　设置“General Options”

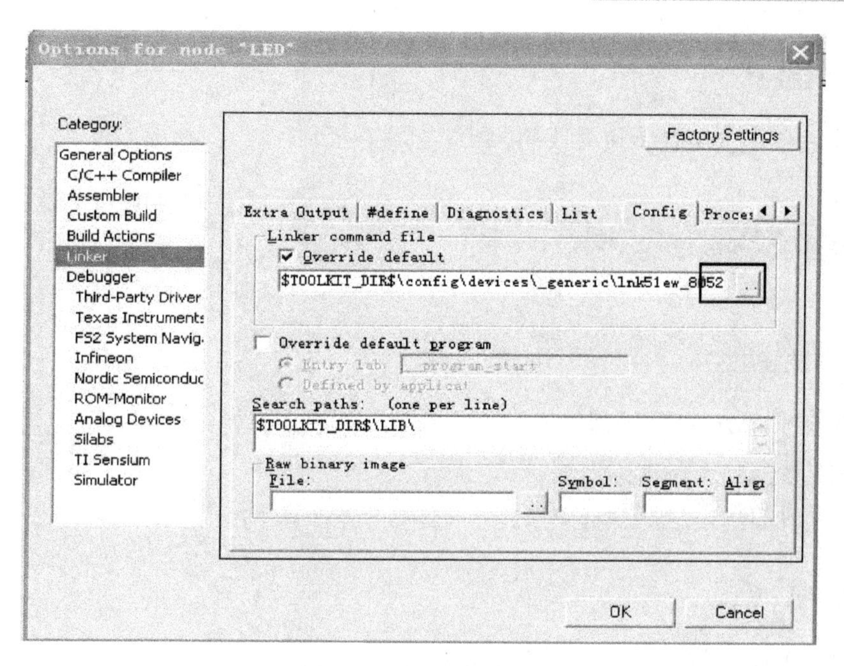

图 8-5　设置“Linker”

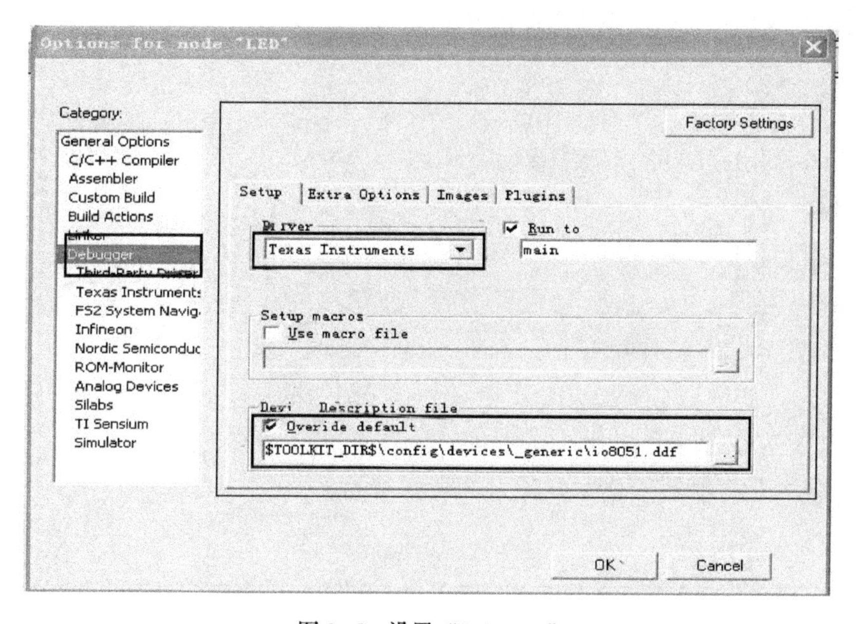

图 8-6　设置“Debugger”

5）编译并下载调试。单击菜单栏中的“Project”→“make”命令，编译结果 0 错误、0 警告后，将 CC DEBUGGER 和开发板连接好，然后单击“Project”→“Download and Debug”命令，观察 LED 的状态。

8.1.6 实验结果

可观察到红色的LED1和黄色的LED2交替亮灭。

8.2 看门狗定时器实验

8.2.1 实验目的

1）熟悉CC2530定时器相关知识。
2）练习看门狗定时器的使用。
3）掌握看门狗定时器的特点。

8.2.2 实验内容

1）创建工程、编写代码并下载仿真。
2）设置看门狗定时器。
3）观察喂狗前后LED1及LED2的状态。

8.2.3 实验条件

1）Windows 10（64 bit）操作系统。
2）IAR软件。
3）CC2530芯片1块。
4）WeBee开发板1块。
5）SmartRF04eBF仿真器1个。

8.2.4 实验原理

1）CC2530寄存器的WDTL配置，如表8-2所示。

表8-2　WDTL配置

WDTL (0xc9)	Bit7～Bit4 清除计数器值 在看门狗模式下，如果此四位在一个看门狗周期内先后写入0xA，0x5，则清除WDT的值，简称喂狗
	Bit3～Bit2 WDT工作模式选择寄存器 00:IDLE，01:IDLE（未使用），10:看门狗模式，11:定时器模式
	Bit1～Bit0 看门狗周期选择寄存器 00:1 s，01:0.25 s，10:15.625 ms，11:1.9 ms

2）据如上内容可对WDTL配置如下：

```
Init_Watchdog:
WDTL = 0x00;                  //这是必不可少的,打开 IDLE 才能设置看门狗
WDTL |= 0x08;                 //时间间隔 1 s,看门狗模式
FeedDog:
WDTL = 0xa0;                  //按寄存器描述来喂狗 WDTL = 0x50
```

8.2.5 实验步骤

1）新建工程命名为“Pro_WD”。

2）编写文件，WDT. C。代码如下：

```
#include <ioCC2530.h>
#define uint unsigned int
#define uchar unsigned char
#define LED1 P1_0                     //定义控制 LED 的端口
#define LED2 P1_1                     //定义 LED2 为 P11 口控制
//函数声明
void Delayms(uint xms);               //延时函数
void InitLed(void);                   //初始化 P1 口
/*****************************
//延时函数
*****************************/
void Delayms(uint xms)                //i=xms 即延时 i 毫秒
{
 uint i,j;
 for(i=xms;i>0;i--)
   for(j=587;j>0;j--);
}
/*****************************
//初始化程序
*****************************/
void InitLed(void)
{
    P1DIR |= 0x03;                    //P1_0、P1_1 定义为输出
    LED1 = 1;                         //LED1 灯熄灭
    LED2 = 1;                         //LED2 灯熄灭
}
void Init_Watchdog(void)
{
```

```
    WDTL = 0x00;                                //这是必不可少的,打开 IDLE 才能设置看门狗
    WDTL |= 0x08;
    //时间间隔 1 s,看门狗模式
  }
  void FeedDog(void)
  {
    WDTL = 0xa0;
    WDTL = 0x50;
  }
  /****************************
  //主函数
  ****************************/
  void main(void)
  {
      InitLed();                                //调用初始化函数
          Init_Watchdog();
          LED1=1;
  while(1)
  {
          LED2=~LED2;                           //仅指示作用。
          Delayms(300);
          LED1=0;

          //通过注释测试,观察 LED1,系统在不停复位。
          FeedDog();//防止程序跑飞
      }
  }
```

3）下载调试观察结果。

8.2.6 实验结果

1）喂狗指令正常工作（即未被注释）时，LED2 黄色灯闪烁，模拟系统正常运转。

2）喂狗指令被注释后，LED1 红色灯亮起，模拟系统不停复位。

8.3 LCD 显示

8.3.1 实验目的

1）了解 LCD 液晶屏的功能。

2）掌握 LCD 液晶屏的驱动方法。

3）体验通过 LCD 液晶屏实现人机交互。

8.3.2 实验内容

1）完成 LCD 串口驱动设计。

2）观察 LCD 显示屏上的内容。

8.3.3 实验条件

1）Windows 10（64 bit）操作系统。

2）IAR 软件。

3）CC2530 芯片 1 块。

4）物联网开发平台 1 块。

5）SmartRF04eBF 仿真器 1 个。

6）LCD（128×64）液晶 1 块。

8.3.4 实验原理

1）LCD 可采用并行和串行两种模式驱动，本实验使用串行驱动。

串行驱动需要的引脚如下：

① VDD——+3.3 V。

② VSS——GND。

③ LEDA——LCD 背光。

④ RES——复位。

⑤ A0——数据/命令。

⑥ CS——使能。

⑦ SCL——串行模式时钟端。

⑧ SI——串行模式数据端。

2）LCD 液晶屏驱动具体方法如下：

```
//串行发送 IO 口定义
#define L_CS P1_2                    //_CS
#define L_LD P0_0                    //A0=H data A0=L command
#define L_CK P1_5                    //SCLK
#define L_DA P1_6                    //SI
#define L_BK P0_7                    //backlight
/****** LCD 初始化配置参数 ******/
void initLCDM(void)
{
```

```
uchar ContrastLevel;                    //定义对比度
ContrastLevel = 0xa0;                   //对比度,根据不同的 LCD 调节,否则无法显示
SendCmd(0xaf);                          //开显示
SendCmd(0x40);                          //显示起始行为 0
SendCmd(0xa0);                          //RAM 列地址与列驱动同顺序
SendCmd(0xa6);                          //正向显示
SendCmd(0xa4);                          //显示全亮功能关闭
SendCmd(0xa2);                          //LCD 偏压比 1/9
SendCmd(0xc8);                          //行驱动方向为反向
SendCmd(0x2f);                          //启用内部 LCD 驱动电源
SendCmd(0xf8);                          //升压电路设置指令代码
SendCmd(0x00);                          //倍压设置为 4X
SendCmd(ContrastLevel);                 //设置对比度
}
```

8.3.5 实验步骤

1）新建工程名为“Pro_LCD”。

2）编写头文件 LCD. H[⊖]、HAL_Type. H 及 LCD. C。

头文件 HAL_Type. H 的代码如下：

```
#ifndef HAL_Type_H
#define HAL_Type_H
#define ushort unsigned short
#define USHORT ushort
#define uchar unsigned char
#define uint8 uchar
#define INT8U uint8
#define u8 uchar
#define uint16 unsigned int
#define INT16U uint16
#define u16 uint16
#define uint32 unsigned long
#define INT32U uint32
#define u32 uint32
#endif
```

文件 LCD. C 的代码如下

⊖ 头文件 LCD. H 的代码可从 TI 公司网站上下载。

```
#include <ioCC2530.h>
#include "LCD.h"
#define uint unsigned int
#define uchar unsigned char

//函数声明
void Delayms(uint xms);                    //延时函数
/*****************************
            延时函数
*****************************/
void Delayms(uint xms)                     //i=xms 即延时 i 毫秒
{
 uint i,j;
 for(i=xms;i>0;i--)
   for(j=587;j>0;j--);
}
/*****************************
            主函数
*****************************/
void main(void)
{
        /*定义显示信息*/
        uchar *mes1 = "Hello World! 123 ";
        P0DIR = 0xff;
        P1DIR = 0xff;
        ResetLCD(); //复位 LCD
        initLCDM(); //初始化 LCD
        ClearRAM(); //清除液晶缓存
        delay_us(100);

        /*打印刚刚定义的信息*/
        Print8(0,0,mes1);
}
```

3）下载调试并观察 LCD 上的输出内容。

8.3.6 实验结果

可在 LCD 液晶屏上观察到“Hello World！123”。

8.4　温度传感器数据读取及 LCD 显示实验

8.4.1　实验目的

1）了解温度传感器的功能及应用。
2）掌握温度传感器的数据读取方法。
3）熟练应用 LCD 显示输出数据。

8.4.2　实验内容

1）在物联网开发平台上插接 LCD 液晶屏及温度传感器。
2）编写调试程序，完成温度的读取及显示。

8.4.3　实验条件

1）Windows 10（64 bit）操作系统。
2）IAR 软件。
3）串口调试程序。
4）CC2530 芯片 1 块。
5）物联网开发平台 1 块。
6）SmartRF04eBF 仿真器 1 个。
7）LCD（128×64）液晶 1 块。
8）DS18B20 数字温度传感器 1 个。

8.4.4　实验原理

1）DS18B20 数字温度传感器的电路原理图，如图 8-7 所示。
2）首先，在裸机的基础上成功驱动传感器，实现数据在 LCD 上的显示。代码如下：

```
#include "ioCC2530.h"
#include "uart.h"
#include "DS18B20.h"
#include "delay.h"
void Initial()                                  //系统初始化
{
  CLKCONCMD = 0x80;                             //选择 32 MHz 振荡器
  while(CLKCONSTA&0x40);                        //等待晶振稳定
  UartInitial();                                //串口初始化
  P0SEL &= 0xbf;                                //DS18B20 的 I/O 口初始化
```

```
}

void main()
{
  char data[5]="temp=";                    //串口提示符
  Initial();
  while(1)
  {
    Temp_test();                           //温度检测

    /*******温度信息打印 ***********/
    UartTX_Send_String(data,5);
    UartSend(temp/10+48);
    UartSend(temp%10+48);
    UartSend('\n');

    Delay_ms(1000);                        //延时函数使用定时器方式
  }
}
```

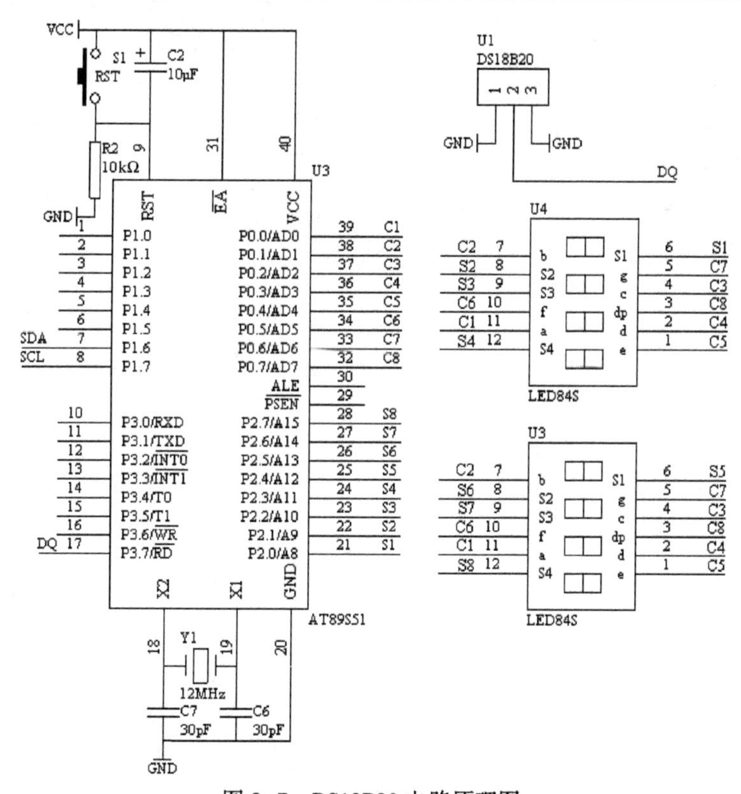

图 8-7　DS18B20 电路原理图

8.4.5 实验步骤

1）新建工程命名为“Pro_Temp”。

2）编写头文件 DS18B20. H、温度采集与显示文件 Temp. C。

头文件 DS18B20. H 的代码如下：

```
#ifndef __DS18B20_H__
#define __DS18B20_H__
extern unsigned char temp;
extern unsigned char Ds18b20Initial(void);
extern void Temp_test(void);
#endif
```

文件 Temp. C 的代码如下：

```
#include "ioCC2530.h"
#include "DS18B20.h"
#include "LCD.h"
#include "HAL_Type.h"
void Initial()                                   //系统初始化
{
  CLKCONCMD = 0x80;                              //选择 32 MHz 振荡器
  while(CLKCONSTA&0x40);                         //等待晶振稳定
  UartInitial();                                 //串口初始化
  P0SEL &= 0xbf;                                 //DS18B20 的 I/O 口初始化
}
void main()
{
  char data[5]="temp=";                          //串口提示符
  Initial();

    Temp_test();                                 //温度检测
    /******* 温度信息打印 ***********/
     /* 定义显示信息 */
    unsigned char T[5];                          //温度+提示符
        T[0]=temp/10+48;
        T[1]=temp%10+48;
        T[2]=' ';
        T[3]='C';
        T[4]='\0';
        uchar * mes1 = data;
```

```
        uchar *mes2 = T;

        P0DIR = 0xff;
        P1DIR = 0xff;
        ResetLCD();                    //复位 LCD
        initLCDM();                    //初始化 LCD
        ClearRAM();                    //清液晶缓存

        delay_us(100);

        /*打印定义的信息*/
        Print8(0,0,mes1);
        Print8(0,2,mes2);
}
```

3）加载文件 LCD. H、HAL_Type. H。

4）下载调试程序并观察液晶屏上的温度显示。

8.4.6 实验结果

在 LCD 上可见“Temp=24C”。

8.5 无线点亮 LED 实验

8.5.1 实验目的

1）了解两个节点的数据发送与接收。

2）熟练掌握 I/O 输入口的设置。

3）了解 Basic RF 的工作过程。

8.5.2 实验内容

1）设置 LED 控制开关。

2）分别完成发送端和接收端节点程序设计。

3）观察无线控制 LED 开关的效果。

8.5.3 实验条件

1）Windows 10（64 bit）操作系统。

2）IAR 软件。

3）串口调试程序。
4）CC2530 芯片 2 块。
5）ZigBee 节点 2 个。
6）SmartRF04eBF 仿真器 1 个。
7）USB 连接线 2 条。

8.5.4 实验原理

1）Basic RF 文件目录的文件夹结构如图 8-8 所示。

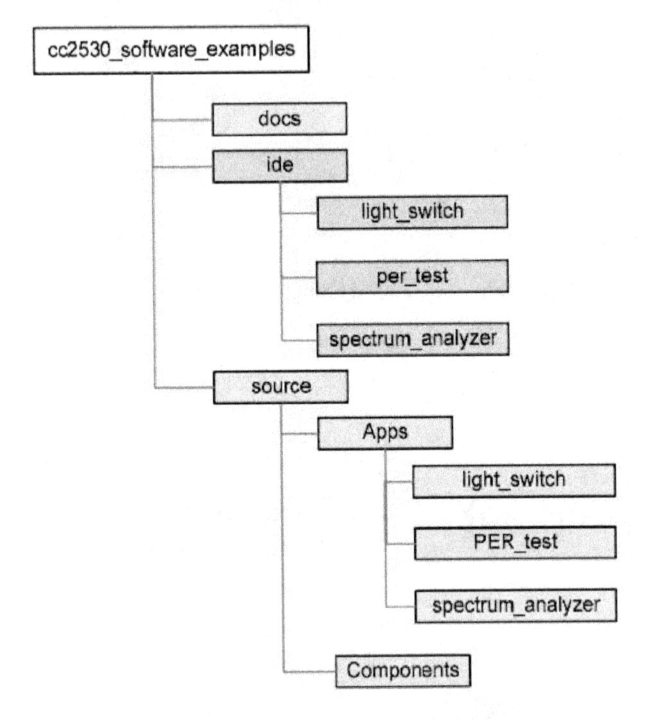

图 8-8　Basic RF 文件夹架构

2）Basic RF 例程的软件设计框图如图 8-9 所示。

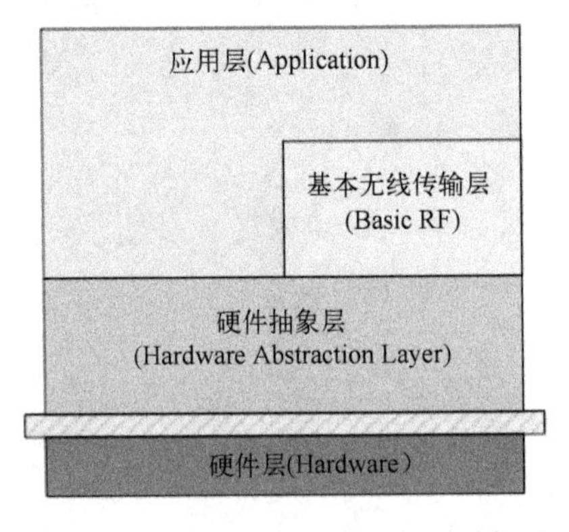

图 8-9　Basic RF 例程的软件设计框图

8.5.5 实验步骤

1）创建工程“Pro_Light”并按照 Basic RF 架构设计工程软件结构。

2）在开源网站上下载本实验无线点亮 LED 的工程文件。

3）修改 Light_Switch. C 文件并分别完成接收端与发送端的烧写。

文件 Light_Switch. C 的代码主要修改部分如下：

```
/*********************************************
 * @fn          main
 * @brief       This is the main entry of the "Light Switch" application.
 *              After the application modes are chosen the switch can
 *              send toggle commands to a light device.
 * @param       basicRfConfig - file scope variable.
 * appState - file scope variable. Holds application state *
 * @return      none
 */
void main(void)
{
    uint8 appMode = NONE;
    // ConfigbasicRF
    basicRfConfig.panId = PAN_ID;
    basicRfConfig.channel = RF_CHANNEL;
    basicRfConfig.ackRequest = TRUE;
#ifdef SECURITY_CCM
    basicRfConfig.securityKey = key;
#endif
    //Initialize board peripherals
    halBoardInit();
    halJoystickInit();
    //Initialize hal_rf
    if(halRfInit()= =FAILED) {
      HAL_ASSERT(FALSE);
    }
    // Indicate that device is powered
    halLedSet(2);        //关闭 LED2
    halLedSet(1);        //关闭 LED1
    /*********************************************
    // Print Logo and splash screen on LCD
     utilPrintLogo("Light Switch");
```

```
    // Wait for user to press S1 to enter menu
    while (halButtonPushed()! =HAL_BUTTON_1);
    halMcuWaitMs(350);
    halLcdClear();
    // Set application role
    appMode = appSelectMode();
    halLcdClear();
    // Transmitter application
    if(appMode == SWITCH) {
        // No return from here
        appSwitch();
    }
    // Receiver application
    else if(appMode == LIGHT) {
        // No return from here
        appLight();
    }
    ****************************************/

    /************ Select one and shield to another *********** by boo */
    appSwitch();          //节点为开关 S1        P0_4
    //appLight();          //节点为指示灯 LED1    P1_0
}
/**************************************************
 * @fn              appSelectMode
 * @brief         Select application mode
 * @param          none
 * @return         uint8 - Application mode chosen
 */
static uint8 appSelectMode(void)
{
    halLcdWriteLine(1, "Device Mode: ");
    return utilMenuSelect(&pMenu);
}
```

4）分别把“appLight();”注释掉，下载到发射模块；相同位置“appSwitch();”注释掉，下载到接收模块，完成烧写。

5）按下发射节点上的开关 S1，观察接收节点上的 LED 状态。

8.5.6 实验结果

按下发射节点上的开关 S1，接收节点上的 LED 会被点亮。

8.6 点对点无线通信实验

8.6.1 实验目的

1）了解 ZigBee 的三种无线通信方式。
2）了解协议栈的工作原理。
3）掌握点对点通信方式的设计。

8.6.2 实验内容

1）分别设置路由器、协调器及终端的代码。
2）实现两节点间的点对点通信。
3）通过串口调试程序观察实验结果。

8.6.3 实验条件

1）Windows 10（64 bit）操作系统。
2）IAR 软件。
3）串口调试程序。
4）CC2530 芯片 3 块。
5）WeBee 节点 3 个。
6）SmartRF04eBF 仿真器 1 个。
7）USB 连接线 3 条。

8.6.4 实验原理

协议栈的简单工作流程如图 8-10 所示。

8.6.5 实验步骤

1）在开源网站上下载点播通信工程文件。
2）在其基础上修改文件 SampleApp. C。
文件 SampleApp. C 的代码修改如下：

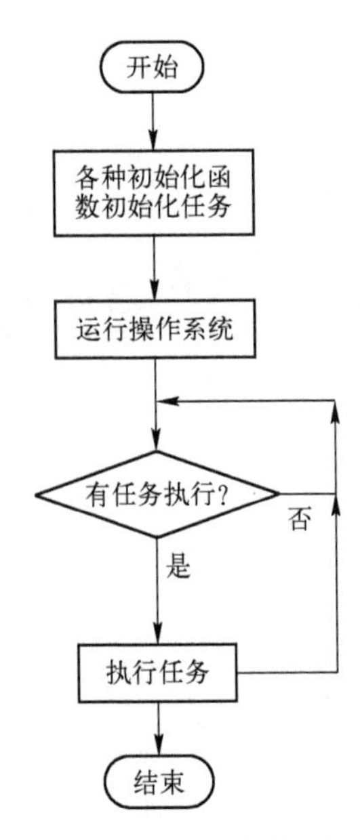

图 8-10　协议栈的简单工作流程

```
/*************************************************
 * LOCAL FUNCTIONS
 */
void SampleApp_HandleKeys( uint8 shift, uint8 keys );
void SampleApp_MessageMSGCB( afIncomingMSGPacket_t *pckt );
void SampleApp_SendPeriodicMessage( void );
void SampleApp_SendPointToPointMessage(void);          //点对点通信定义
void SampleApp_SendFlashMessage( uint16 flashTime );
void SampleApp_SerialCMD(mtOSALSerialData_t *cmdMsg);
/*************************************************
 * @fn      SampleApp_Init
 * @brief   Initialization function for the Generic App Task.
 *          This is called during initialization and should contain
 *          any application specific initialization (ie. hardware
 *          initialization/setup, table initialization, power up
 *          notificaiton ... ).
 * @param   task_id - the ID assigned by OSAL.  This ID should be
 *          used to send messages and set timers.
 * @return  none
 */
void SampleApp_Init( uint8 task_id )
{
```

```
  SampleApp_TaskID = task_id;
  SampleApp_NwkState = DEV_INIT;
  SampleApp_TransID = 0;

 /************ 串口初始化 *************/
  MT_UartInit();//初始化
  MT_UartRegisterTaskID(task_id);//登记任务号
  HalUARTWrite(0,"Hello World\n",12);

  // Device hardware initialization can be added here or in main() (Zmain.c).
  // If the hardware is application specific - add it here.
  // If the hardware is other parts of the device add it in main().
 #if defined ( BUILD_ALL_DEVICES )
  // The "Demo" target is setup to have BUILD_ALL_DEVICES and HOLD_AUTO_START
  // We are looking at a jumper (defined inSampleAppHw.c) to be jumpered
  // together - if they are - we will start up a coordinator. Otherwise,
  // the device will start as a router.
  if ( readCoordinatorJumper() )
    zgDeviceLogicalType = ZG_DEVICETYPE_COORDINATOR;
  else
    zgDeviceLogicalType = ZG_DEVICETYPE_ROUTER;
#endif // BUILD_ALL_DEVICES
#if defined ( HOLD_AUTO_START )
  // HOLD_AUTO_START is a compile option that willsurpress ZDApp
  // from starting the device and wait for the application to
  // start the device.
  ZDOInitDevice(0);
#endif
  // Setup for the periodic message's destination address
  // Broadcast to everyone
  SampleApp_Periodic_DstAddr.addrMode = (afAddrMode_t)AddrBroadcast;
  SampleApp_Periodic_DstAddr.endPoint = SAMPLEAPP_ENDPOINT;
  SampleApp_Periodic_DstAddr.addr.shortAddr = 0xFFFF;
  // Setup for the flash command's destination address - Group 1
  SampleApp_Flash_DstAddr.addrMode = (afAddrMode_t)afAddrGroup;
  SampleApp_Flash_DstAddr.endPoint = SAMPLEAPP_ENDPOINT;
  SampleApp_Flash_DstAddr.addr.shortAddr = SAMPLEAPP_FLASH_GROUP;

  //点对点通信定义
```

```
Point_To_Point_DstAddr. addrMode = (afAddrMode_t)Addr16Bit; //点播
Point_To_Point_DstAddr. endPoint = SAMPLEAPP_ENDPOINT;
Point_To_Point_DstAddr. addr. shortAddr = 0x0000;//发给协调器

// Fill out the endpoint description.
SampleApp_epDesc. endPoint = SAMPLEAPP_ENDPOINT;
SampleApp_epDesc. task_id = &SampleApp_TaskID;
SampleApp_epDesc. simpleDesc
            = (SimpleDescriptionFormat_t * )&SampleApp_SimpleDesc;
SampleApp_epDesc. latencyReq = noLatencyReqs;
// Register the endpoint description with the AF
afRegister( &SampleApp_epDesc );
// Register for all key events - This app will handle all key events
RegisterForKeys( SampleApp_TaskID );
// By default, all devices start out in Group 1
SampleApp_Group. ID = 0x0001;
osal_memcpy( SampleApp_Group. name, "Group 1", 7  );
aps_AddGroup( SAMPLEAPP_ENDPOINT, &SampleApp_Group );
#if defined ( LCD_SUPPORTED )
HalLcdWriteString( "SampleApp", HAL_LCD_LINE_1 );
#endif
}
/*********************************************************
 * @fnSampleApp_ProcessEvent
 *
 * @brief   Generic Application Task event processor.  This function
 *          is called to process all events for the task.  Events
 *          include timers, messages and any other user defined events.
 *
 * @param   task_id  - The OSAL assigned task ID.
 * @param   events - events to process.  This is a bit map and can
 *          contain more than one event.
 *
 * @return  none
 */
uint16 SampleApp_ProcessEvent( uint8 task_id, uint16 events )
{
  afIncomingMSGPacket_t *MSGpkt;
  (void)task_id;  // Intentionally unreferenced parameter
```

```
  if ( events & SYS_EVENT_MSG )
  {
    MSGpkt = (afIncomingMSGPacket_t *)osal_msg_receive( SampleApp_TaskID );
    while ( MSGpkt )
    {
      switch ( MSGpkt->hdr.event )
      {

        case CMD_SERIAL_MSG:  //串口收到数据后由 MT_UART 层传递过来的数据,编译时
不定义 MT_TASK,则由 MT_UART 层直接传递到此应用层
        //如果是由 MT_UART 层传过来的数据,则上述例子中 29 00 14 31 都是普通数据,串口
控制时使用
        SampleApp_SerialCMD((mtOSALSerialData_t *)MSGpkt);
        break;

        // Received when a key is pressed
        case KEY_CHANGE:
        SampleApp_HandleKeys( ((keyChange_t *)MSGpkt)->state, ((keyChange_t *)MSGp-
kt)->keys );
        break;

        // Received when a messages is received (OTA) for this endpoint
        case AF_INCOMING_MSG_CMD:
        SampleApp_MessageMSGCB( MSGpkt );
        break;
        // Received whenever the device changes state in the network
        case ZDO_STATE_CHANGE:
          SampleApp_NwkState = (devStates_t)(MSGpkt->hdr.status);
          if (    //(SampleApp_NwkState == DEV_ZB_COORD)协调器不能给自己点播
                  (SampleApp_NwkState == DEV_ROUTER)
              || (SampleApp_NwkState == DEV_END_DEVICE) )
          {
            // Start sending the periodic message in a regular interval.
            osal_start_timerEx( SampleApp_TaskID,
                  SAMPLEAPP_SEND_PERIODIC_MSG_EVT,
                  SAMPLEAPP_SEND_PERIODIC_MSG_TIMEOUT );
          }
          else
          {
```

```
                // Device is no longer in the network
              }
            break;
            default:
            break;
          }
        // Release the memory
        osal_msg_deallocate( (uint8 * )MSGpkt );
        // Next - if one is available
        MSGpkt = (afIncomingMSGPacket_t * )osal_msg_receive( SampleApp_TaskID );
      }
    // return unprocessed events
    return (events ^ SYS_EVENT_MSG);
  }
  // Send a message out - This event is generated by a timer
  //   (setup inSampleApp_Init()).
  if ( events & SAMPLEAPP_SEND_PERIODIC_MSG_EVT )
  {
    // Send the periodic message
    // SampleApp_SendPeriodicMessage();
    SampleApp_SendPointToPointMessage();

    // Setup to send message again in normal period (+ a little jitter)

    osal_start_timerEx( SampleApp_TaskID, SAMPLEAPP_SEND_PERIODIC_MSG_EVT,
        (SAMPLEAPP_SEND_PERIODIC_MSG_TIMEOUT + (osal_rand() & 0x00FF)) );
    // return unprocessed events
    return (events ^ SAMPLEAPP_SEND_PERIODIC_MSG_EVT);
  }
  // Discard unknown events
  return 0;
}

/*********************************************
 * @fnSampleApp_SendPeriodicMessage
 * @brief   Send the periodic message.
 * @param   none
 * @return   none
 */
```

```
void SampleApp_SendPeriodicMessage( void )
{
  uint8 data[10] = {0,1,2,3,4,5,6,7,8,9};
  if ( AF_DataRequest( &SampleApp_Periodic_DstAddr, &SampleApp_epDesc,
                       SAMPLEAPP_PERIODIC_CLUSTERID,
                       10,
                       data,
                       &SampleApp_TransID,
                       AF_DISCV_ROUTE,
                       AF_DEFAULT_RADIUS ) = =afStatus_SUCCESS )
  {
  }
  else
  {
    // Error occurred in request to send.
  }
}

void SampleApp_SendPointToPointMessage( void )
{
  uint8 data[10] = {0,1,2,3,4,5,6,7,8,9};
  if ( AF_DataRequest( &Point_To_Point_DstAddr,
                       &SampleApp_epDesc,
                       SAMPLEAPP_POINT_TO_POINT_CLUSTERID,
                       10,
                       data,
                       &SampleApp_TransID,
                       AF_DISCV_ROUTE,
                       AF_DEFAULT_RADIUS ) = =afStatus_SUCCESS )
  {
  }
  else
  {
    // Error occurred in request to send.
  }
}

/*****************************************************************************
*********
```

```
 * @fnSampleApp_SendFlashMessage
 *
 * @brief   Send the flash message to group 1.
 *
 * @param   flashTime - in milliseconds
 *
 * @return  none
 */
void SampleApp_SendFlashMessage( uint16 flashTime )
{
  uint8 buffer[3];
  buffer[0] = (uint8)(SampleAppFlashCounter++);
  buffer[1] = LO_UINT16( flashTime );
  buffer[2] = HI_UINT16( flashTime );
  if ( AF_DataRequest( &SampleApp_Flash_DstAddr, &SampleApp_epDesc,
                       SAMPLEAPP_FLASH_CLUSTERID,
                       3,
                       buffer,
                       &SampleApp_TransID,
                       AF_DISCV_ROUTE,
                       AF_DEFAULT_RADIUS ) = =afStatus_SUCCESS )
  {
  }
  else
  {
    // Error occurred in request to send.
  }
}

void SampleApp_SerialCMD( mtOSALSerialData_t *cmdMsg)//发送 FE 02 01 F1,则返回 01 F1
{
  uint8 i,len, *str=NULL;
  str=cmdMsg->msg;
  len= *str; //msg 里的第 1 个字节代表后面的数据长度
  for(i=1;i<=len;i++)
  HalUARTWrite(0,str+i,1 );
  HalUARTWrite(0,"\n",1 );//换行
   if ( AF_DataRequest( &SampleApp_Periodic_DstAddr, &SampleApp_epDesc,
                        SAMPLEAPP_COM_CLUSTERID,
```

```
                              len,//数据长度
                              str+1,//数据内容
                              &SampleApp_TransID,
                              AF_DISCV_ROUTE,
                              AF_DEFAULT_RADIUS ) = =afStatus_SUCCESS )
        {
        }
        else
        {
          // Error occurred in request to send.
        }
      }
```

3）将修改后的程序分别以协调器、路由器、终端的方式下载到 3 个节点设备中，连接串口进行点播测试。

8.6.6 实验结果

可以看到只有协调器在一个周期内收到信息。也就是说路由器和终端均与地址为 0x00（协调器）的设备通信，不与其他设备通信，实现了点对点传输，如图 8-11 所示。

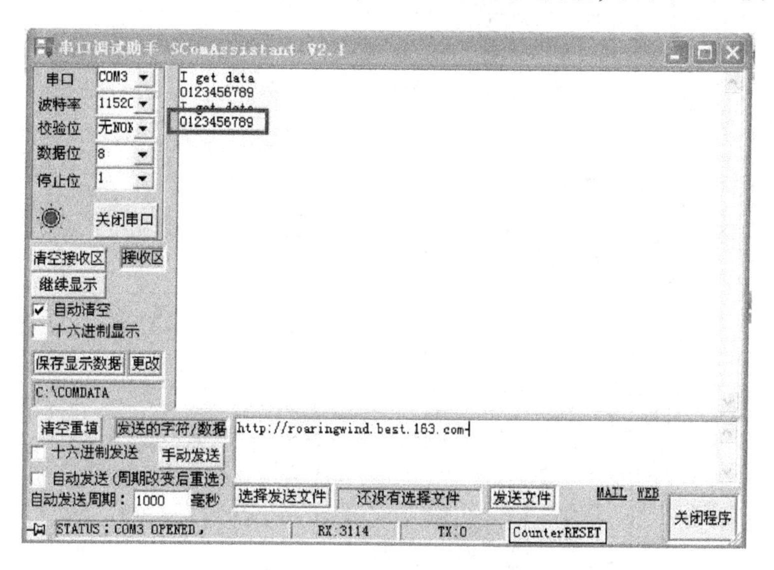

图 8-11　点对点通信结果

附录 A　CC2530 芯片简介

本附录简要介绍了 CC2530 芯片的内部框架结构、I/O 引脚功能、寄存器功能及中断配置。

1. 芯片内部框架结构

CC2530 芯片的内部框架结构如图 A-1 所示。

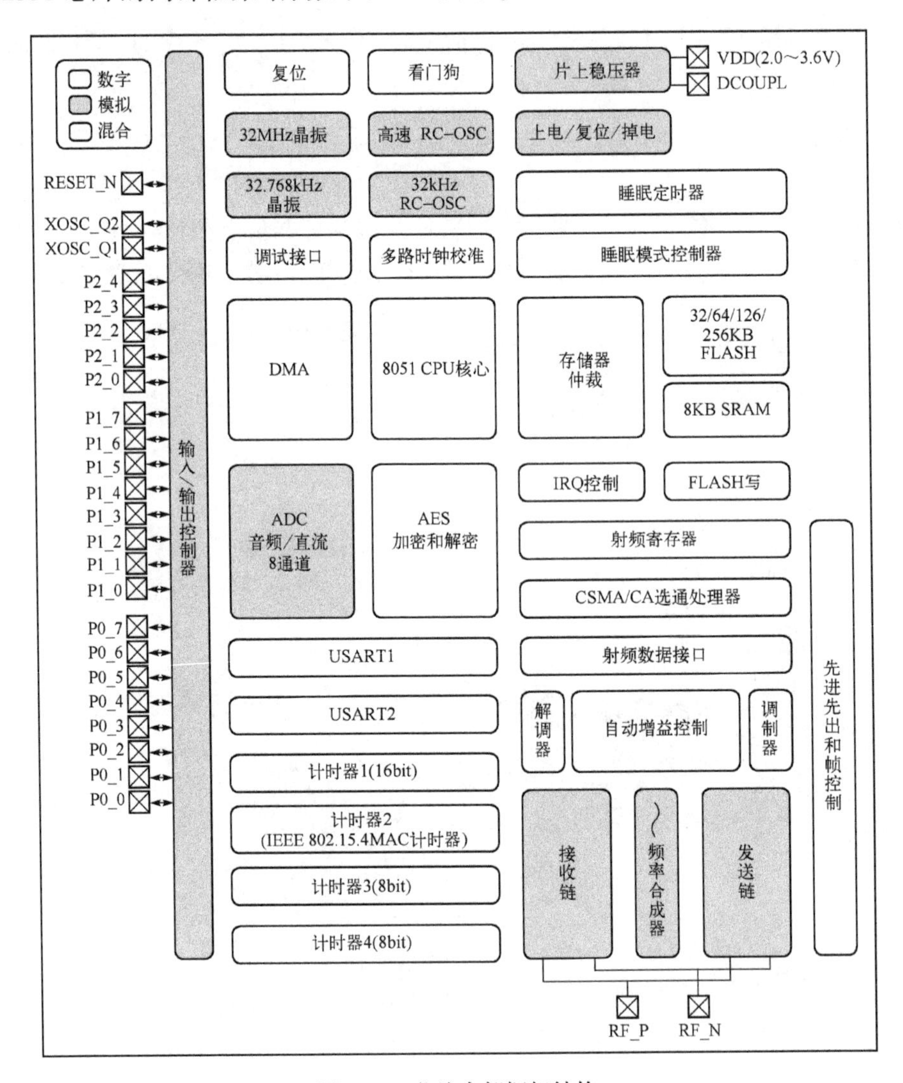

图 A-1　芯片内部框架结构

芯片内部框架结构电路图如图 A-2 所示。

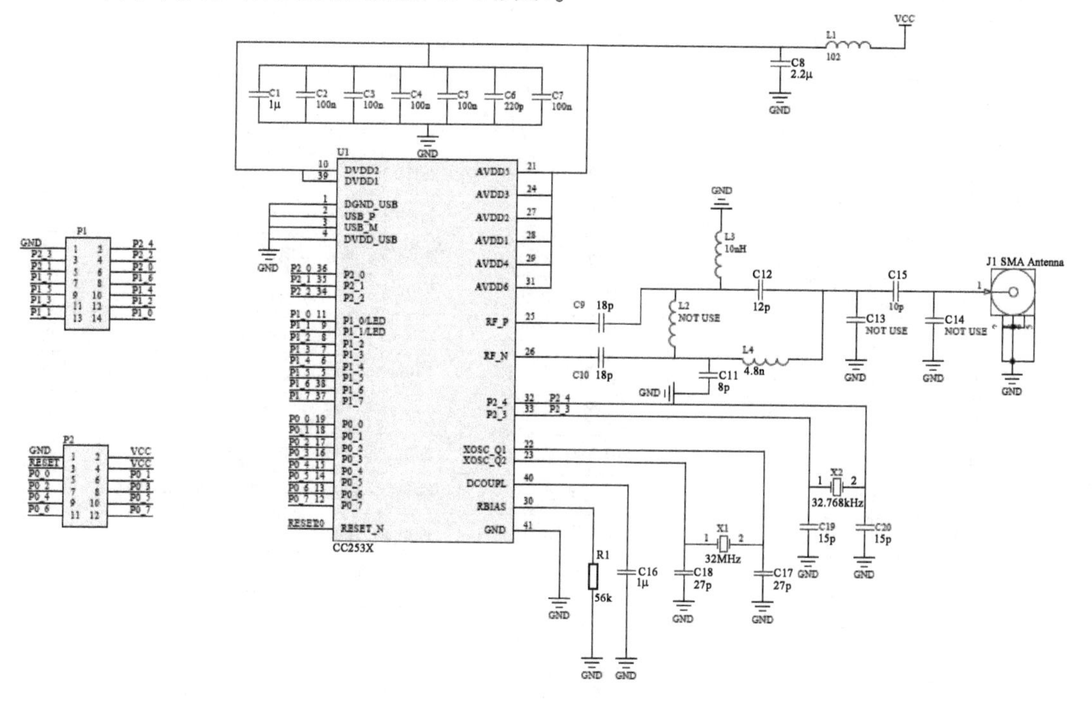

图 A-2　芯片内部框架结构电路图

2. 芯片引脚和 I/O 端口配置

芯片引脚图如图 A-3 所示。

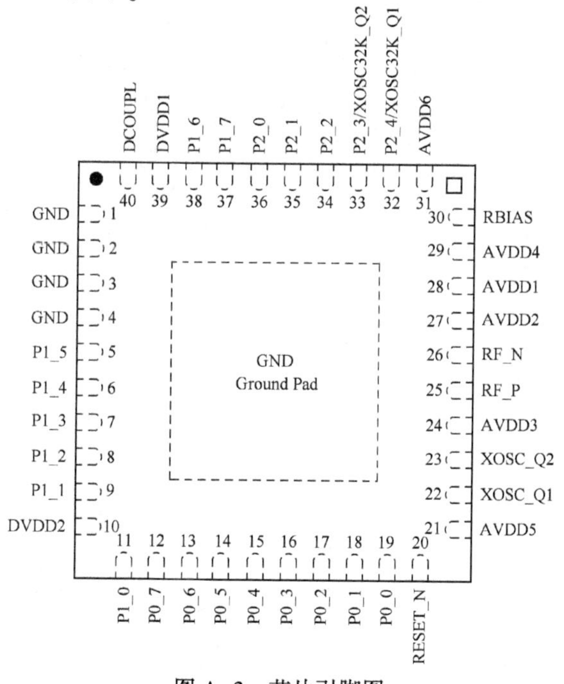

图 A-3　芯片引脚图

I/O 功能表见表 A-1。

表 A-1　I/O 功能表

引脚名称	引　脚	引脚类型	描　述
AVDD1	28	电源（模拟）	2.0~3.6 V 模拟电源连接
AVDD2	27	电源（模拟）	2.0~3.6 V 模拟电源连接
AVDD3	24	电源（模拟）	2.0~3.6 V 模拟电源连接
AVDD4	29	电源（模拟）	2.0~3.6 V 模拟电源连接
AVDD5	21	电源（模拟）	2.0~3.6 V 模拟电源连接
AVDD6	31	电源（模拟）	2.0~3.6 V 模拟电源连接
DCOUPL	40	电源（数字）	1.8 V 数字电源去耦，不使用外部电路供应
DVDD1	39	电源（数字）	2.0~3.6 V 数字电源连接
DVDD2	10	电源（数字）	2.0~3.6 V 数字电源连接
GND	-	接地	接地衬垫必须连接到一个坚固的接地面
GND	1，2，3，4	未使用的引脚	连接到 GND
P0_0	19	数字 I/O	端口 0.0
P0_1	18	数字 I/O	端口 0.1
P0_2	17	数字 I/O	端口 0.2
P0_3	16	数字 I/O	端口 0.3
P0_4	15	数字 I/O	端口 0.4
P0_5	14	数字 I/O	端口 0.5
P0_6	13	数字 I/O	端口 0.6
P0_7	12	数字 I/O	端口 0.7
P1_0	11	数字 I/O	端口 1.0：20 mA 驱动能力
P1_1	9	数字 I/O	端口 1.1：20 mA 驱动能力
P1_2	8	数字 I/O	端口 1.2
P1_3	7	数字 I/O	端口 1.3
P1_4	6	数字 I/O	端口 1.4
P1_5	5	数字 I/O	端口 1.5
P1_6	38	数字 I/O	端口 1.6
P1_7	37	数字 I/O	端口 1.7
P2_0	36	数字 I/O	端口 2.0
P2_1	35	数字 I/O	端口 2.1
P2_2	34	数字 I/O	端口 2.2
P2_3	33	数字 I/O	模拟端口 2.3：32.768 kHz XOSC
P2_4	32	数字 I/O	模拟端口 2.4：32.768 kHz XOSC
RBIAS	30	模拟 I/O	参考电流的外部精密偏置电阻
RESET_ N	20	数字输入	复位，活动到低电平
RF_N	26	RF	I/O

3. 特殊功能寄存器

1）P0SEL（P1SEL相同）：各个I/O口的功能选择，0为普通I/O功能，1为外设功能。

D7	D6	D5	D4	D3	D2	D1	D0
P0_7功能	P0_6功能	P0_5功能	P0_4功能	P0_3功能	P0_2功能	P0_1功能	P0_0功能

2）P2SEL：（D0~D2位）端口2功能选择和端口1外设优先级控制。

D7	D6	D5	D4	D3	D2	D1	D0
未用	0：USART 0优先 1：USART 1优先	0：USART 1优先 1：定时器3优先	0：定时器1优先 1：定时器4优先	0：USART 0优先 1：定时器1优先	P2_4功能选择	P2_3功能选择	P2_0功能选择

3）PERCFG：设置部分外设的I/O位置，0为默认位置1，1为默认位置2。

D7	D6	D5	D4	D3	D2	D1	D0
未用	定时器1	定时器3	定时器4	未用	未用	USART1	USART0

4）P0DIR（P1DIR相同）：设置各个I/O的方向，0为输入，1为输出。

D7	D6	D5	D4	D3	D2	D1	D0
P0_7方向	P0_6方向	P0_5方向	P0_4方向	P0_3方向	P0_2方向	P0_1方向	P0_0方向

5）P2DIR：D0~D4设置P2_0到P2_4的方向。

D7	D6	D5	D4	D3	D2	D1	D0
X	X	未使用	P2_4方向	P2_3方向	P2_2方向	P2_1方向	P2_0方向

D7、D6位作为端口0外设优先级的控制。

D7D6	含　义
00	第1优先级：USART 0，第2优先级：USART 1，第3优先级：定时器1
01	第1优先级：USART 1，第2优先级：USART 0，第3优先级：定时器1
10	第1优先级：定时器1通道0-1，第2优先级：USART 1，第3优先级：USART 0，第4优先级：定时器1通道2-3
11	第1优先级：定时器1通道2-3，第2优先级：USART 0，第3优先级：USART 1，第4优先级：定时器1通道0-1

6）P0INP（P1INP意义相似）：设置各个I/O口的输入模式，0为上拉/下拉，1为三态模式。

D7	D6	D5	D4	D3	D2	D1	D0
P0_7模式	P0_6模式	P0_5模式	P0_4模式	P0_3模式	P0_2模式	P0_1模式	P0_0模式

7）P2INP：D0~D4 控制 P2_0~P2_4 的输入模式，0 为上拉/下拉，1 为三态；D5~D7 设置对 P0、P1 和 P2 的上拉或下拉的选择。0 为上拉，1 为下拉。

D7	D6	D5	D4	D3	D2	D1	D0
端口 2 选择	端口 1 选择	端口 0 选择	P2_4 模式	P2_3 模式	P2_2 模式	P2_1 模式	P2_0 模式

8）P0IFG（P1IFG 相同）：终端状态标志寄存器，当输入端口有中断请求时，相应的标志位将置 1。

D7	D6	D5	D4	D3	D2	D1	D0
P0_7	P0_6	P0_5	P0_4	P0_3	P0_2	P0_1	P0_0

9）P0IEN（P1IEN 相同）：各个控制口的中断使能，0 为中断禁止，1 为中断使能。

D7	D6	D5	D4	D3	D2	D1	D0
P0_7	P0_6	P0_5	P0_4	P0_3	P0_2	P0_1	P0_0

10）P2IEN：D0~D4 控制 P2_0~P2_4 的中断使能，D5 控制 USB D+的中断使能。

D7	D6	D5	D4	D3	D2	D1	D0
未用	未用	USB D+	P2_4	P2_3	P2_2	P2_1	P2_0

11）PICTL：D0~D3 设置各个端口的中断触发方式，0 为上升沿触发，1 为下降沿触发；D7 控制 I/O 引脚在输出模式下的驱动能力。选择输出驱动能力增强来补偿引脚 DVDD 的低 I/O 电压，确保较低电压下的驱动能力和较高电压下的相同。0 为最小驱动能力增强，1 为最大驱动能力增强。

D7	D6	D5	D4	D3	D2	D1	D0
I/O 驱动	未用	未用	未用	P2_0~P2_4	P1_4~P1_7	P1_0~P1_3	P0_0~P0_7

12）IEN0：中断使能 0，0 为中断禁止，1 为中断使能。

D7	D6	D5	D4	D3	D2	D1	D0
总中断 EA	未用	睡眠定时器中断	AES 加密/解密中断	USART1 RX 中断	USART0 RX 中断	ADC 中断	RF TX/RF FIFO 中断

13）IEN1：中断使能 1，0 为中断禁止，1 为中断使能。

D7	D6	D5	D4	D3	D2	D1	D0
未用	未用	端口 0	定时器 4	定时器 3	定时器 2	定时器 1	DMA 传输

14）IEN2：中断使能 2，0 为中断禁止，1 为中断使能。

D7	D6	D5	D4	D3	D2	D1	D0
未用	未用	看门狗定时器	端口 1	USART1 TX	USART0 TX	端口 2	RF 一般中断

15）T1CTL：定时器 1 的控制，D1D0 控制运行模式，D3D2 设置分频划分值。

D7	D6	D5	D4	D3D2	D1D0
未用	未用	未用	未用	00：不分频 01：8 分频 10：32 分频 11：128 分频	00：暂停运行 01：自由运行，反复从 0x0000 到 0xffff 计数 10：模计数，从 0x000 到 T1CC0 反复计数 11：正计数/倒计数，从 0x0000 到 T1CC0 反复计数并且从 T1CC0 倒计数到 0x0000

16）T1STAT：定时器 1 的状态寄存器，D4～D0 为信道 4～信道 0 的中断标志，D5 为溢出标志位，当计数到最终计数值时自动置 1。

D7	D6	D5	D4	D3	D2	D1	D0
未用	未用	溢出中断	通道 4 中断	通道 3 中断	通道 2 中断	通道 1 中断	通道 0 中断

17）CLKCONCMD：时钟频率控制寄存器。

D7	D6	D5～D3	D2～D0
32 kHz 时间振荡器选择	系统时钟选择	定时器输出标记	系统主时钟选择

18）CLKCONSTA：时间频率状态寄存器。

D7	D6	D5～D3	D2～D0
当前 32 kHz 时间振荡器	当前系统时钟	当前定时器输出标记	当前系统主时钟

4. 中断简介

CC2530 中断控制器总共提供了 18 个中断源，分为 6 个中断组，每个组与 4 个中断优先级之一相关。当设备从活动模式回到空闲模式时，任一中断服务请求被激发。一些中断还可以从睡眠模式（供电模式 1～3）唤醒设备。

中断源列表见表 A-2。

表 A-2 中断源列表

中断号	描　述	中断名称	中断向量	中断屏蔽	中断标志
0	射频发送队列空和接收队列溢出	RFERR	03h	IEN0. RFERRIE	TCON. RFERRIF（1）
1	ADC 转换完成	ADC	0Bh	IEN0. ADCIE	TCON. ADCIF（1）
2	串口 0 接收完毕	URX0	13h	IEN0. URX0IE	TCON. URX0IF（1）

（续）

中断号	描　　述	中断名称	中断向量	中断屏蔽	中断标志
3	串口 1 接收完毕	URX1	1Bh	IEN0. URX1IE	TCON. URX1IF（1）
4	AES 加/解密完成	ENC	23h	IEN0. ENCIE	S0CON. ENCIF
5	睡眠定时器比较	ST	2Bh	IEN0. STIE	IRCON. STIF
6	端口 2 输入/USB	P2INT	33h	IEN2. P2IE	IRCON2. P2IF（2）
7	串口 0 发送完毕	UTX0	3Bh	IEN2. UTX0IE	IRCON2. UTX0IF
8	DMA 发送完成	DMA	43h	IEN1. DMAIE	IRCON. DMAIF
9	定时器 1（16 bit）捕获/比较/溢出	T1	4Bh	IEN1. T1IE	IRCON. T1IF（1）（2）
10	定时器 2（MAC 定时器）	T2	53h	IEN1. T2IE	IRCON. T2IF（1）（2）
11	定时器 3(8 bit) 比较/溢出	T3	5Bh	IEN1. T3IE	IRCON. T3IF（1）（2）
12	定时器 4(8 bit) 比较/溢出	T4	63h	IEN1. T4IE	IRCON. T4IF（1）（2）
13	端口 0 输入	P0INT	6Bh	IEN1. P0IE	IRCON. P0IF（2）
14	串口 1 发送完毕	UTX1	73h	IEN2. UTX1IE	IRCON2. UTX1IF
15	端口 1 输入	P1INT	7Bh	IEN2. P1IE	IRCON2. P1IF（2）
16	RF 通用中断	RF	83h	IEN2. RFIE	S1CON. RFIF（2）
17	看门狗计时溢出	WDT	8Bh	IEN2. WDTIE	IRCON2. WDTIF

参 考 文 献

[1] 彭力．无线传感器网络原理与应用[M]．西安：西安电子科技大学出版社，2014.

[2] DARGIE W，POELLABAUER C. 无线传感器网络基础：理论和实践 [M]．孙利民，张远，刘庆超，等译．北京：清华大学出版社，2014.

[3] AKYILDIZ I F，VURAN M C. Wireless Sensor Networks [M]．New York：John Wiley & Sons，2010.

[4] 曾园园．无线传感器网络技术与应用 [M]．北京：清华大学出版社，2014.

[5] 刘云浩．物联网导论 [M]．2 版．北京：科学出版社，2013.

[6] EMARY I M M E，RAMAKRISHNAN S. Wireless Sensor Networks：From Theory to Applications [M]．Boca Raton：CRC Press，2013.

[7] HU F，HAO Q. Intelligent Sensor Networks：The Integration of Sensor Networks，Signal Processing and Machine Learning [M]．Boca Raton：CRC Press，2013.

[8] 沈玉龙，等．无线传感器网络安全技术概论 [M]．北京：人民邮电出版社，2010.

[9] 龚本灿．无线传感器网络路由技术研究 [D]．武汉：武汉理工大学，2009.

[10] 刘少强，庞新苗，樊晓平，等．一种有效提高节点定位精度的改进 DV-Hop 算法 [J]．传感技术学报，2010，23（8）：1179-1183.

[11] 程伟，史浩山，王庆文．一种无需测距的无线传感器网络加权质心定位算法 [J]．西北大学学报（自然科学版），2010，40（3）：415-418.

[12] 王东．基于无线传感器网络的分布式跟踪算法 [D]．沈阳：东北大学，2009.

[13] 刘海涛，马健，熊永平．物联网技术应用 [M]．北京：机械工业出版社，2011.

[14] 丁俊．智能家居系统的研究 [J]．信息技术，2011（3）：150-153.

[15] 石道生，任毅，罗惠谦．基于 ZigBee 技术的远程医疗监护系统设计与实现 [J]．武汉理工大学学报，2008，30（3）：394-397.

[16] NXP 恩智浦半导体．人工智能物联网：超越当前物联网的安全连接技术 [OL]．（2019-04-04）[2020-07-30]. http://news. eeworld. com. cn/mp/NXP/a64004. jspx.

[17] 锋硕电子科技有限公司．ZigBee2007 协议栈 API 函数使用说明 [OL]．（2015-08-15）[2020-07-30]. https://wenku. baidu. com/view/9ca4854428ea81c758f578b4.